Atlas of Common Algae in Taihu Lake

太湖常见藻类图谱

沈爱春　石亚东　吴东浩◎主编

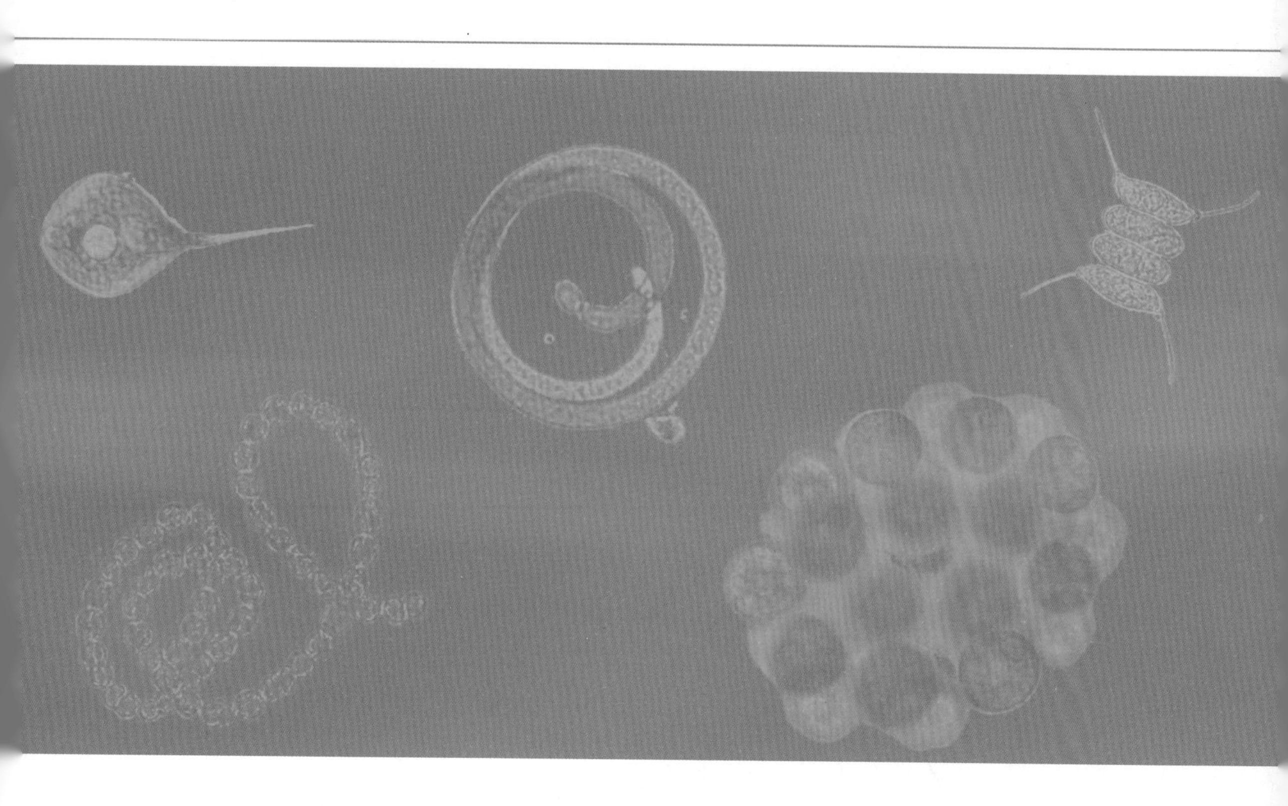

河海大學出版社
HOHAI UNIVERSITY PRESS
·南京·

内容简介

本书收集整理了太湖常见藻类植物共131种(属),对所有种类进行了形态学描述,并对近年来太湖蓝藻水华状况及原因进行了系统分析。本书可为太湖流域其他部门开展藻类监测及湖库蓝藻水华治理提供借鉴,并可供植物学、藻类学、生态学工作者及相关学科的科研、教学人员参考。

图书在版编目(CIP)数据

太湖常见藻类图谱 / 沈爱春,石亚东,吴东浩主编
. -- 南京 : 河海大学出版社,2021.12
ISBN 978-7-5630-6281-2

Ⅰ. ①太… Ⅱ. ①沈… ②石… ③吴… Ⅲ. ①太湖—流域—藻类—图谱 Ⅳ. ①Q949.2—64

中国版本图书馆CIP数据核字(2020)第014584号

书　　名 太湖常见藻类图谱
书　　号 ISBN 978-7-5630-6281-2
责任编辑 成　微
特约校对 徐梅芝　成　黎
装帧设计 张育智　吴晨迪
封面设计 徐娟娟
出版发行 河海大学出版社
地　　址 南京市西康路1号(邮编:210098)
电　　话 (025)83737852(总编室)　(025)83722833(营销部)
经　　销 江苏省新华发行集团有限公司
排　　版 南京布克文化发展有限公司
印　　刷 江苏凤凰数码印务有限公司
开　　本 787毫米×1092毫米　1/16
印　　张 15
字　　数 257千字
版　　次 2021年12月第1版
印　　次 2021年12月第1次印刷
定　　价 160.00元

PREFACE
前言

2008 年 5 月，国务院批复《太湖流域水环境综合治理总体方案》，开启太湖系统治理篇章。“还太湖一盆清水”是太湖流域水环境综合治理的总体目标。在国务院相关部委和江苏、浙江、上海等各级地方政府的共同努力下，在太湖流域经济总量增长近 3 倍、人口增加 1 000 多万的背景下，太湖治理取得显著成效。2008—2020 年，太湖水质持续好转，并于 2020 年首次达到Ⅳ类，较 2007 年水质提升 2 个类别，氨氮、总氮指标已经达到《太湖流域水环境综合治理总体方案》确定的治理目标，连续 13 年实现“两个确保”目标（确保饮用水安全、确保不发生大面积水质黑臭），22 条主要入湖河道水质也已全面消除劣Ⅴ类。但太湖蓝藻水华多发频发态势尚未得到根本扭转，2020 年最大蓝藻水华面积达 823 km^2，超出太湖水面的 1/3，2017 年最大蓝藻水华面积更是高达 1 346 km^2。太湖蓝藻水华将长期影响流域供水安全和水生态安全。

“十四五”是我国开启全面建设社会主义现代化国家新征程、向第二个百年奋斗目标进军的第一个五年，也是开启新一轮太湖治理的关键五年。进入新发展阶段，流域人民群众对优美生态环境的需求更加迫切，需要下大力气解决太湖水生态损害、水环境污染问题，更好地满足人民群众对美好生活的向往。太湖是流域洪水的集散地，是长三角区域水资源的调配中心，是长三角水生态水环境的晴雨表，在推进长三角一体化发展战略中具有特殊重要的地位。水利部党组提出，“十四五”期间要建立覆盖全面的“空天地”一体化水文监测体系，实现水文全要素监测，大力提升水生态监测能力，着力加强水文监测分析评价工作，精准支撑生态保护和高质量发展。蓝藻水华作为太湖水生态损害、水环境污染最主要表征，需要我们进一步加强藻类监测为代表的水生态监测及分析评价能力建设，准确掌握太湖蓝藻水华动态变化特征及原因，为太湖治理提供坚实支撑，更加精准服务新发展格局。

太湖流域水文水资源监测中心(太湖流域水环境监测中心)长期专注于太湖水文全要素监测及分析评价工作，在系统整理以往工作成果基础上，编写完成了《太湖常见藻类图谱》，本书收集整理了太湖常见藻类131种(属)，并对近年来太湖蓝藻水华状况及原因进行了系统分析，可为流域其他部门开展藻类监测及湖库蓝藻水华治理提供借鉴。本书亦是“中荷水利合作流式细胞仪藻类在线监测预警项目”的阶段成果之一。全书共10章，第1章由石亚东撰写，第2章、第3章、第8章和第10章由吴东浩撰写，第4章至第7章由马莎莎撰写，第9章由王玉、吴东浩撰写。全书由沈爱春统稿审定。

由于水平有限，书中不妥之处在所难免，敬请读者批评指正！

编者

2021年7月

CONTENTS

目录

1

太湖水生态环境状况

太湖水质监测工作于 1992 年正式开展，至今已有近 30 年。其间，监测方案经过多次优化调整，太湖水质监测站点由布设之初的 8 个增至现在的 33 个，如图 1.1-1 所示。监测项目主要包括《地表水环境质量标准》（GB 3838—2002）规定的 24 项基本指标以及叶绿素 a、浮游植物、浮游动物和底栖动物等指标。

图 1.1-1　太湖水质监测站点分布

> 1.1 水质状况

2020 年太湖水质总体评价为Ⅳ类，主要水质指标平均浓度：高锰酸盐指数为 4.24 mg/L（Ⅲ类），氨氮为 0.08 mg/L（Ⅰ类），总磷为 0.073 mg/L（Ⅳ类），总氮为 1.45 mg/L（Ⅳ类）。其中，氨氮和总氮达到 2020 年目标，高锰酸盐指数和总磷未达到 2020 年目标。

2020 年太湖各湖区中，竺山湖和西部沿岸区主要水质指标平均浓度较高，水质较差；东太湖、东部沿岸区主要水质指标平均浓度较低，水质较好。决定各湖区水质类别的指标主要为总氮，其中竺山湖总氮浓度在 2.0 mg/L 以上，为劣Ⅴ类。2020 年太湖总体营养状态评价为中度富营养，其中贡湖、东太湖和东部沿岸区营养状态为轻度富营养，其他湖区均为中度富营养。

> 1.2 蓝藻水华状况

1.2.1 蓝藻数量

2020 年太湖平均蓝藻数量和叶绿素 a 浓度分别为 8 640 万个/L 和 37.7 mg/m^3，较 2019 年有所降低（2019 年平均蓝藻数量为 11 717 万个/L，叶绿素 a 为 49.1 mg/m^3）；较 2010—2019 年平均值有所升高。从太湖各湖区蓝藻数量分布来看，2020 年竺山湖、梅梁湖和西部沿岸区蓝藻数量较高，均达到 13 000 万个/L 以上；东太湖和东部沿岸区数量较低。

2020 年 4 月蓝藻数量开始升高，5—10 月期间保持高位变动，均在 8 000 万个/L 以上，其中 8 月达到最大值，为 20 098 万个/L。从 2010—2020 年太湖逐月蓝藻数量月均值变化过程看，2—3 月是全年中蓝藻数量最低的月份，4—5 月蓝藻数量逐步升高，6—11 月明显升高，12 月—次年 1 月逐步回落；且近年来太湖蓝藻水华高发期从 6—8 月扩展至 5—9 月，如图 1.2-1 所示。

1.2.2 蓝藻水华遥感面积

根据遥感解析计算蓝藻水华面积，结果表明，2020 年最大面积发生在 5 月 11 日，为 823 km^2；从年内月均面积变化来看，1—3 月是全年中蓝藻水华面积最低的月份，4 月开始升高，5—7 月明显升高，7 月之后面积开始下降

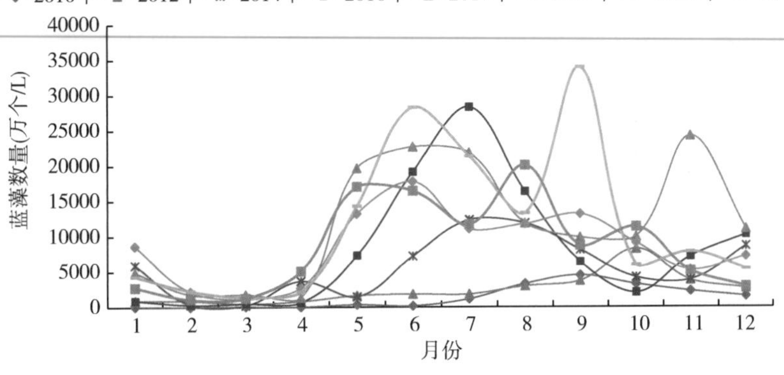

图 1.2-1　近年来太湖逐月蓝藻数量变化图

并总体保持较低水平，如图 1.2-2 所示。

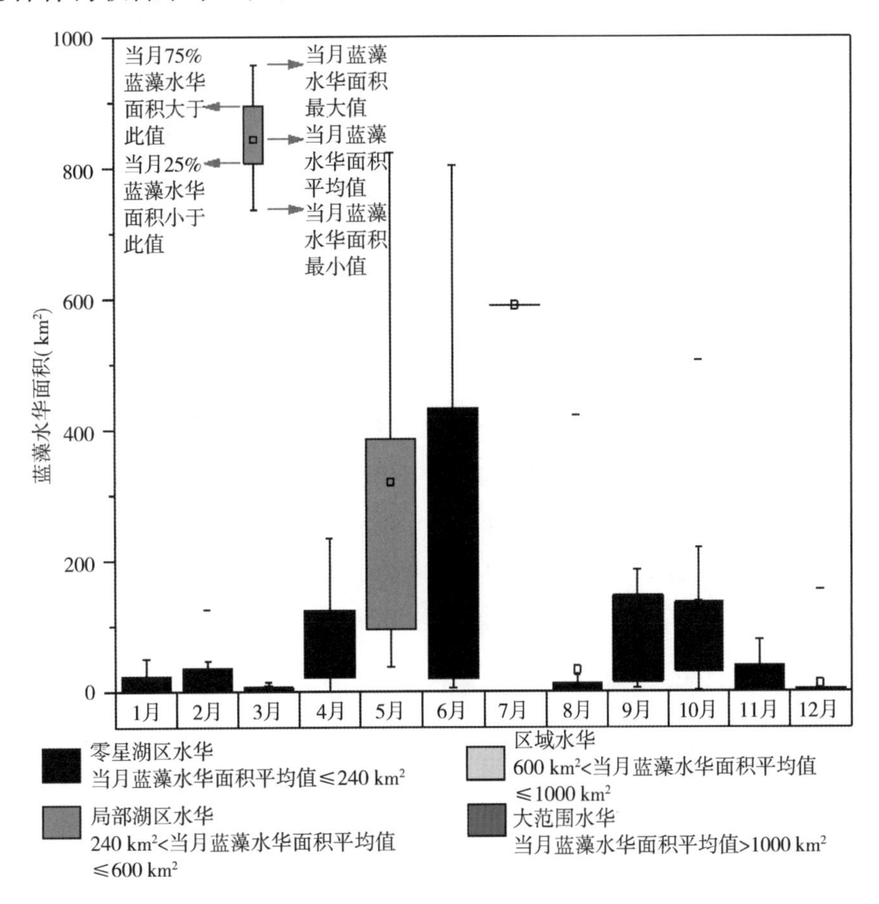

图 1.2-2　2020 年逐月太湖蓝藻水华面积统计

> 1.3
水生植物状况

2020 年春季和夏季，在太湖共采集到水生大型植物 34 种，隶属 21 科 28 属。按植物生活型划分，其中：挺水植物 11 种，占植物总数的 32 %；漂浮植物 5 种，占植物总数的 15 %；浮叶植物 5 种，占植物总数的 15 %；沉水植物种 13 种，占植物总数的 38%，见表1.3-1。

表 1.3-1　2020 年太湖水生植物名录

序号	科	属	中文名	生活型	拉丁名
1	槐叶苹科	槐叶萍属	槐叶萍	漂浮植物	*Salvinia natans*
2	满江红科	满江红属	满江红	漂浮植物	*Azalla imbricata*
3	茨藻科	茨藻属	大茨藻	沉水植物	*Najas marina*
4	茨藻科	茨藻属	小茨藻	沉水植物	*Najas minor*
5	浮萍科	浮萍属	浮萍	漂浮植物	*Lemna minor*
6	禾本科	稗属	稗	挺水植物	*Echinochloa crusgalli*
7	禾本科	荻属	荻	挺水植物	*Miscanthus sacchariflorus*
8	禾本科	菰属	菰	挺水植物	*Zizania latifolia*
9	禾本科	芦苇属	芦苇	挺水植物	*Phragmitis australis*
10	禾本科	李氏禾属	李氏禾	挺水植物	*Leersia hexandra*
11	金鱼藻科	金鱼藻属	金鱼藻	沉水植物	*Ceratophyllum demersum*
12	水鳖科	黑藻属	轮叶黑藻	沉水植物	*Hydrilla verticillata*
13	水鳖科	苦草属	苦草	沉水植物	*Vallisneria natans*
14	水鳖科	伊乐藻属	伊乐藻	沉水植物	*Elodea nuttallii*
15	水鳖科	水鳖属	水鳖	漂浮植物	*Hydrocharis dubia*
16	天南星科	菖蒲属	菖蒲	挺水植物	*Acorus calamus*
17	香蒲科	香蒲属	水烛	挺水植物	*Typha angustifolia*
18	眼子菜科	眼子菜属	菹草	沉水植物	*Potamogeton crispus*
19	眼子菜科	眼子菜属	蓖齿眼子菜	沉水植物	*Stuckenia pectinata*

续表

序号	科	属	中文名	生活型	拉丁名
20	眼子菜科	眼子菜属	竹叶眼子菜	沉水植物	*Potamogeton malaianus*
21	眼子菜科	眼子菜属	微齿眼子菜	沉水植物	*Potamogeton maackianus*
22	雨久花科	凤眼蓝属	凤眼蓝	漂浮植物	*Eichhornia crassipes*
23	蓼科	蓼属	水蓼	挺水植物	*Polygonum hydropiper*
24	菱科	菱属	细果野菱	浮叶植物	*Trapa maximowiczii*
25	菱科	菱属	菱	浮叶植物	*Trapa bispinosa*
26	龙胆科	荇菜属	荇菜	浮叶植物	*Nymphoides peltata*
27	龙胆科	荇菜属	金银莲花	浮叶植物	*Nymphoides indica*
28	柳叶菜科	丁香蓼属	黄花水龙	挺水植物	*Ludwigia peploides*
29	睡莲科	睡莲属	芡	浮叶植物	*Euryale ferx*
30	睡莲科	莲属	莲	挺水植物	*Nelumbo nucifera*
31	苋科	莲子草属	喜旱莲子草	挺水植物	*Alternanthera philoxeroides*
32	莼菜科	水盾草属	水盾草	沉水植物	*Cabomba caroliniana*
33	小二仙草科	狐尾藻属	穗状狐尾藻	沉水植物	*Myriophyllum spicatum*
34	轮藻科	轮藻属	轮藻	沉水植物	*Chara Vaillant*

2020年春季，太湖水生植物出现频次较高的种类为穗状狐尾藻（*Myriophyllum spicatum*）、菹草（*Potamogeton crispus*）、金鱼藻（*Ceratophyllum demersum*）、荇菜（*Nymphoides peltata*）和苦草（*Vallisneria natans*）；夏季出现频次较高的种类为穗状狐尾藻（*M. spicatum*）、苦草（*V. natans*）、金鱼藻（*C. demersum*）、菱（*Trapa bispinosa*）和轮叶黑藻（*Hydrilla verticillata*）。

2020年春季和夏季，水生植物物种数超过1的水域面积分别为387 km^{2}和295 km^2，如图1.3-1所示。水生植物最高丰度出现在东部沿岸区和东太湖，其中胥口湾植物群落发育程度高，生物种类较多；春季竺山湾和梅梁湾植被类型主要是单优菹草群落，生物种类较少。

2020年春季和夏季，水生植物分布面积盖度超过5%的水域面积分别为220 km^{2}和248 km^2，如图1.3-2所示。空间分布特征方面，物种盖度均由湖岸向湖心显著降低，水下地形坡降较小的水域，大型水生植物分布的面积较广；而在坡度较陡的岸带，大型水生植物分布宽度通常较小。春季，太湖水

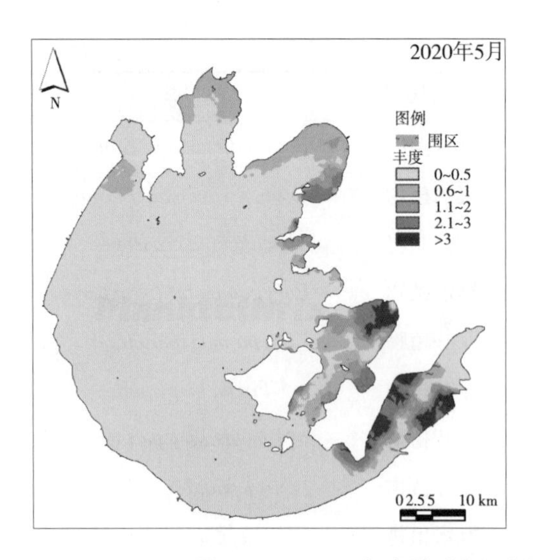

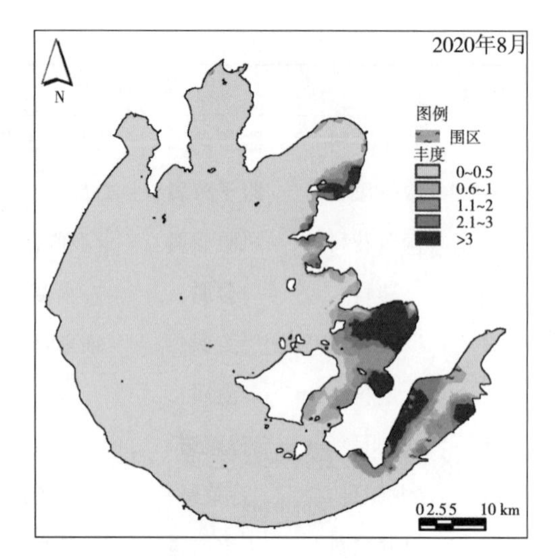

图 1.3-1　2020 年春季（左）和夏季（右）太湖水生植物丰度分布

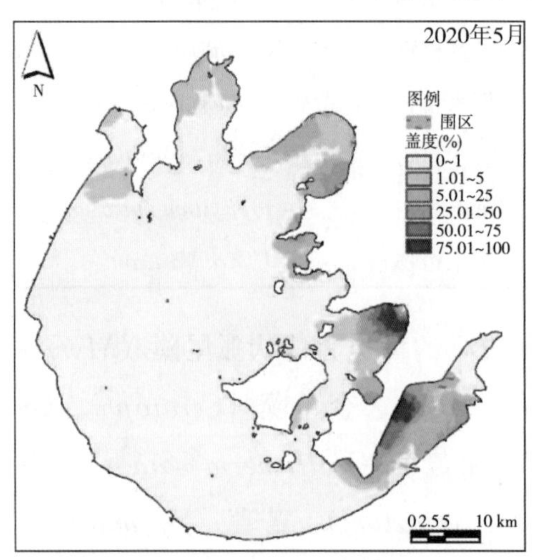

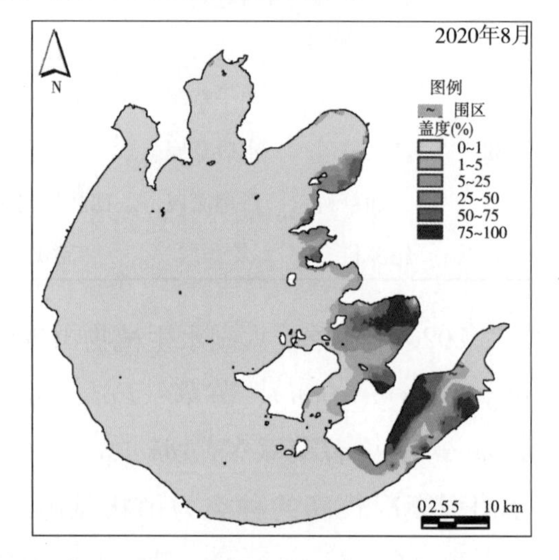

图 1.3-2　2020 年春季（左）和夏季（右）太湖水生植物盖度分布

生植被主要分布在东部沿岸区、东太湖和贡湖。夏季，贡湖湾南部、胥口湾外缘，以及东太湖南北两侧沿岸带水生植物分布面积均呈现上升的趋势；东太湖和西洞庭山和东洞庭山之间水域的水生植物盖度维持在较低水平。

2020 年春季和夏季，植物群落生物量（现存量）超过 0.5 kg/m^2 的水域面积分别为 185 km^2 和 246 km^2。春季和夏季全湖水生植物生物量分别为 2.6 万 t 和 6.9 万 t。太湖大型水生植物群落生物量的分布特征与大型水生植物盖度分布相似，高生物量的群落主要分布在东部沿岸区、东太湖和贡湖。

2

蓝藻门

蓝藻（Cyanophyta）是一类能进行生氧光合作用的原核生物，又称蓝细菌（Cyanobacteria），为单细胞、群体和丝状体。群体有板状、中空球状、立方体等各种形态，但大多数为不定形群体，群体常具有一定形态和不同颜色的胶被。有些丝状体也可以集合组成群体状。藻丝具有胶鞘或不具胶鞘，胶被或胶鞘分层或不分层，无色或具有黄、褐、红、紫、蓝等颜色。

蓝藻细胞无色素体和真正的细胞核等细胞器。原生质体常分为外部色素区和内部无色中央区。色素区除含有叶绿素 a、两种特殊的叶黄素外，还含有大量藻胆蛋白。无色中央区主要含有环状的 DNA，无核膜及核仁。

有些种属的少数营养细胞分化形成异形胞（Heterocyst）和厚壁孢子（Akinete），异形胞常比营养细胞大，细胞壁厚，内含物稀少，在光镜下无色透明。厚壁孢子是营养细胞原来的壁变厚且储有丰富物质的休眠期的孢子。异形胞和厚壁孢子的着生位置和形态是蓝藻分类的重要依据。

蓝藻的繁殖方式通常为细胞分裂。单细胞类群有的只有一个分裂面，有的有两个分裂面，有的甚至有 3 个分裂面，单细胞类群的细胞分裂方式决定藻体形态，是“科”“属”分类的重要特征之一。丝状类群除细胞分裂外，藻丝还能形成“藻殖段”，以“藻殖段”的方式进行营养繁殖。

蓝藻作为世界已知的最古老的生物之一，生长在各种水体中或潮湿土壤、岩石、树干及树叶上，不少种类能在干旱的环境中生长繁殖。水生蓝藻常在含氮较多、有机质丰富、偏碱性的水体中生长，有时大量繁殖形成水华，严重破坏水生态环境，造成生态危害。

蓝藻占据太湖全年期藻类数量的绝对优势地位。2007 年至 2020 年太湖蓝藻密度数据分析结果表明，2007 年至 2011 年，蓝藻数量上升趋势不明显；2011 年至 2018 年，太湖蓝藻数量上升趋势明显，并于 2017 年达到近几年最大值。太湖各湖区中，西部沿岸区、梅梁湖和竺山湖是蓝藻水华高发区，蓝藻数量处于较高水平；另外，东太湖近几年的蓝藻数量上升趋势明显。太湖蓝藻数量呈现较为明显的季节性变化，夏秋季节最多，秋冬季节较少。近年来，太湖蓝藻水华持续时间有增加趋势。

> 2.1 平裂藻属 *Merismopedia*

植物群体小，由一层细胞组成平板状。群体胶被无色、透明、柔软；群体中细胞排列整齐，通常 2 个细胞为一对，2 对为一组，4 个小组为一群体，许多小群集合成大群体。群体中的细胞数目不定，小群体细胞多为 32～64 个，大群体细胞多可达数百个至数千个。细胞浅蓝绿色、亮绿色，少数为玫瑰红色至紫蓝色。细胞有两个互相垂直的分裂面，群体以细胞分裂和群体断裂的方式繁殖。如图 2. 1-1 所示。

细小平裂藻 *Merismopedia minima*

群体由 4 至多个细胞组成，细胞小，互相密贴，球形、半球形，直径 0. 8～1. 2 μm，高 1. 5～1. 81 μm。原生质体均匀，蓝绿色。如图 2. 1-1 所示。

分布特征：常见种，全湖性分布，数量较少，非优势种。

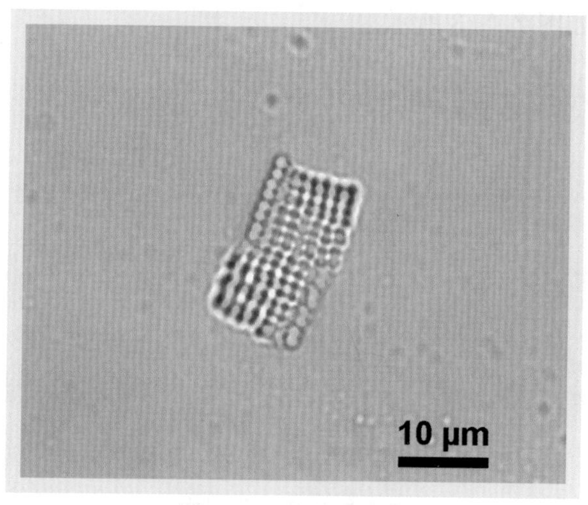

图 2. 1-1　细小平裂藻

旋折平裂藻 *Merismopedia convoluta*

群体呈板状或叶片状。幼年期群体平整，因细胞不断分裂而逐渐增大面积，其群体可弯曲甚至边缘部卷折。细胞球形、半球形或长圆形。原生质体均匀，蓝绿色。细胞直径 3.5～4.1 μm。如图 2.1-2 所示。

分布特征：常见种，全湖性分布，数量较少，非优势种。

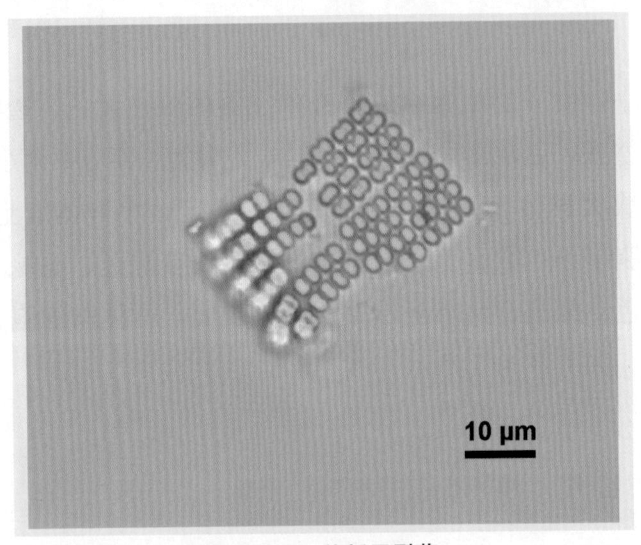

图 2.1-2　旋折平裂藻

其他平裂藻 *Merismopedia* sp.

其他平裂藻如图 2.1-3 所示。

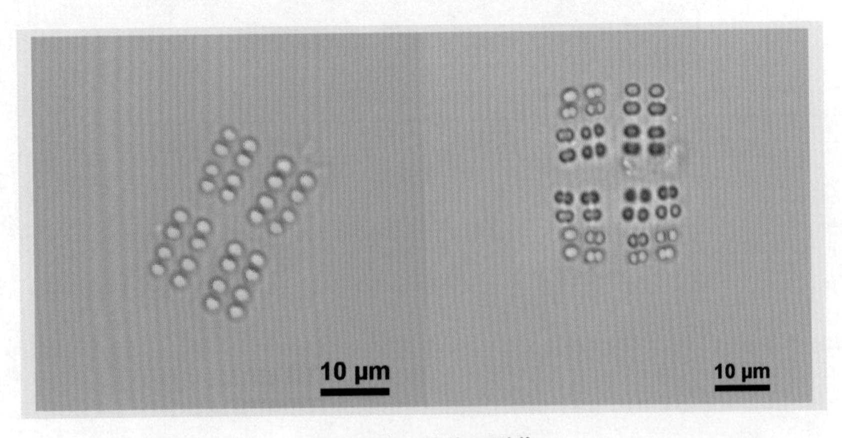

图 2.1-3　其他平裂藻

> 2.2 微囊藻属 *Microcystis*

植物群体由无数小群体联合组成，微观或目力可见；自由漂浮于水中。群体球形、椭圆形或不规则形，有时在群体上有穿孔，形成网状或窗格状团块。群体胶被无色、透明，少数种类具有颜色。细胞球形或椭圆形。群体中细胞数目极多，排列紧密而无规律，很少有两两成对的情况，有时因互相挤压而出现棱角。个体细胞无胶被，内含气囊。原生质体浅蓝绿色、亮蓝绿色、橄榄绿色。以细胞分裂进行繁殖，有 3 个分裂面。

铜绿微囊藻、惠氏微囊藻和水华微囊藻是太湖最常见的 3 种水华蓝藻，在数量组成上占据绝对优势。

铜绿微囊藻 *Microcystis aeruginosa*

植物群体大型。青绿色或黑绿色；幼时球形或椭圆形，中实，成熟后最终形成不规则形状，胶被也常破裂或穿孔。群体胶被质地均匀、无层理、无色透明、明显。细胞球形，直径 3.8～6.3 μm。群体胶被内细胞分布均匀又紧密。如图 2.2-1 所示。

分布特征：铜绿微囊藻是太湖浮游藻类中的绝对优势种，全湖性、全年期主要优势种之一。北部湖湾和西部沿岸区藻密度较高，五里湖、东太湖和东部沿岸区等区域藻密度较低；秋季最盛。

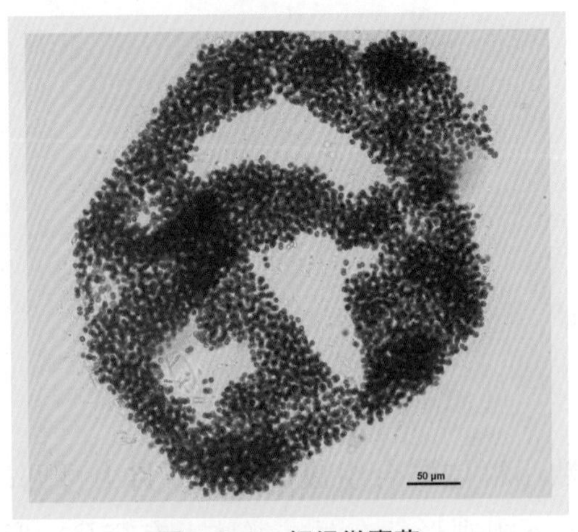

图 2.2-1　铜绿微囊藻

惠氏微囊藻 *Microcystis wesenbergii*

自由漂浮。群体形态变化最多，有球形、椭圆形、卵形、肾形、圆筒状、叶瓣状或不规则形，常通过胶被串联成树枝状或网状，集合成更大的群体，为肉眼可见。群体胶被明显，边界明确，无色透亮，坚固不易溶解，分层且有明显折光。胶被离细胞边缘远，距离 5～10 μm 以上。群体内细胞较少，细胞一般沿胶被单层随机排列，形成中空的群体。细胞较少密集排列，但有时细胞排列很整齐、有规律，有时也充满整个胶被。细胞较大，球形或近球形，直径4.5～8.1 μm。细胞原生质体深蓝绿色或深褐色，有气囊。如图 2.2-2 所示。

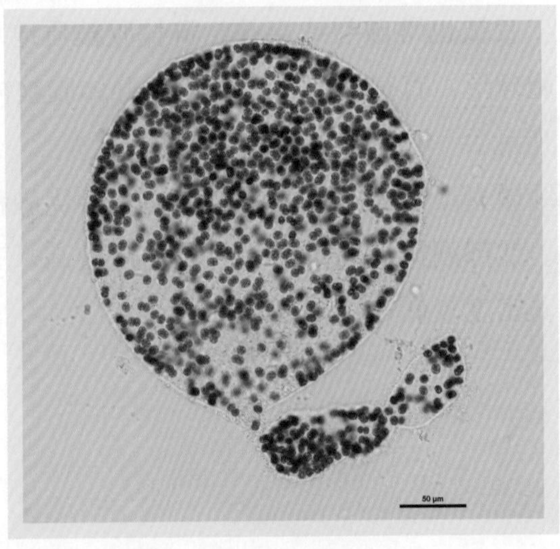

(a)

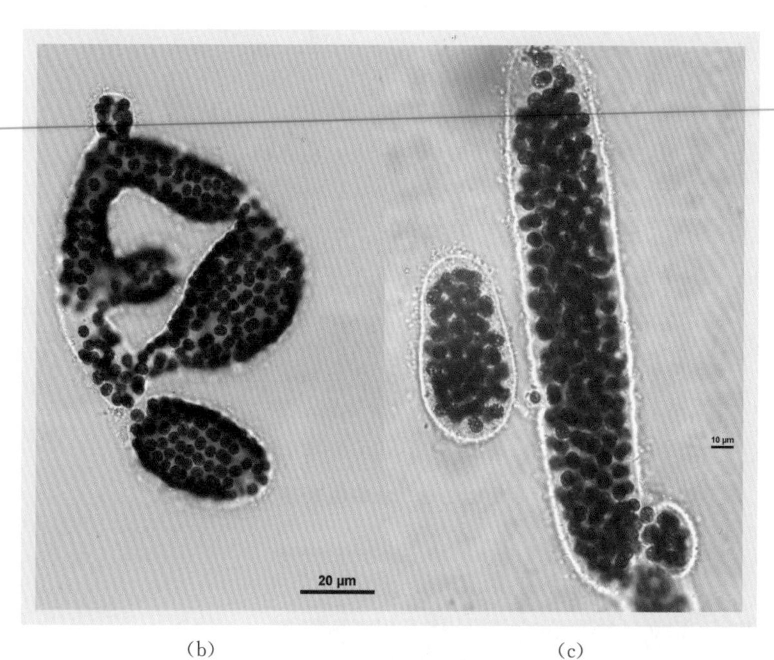

(b) (c)

图 2.2-2 惠氏微囊藻

分布特征：惠氏微囊藻是太湖浮游藻类中的绝对优势种，全湖性、全年期主要优势种之一。北部湖湾和西部沿岸区藻密度较高，五里湖、东太湖和东部沿岸区等区域藻密度较低；夏秋季节最盛。惠氏微囊藻相比铜绿微囊藻在高水温环境条件下更具竞争优势。

水华微囊藻 *Microcystis flos-aquae*

自由漂浮。群体团块较小，较结实。群体橄榄绿或棕色，多为球形、椭圆形或不规则形，不形成穿孔和树枝状。在成熟群体中偶尔也有不明显的小孔。群体有时大型，肉眼可见。胶被无色透明、不明显、无折光、易溶解。胶被密贴细胞群体边缘。胶被内细胞排列较密集。细胞球形，直径 3.1～5.3 μm。细胞原生质体蓝绿色或棕黄色，有气囊。如图 2.2-3 所示。

分布特征：水华微囊藻是太湖浮游藻类中的绝对优势种，全湖性、全年期主要优势种之一。北部湖湾和西部沿岸区藻密度较高，五里湖、东太湖和东部沿岸区等区域藻密度较低；春冬季节最盛。

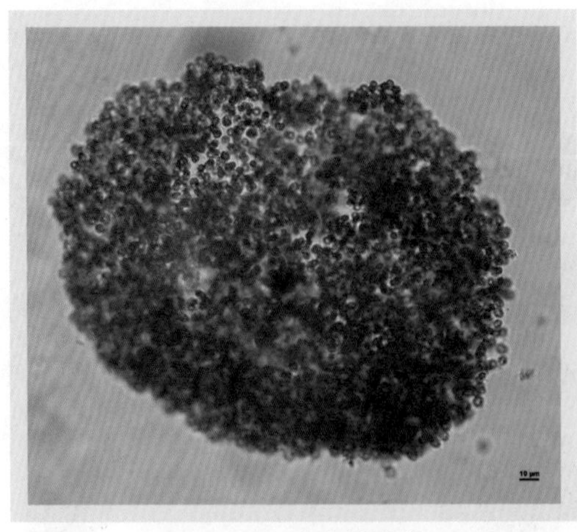

图 2.2-3　水华微囊藻

鱼害微囊藻 *Microcystis ichthyoblabe*

自由漂浮。群体蓝绿色或棕黄色，团块较小，不定形、海绵状，可形成肉眼可见的群体。不形成叶状，但有时在少数成熟的群体中可见不明显穿孔。胶被透明易溶解、不明显，无色或微黄绿色、无折光。胶被密贴细胞群体边缘。胶被内细胞排列不紧密，常聚集为多个小细胞群。细胞小，球形，直径 1.7～3.6 μm。细胞原生质体蓝绿色或棕黄色，有气囊。如图 2.2-4 所示。

分布特征：鱼害微囊藻是太湖浮游藻类中的优势种，全湖性、全年期主要优势种之一。北部湖湾和西部沿岸区藻密度较高，五里湖、东太湖和东部沿岸区等区域藻密度较低。

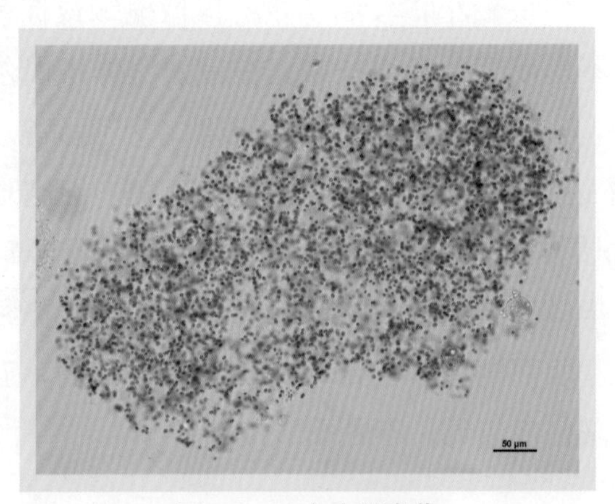

图 2.2-4　鱼害微囊藻

假丝微囊藻 *Microcystis pseudofilamentosa*

自由漂浮。群体窄长，带状。藻体每隔一段有一个收缢和一个相对膨大的部分，膨大处的细胞较收缢处相对密集，收缢和膨大使整个藻体形成类似分节的串联体。藻体通常由 2～20 个以上这样的亚群体组成。当串联到一定长度和规模时，藻体局部常扩大或断裂成网状或树枝状。群体一般宽 17～35 μm，长可达 1 000 μm。群体胶被无色透明、不明显、易溶解、无折光。细胞充满胶被，随机密集排列。细胞较大，球形，直径 3.7～5.9 μm。细胞原生质体蓝绿色或茶青色，有气囊。如图 2.2-5 所示。

分布特征：假丝微囊藻是太湖浮游藻类中的绝对优势种，全湖性、全年期主要优势种之一。北部湖湾和西部沿岸区藻密度较高，五里湖、东太湖和东部沿岸区等区域藻密度较低。

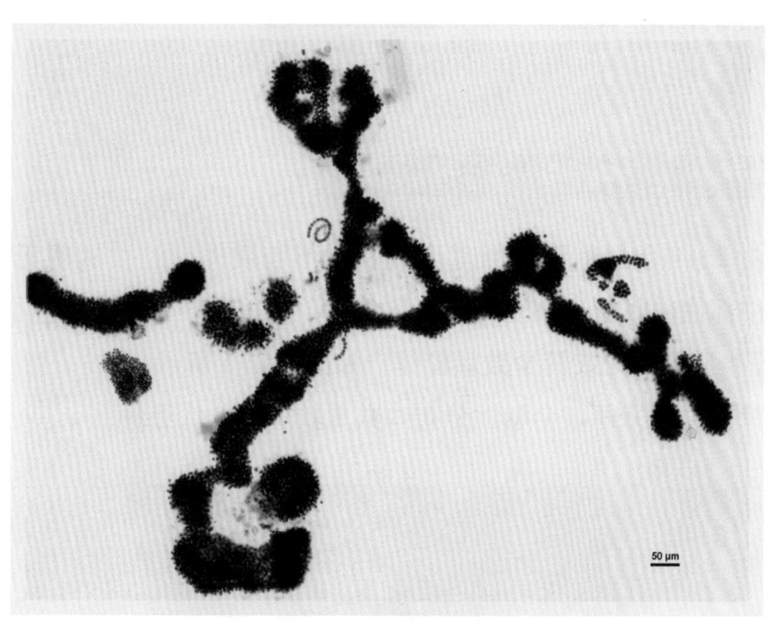

图 2.2-5　假丝微囊藻

> 2.3 色球藻属 **Chroococcus**

植物体一般由 2 个、4 个、8 个、16 个 或更多（很少超过 64 或 128 个）细胞组成群体，罕见单独存在的细胞。群体胶被体较厚，均匀或有层理；群体中的各个细胞互相分开。细胞呈球形或半桶形，原生质体均匀或具有小颗粒，灰色、蓝绿色、橄榄绿色等。每个细胞外都有质体均匀或有层理的个体胶被，气囊有或无。细胞有 3 个分裂面。

微小色球藻 *Chroococcus minutus*

群体由 2～4 个细胞组成圆球形或长圆形胶质体，胶被透明无色，不分层。群体中部往往收缢。细胞球形、亚球形，直径 3～10 μm，包括胶被7～15 μm；原生质体均匀或具少数颗粒体。如图 2.3-1 所示。

分布特征：常见种，全湖性分布，数量较少，非优势种。

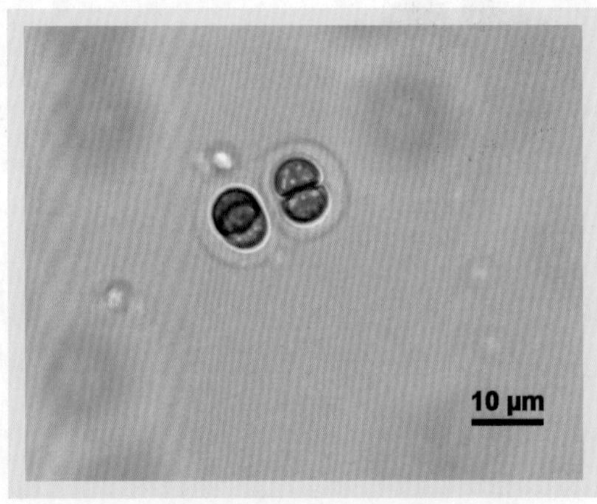

图 2.3-1　微小色球藻

膨胀色球藻 *Chroococcus turgidus*

植物体由 2 个、4 个、8 个或 16 个细胞组成群体；细胞球形、半球形、卵形或互相挤压而成不规则形，细胞相接触面处扁平。细胞直径（不包括胶被）11～26 μm。胶被无色透明，具 2～3 层层理；生长在水中的胶被常膨胀而无明显的层理。细胞的原生质体橄榄绿色、黄色，具有颗粒体。如图 2.3-2 所示。

分布特征：常见种，全湖性分布，数量较少，非优势种。

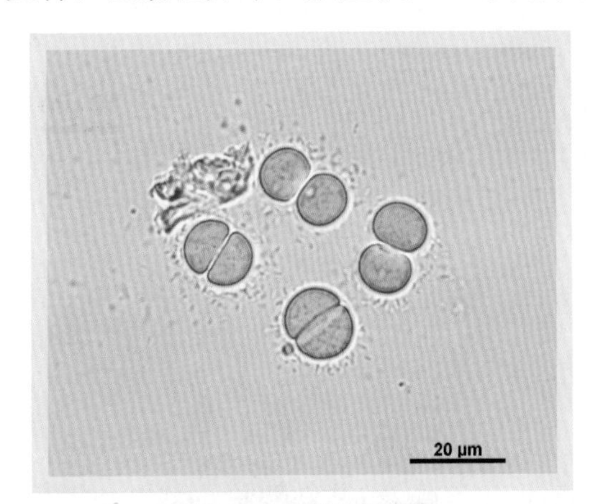

图 2.3-2　膨胀色球藻

其他色球藻 *Chroococcus* sp.

其他色球藻如图 2.3-3 所示。

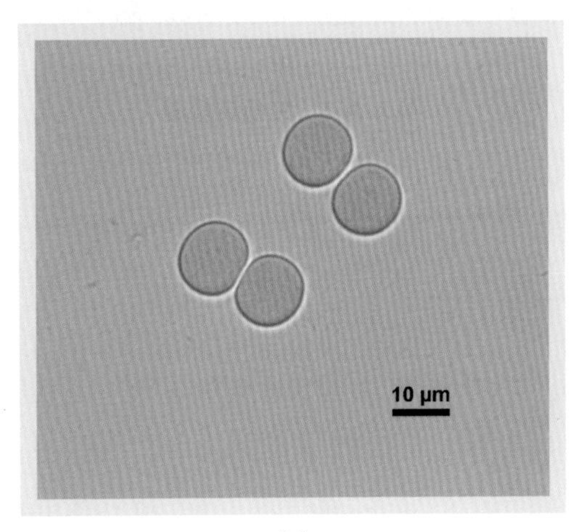

(a)

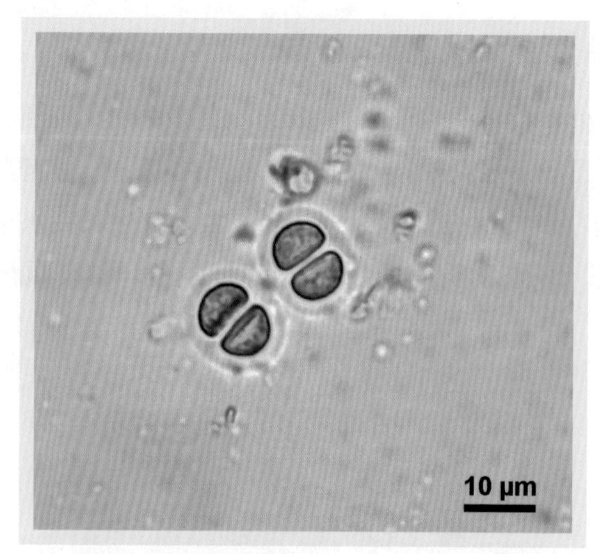

(b)

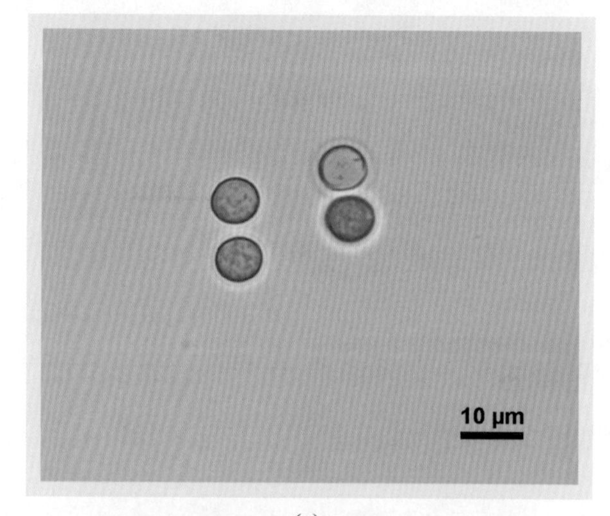

(c)

图 2.3-3　其他色球藻

> 2.4

假鱼腥藻属

Pseudanabaena

假鱼腥藻藻体为丝状，细胞长大于宽，圆柱形，在细胞连接处有明显收缢，无异形胞。

假鱼腥藻是淡水蓝藻水华暴发时的常见藻种，在太湖中常作为微囊藻的伴生种。适应混合浊度、透明度低，耐受极低的光照，对冲刷作用敏感。

土生假鱼腥藻 *Pseudanabaena mucicola*

黏附在微囊藻群体的胶质中或自由漂浮。纯培养物群体呈蓝绿色、浅蓝绿色、棕色或褐色。藻丝为浅蓝绿色、浅蓝灰色、灰褐色或接近无色，无胶被或胶被非常稀薄。藻丝短杆状，无异形胞和孢子，有些藻丝一端有突起，由 3～6 个细胞组成。无运动特性，收缢明显。细胞均质，无伪空胞，圆柱形。细胞长 0.7～8.9 μm，宽 0.5～2.8 μm，长宽比为 1.0～5.6。如图 2.4-1 所示。

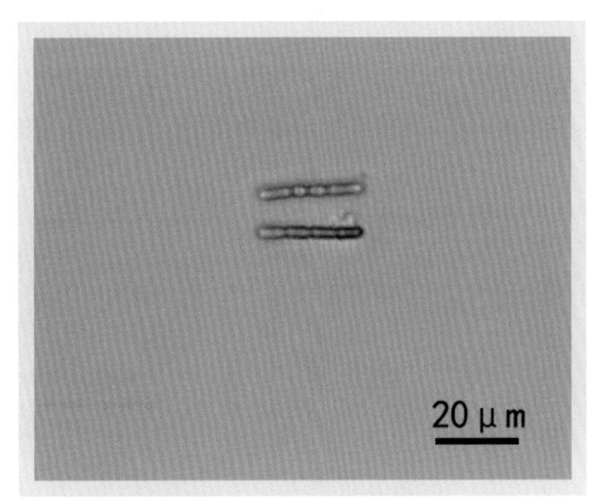

图 2.4-1　土生假鱼腥藻

分布特征：太湖蓝藻的优势种群，五里湖、贡湖、竺山湖、东太湖在春末、夏秋季的主要优势种之一。

其他假鱼腥藻 *Pseudanabaena sp.*

其他假鱼腥藻如图 2.4-2 所示。

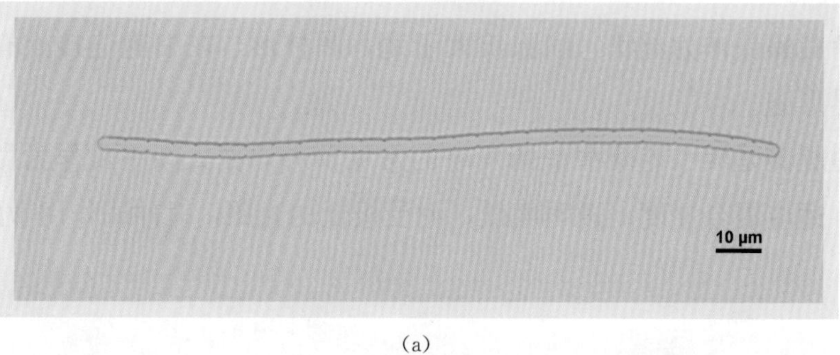

(a)

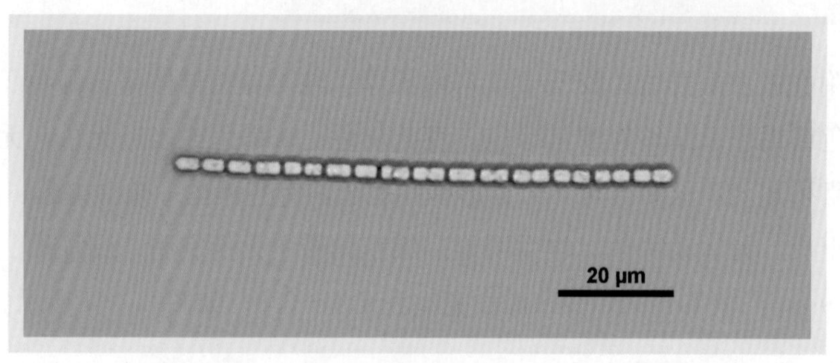

(b)

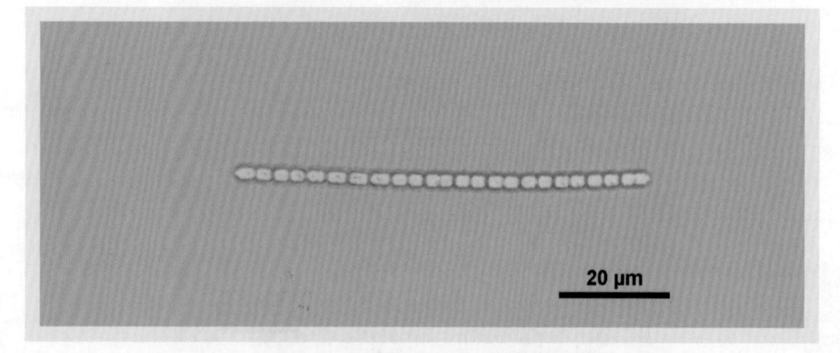

(c)

图 2.4-2　其他假鱼腥藻

> 2.5 细鞘丝藻属 *Leptolyngbya*

柱状藻丝细，宽 0.5～2 μm，略呈波状；细胞方形或长圆柱形，具薄的鞘。横壁收缢，但不明显。细胞内无气囊，也无颗粒。藻丝断裂形成不动的藻殖囊，无死细胞。如图 2.5-1 所示。

分布特征：全湖性分布，数量较少，非优势种。

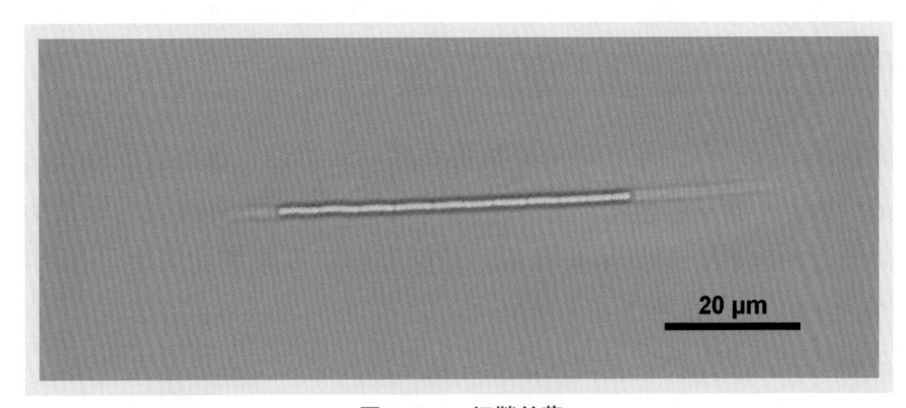

图 2.5-1 细鞘丝藻

> 2.6 浮丝藻属 *Planktothrix*

植物体单生，直或略弯曲，除不正常条件外，无坚硬的鞘。藻丝从中部到顶端渐尖细，具帽状结构，不能运动或不明显运动。细胞圆柱形，罕见方形，气囊充满细胞。

阿氏浮丝藻 *Planktothrix agardhii*

植物体漂浮。单生或多条，藻丝聚集成束或皮状；藻丝直或弯曲，末端常渐尖，横壁不收缢，两侧具颗粒，具气囊，末端细胞有时为钝圆锥形，略尖，具凸起的幅构，罕见呈头状的。细胞方形，多数宽比长大，长 2.5～4 μm，宽 4～6 μm。如图 2.6-1 所示。

分布特征：常见种，全湖性分布，夏季部分时段为五里湖优势种。

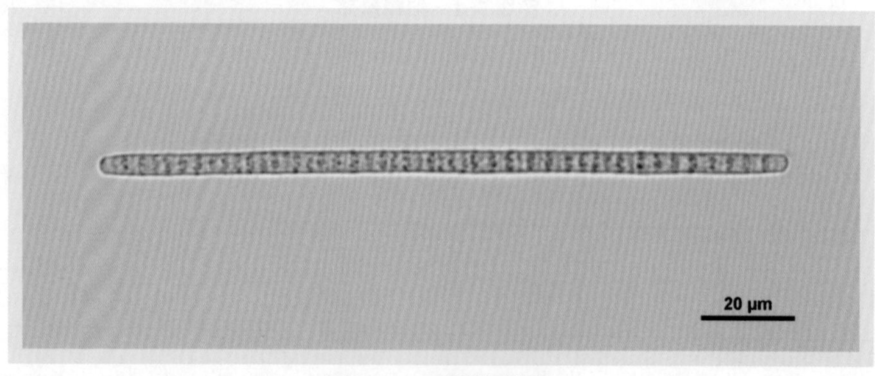

图 2.6-1　阿氏浮丝藻

螺旋浮丝藻 *Planktothrix spiroides*

原植体橄榄绿色或深蓝绿色。藻丝多细胞，末端细胞宽圆形。细胞横壁不收缢，横壁处颗粒不集中。藻丝疏松地螺旋弯曲，螺旋宽 30～48 μm，螺旋间距离 37～50 μm；藻丝宽 6～8 μm，细胞长 2～6 μm，末端略细。如图 2.6-2 所示。

分布特征：常见种，全湖性分布，数量较少，非优势种。

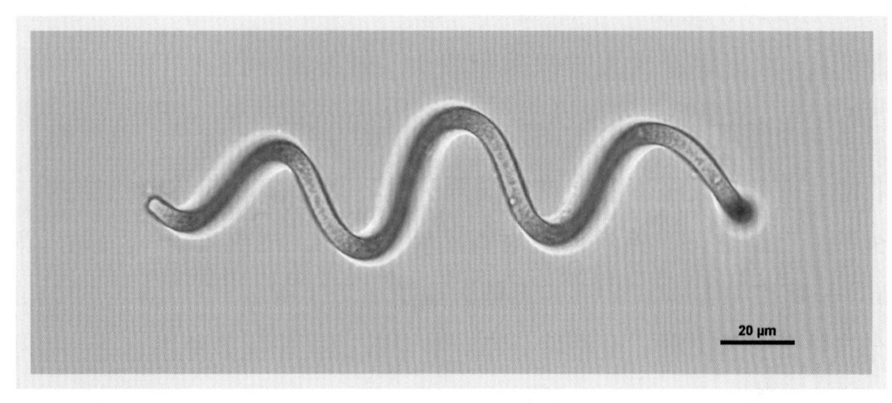

(a)

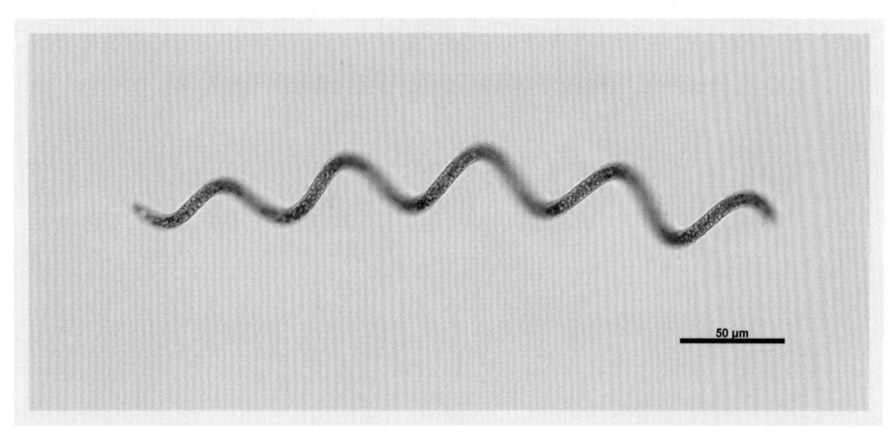

(b)

图 2.6-2　螺旋浮丝藻

> 2.7 拟浮丝藻属 *Planktothricoides*

拉氏拟浮丝藻 *Planktothricoides raciborskii*

藻体自由漂浮。暗绿色或黄绿色，细胞原生质体蓝绿色，具气囊，横壁处不收缢，或偶见收缢。藻丝体末端渐尖细，微弯曲，不具帽状结构，末端细胞钝圆或近圆锥形。藻丝体短时直而宽，颤动。细胞长 3～8 μm，宽 9～16 μm，长宽比为 1∶4～4∶5，无鞘。如图 2.7-1 所示。

分布特征：常见种，全湖性分布，数量较少，非优势种。

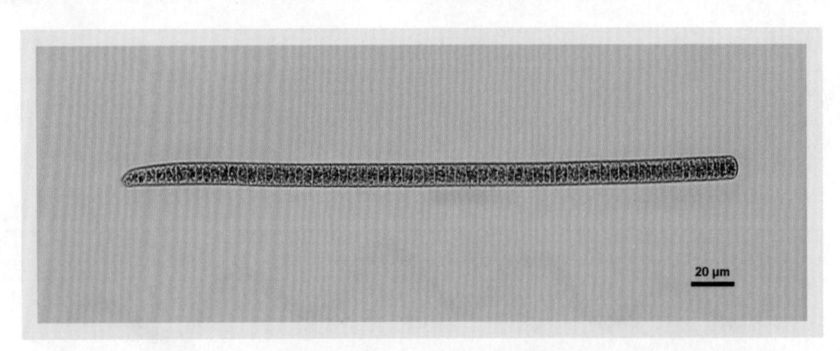

(a)

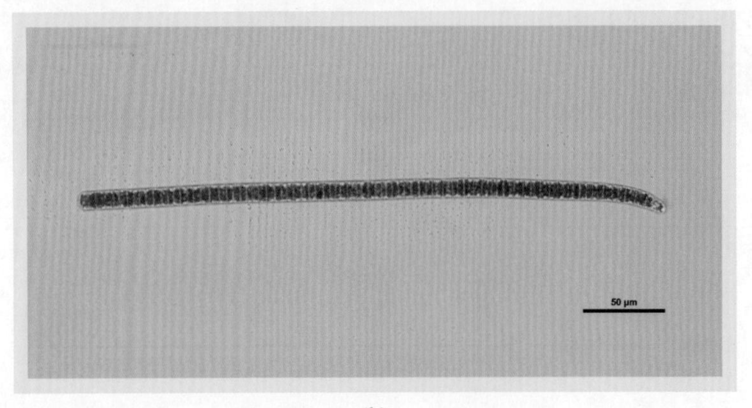

(b)

图 2.7-1　拉氏拟浮丝藻

其他拟浮丝藻 *Planktothricoides* sp.

其他拟浮丝藻如图 2.7-2 所示。

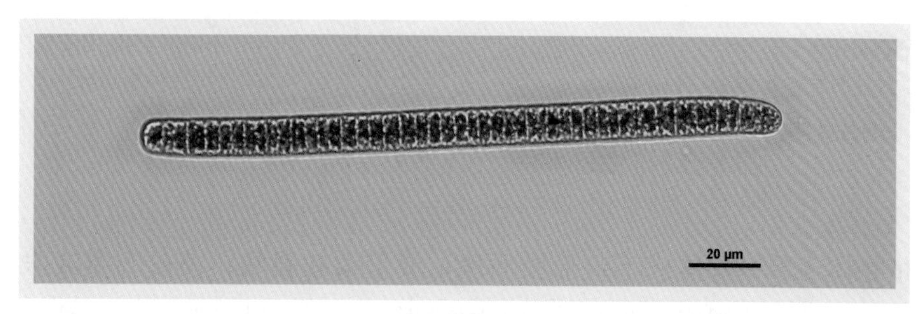

(a)

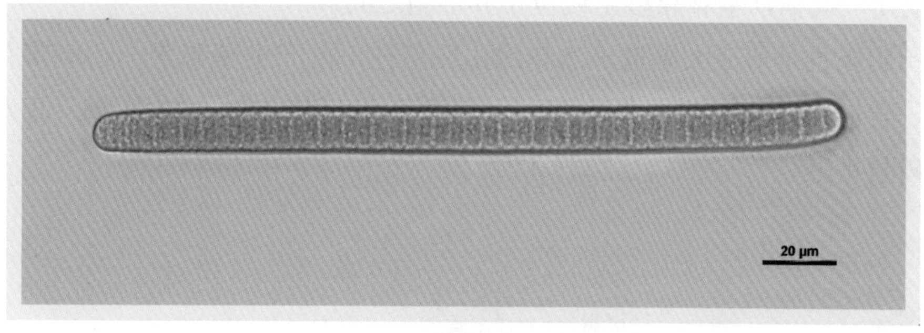

(b)

图 2.7-2　其他拟浮丝藻

> 2.8 鱼腥藻属 *Anabaena*

植物体为单一丝体或不定形胶质块，或呈柔软膜状；藻丝等宽或末端尖细，直或不规则地螺旋状弯曲；细胞圆球形、桶形；异形胞常为间位；孢子1个或几个成串，紧靠异形胞或位于异形胞之间。

鱼腥藻也是形成太湖蓝藻水华的主要藻种，可产生藻毒素。适应富营养、分层、含氮低浅水，耐受低含氮量、低含碳量环境，对水体混合、低光照、低含磷量敏感。

卷曲鱼腥藻 *Anabaena circinalis*

植物体片状，漂浮。藻丝螺旋盘绕，少数直，多数不具胶鞘，宽 8～14 μm。细胞球形或扁球形，长略小于宽，具假空胞。异形胞近球形，直径 8～10 μm；孢子为圆柱形，直或有时弯曲，末端圆，宽 14～18 μm，长 22～34 μm，常远离异形胞，外壁光滑，无色。如图 2.8-1 所示。

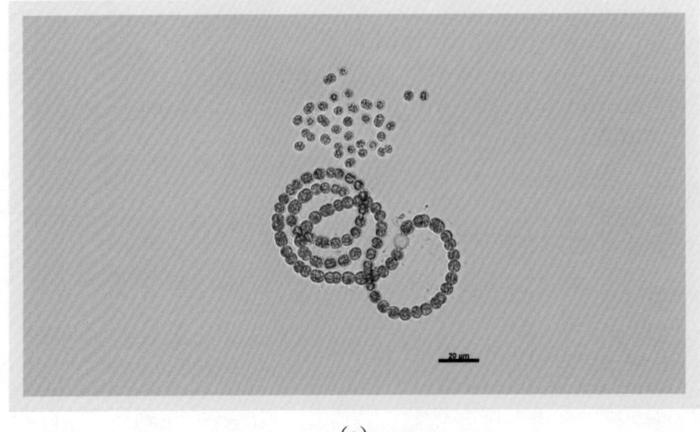

(a)

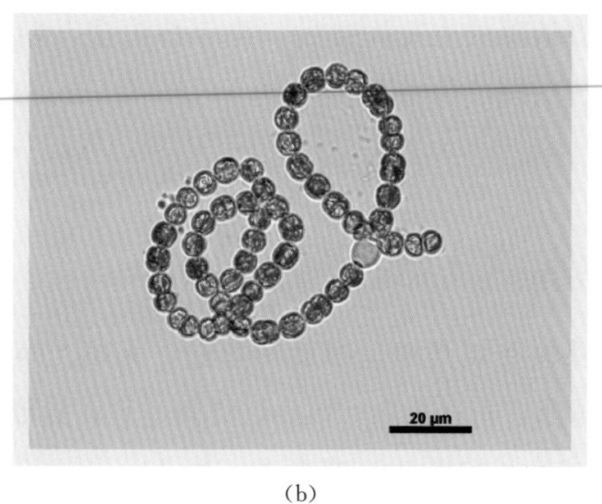

(b)

图 2.8-1　卷曲鱼腥藻

分布特征：太湖蓝藻的主要优势种，全年性出现；春末和夏季部分时段在五里湖、梅梁湖、贡湖成为主要优势种。

水华鱼腥藻 *Anabaena flos-aqua*

植物体单生或多数交织成胶质团块。藻丝扭曲或不规则地呈螺旋形弯曲，无鞘。细胞椭圆形或球形，宽 4～8 μm，长 6～8 μm，常具假空胞；异形胞椭圆形，宽 4～9 μm，长 6～10 μm；孢子略弯曲，圆柱形或香肠状，宽 6～13 μm，长 20～50 μm，位于异形胞的两端或远离异形胞。外壁光滑，无色或灰色。如图 2.8-2 所示。

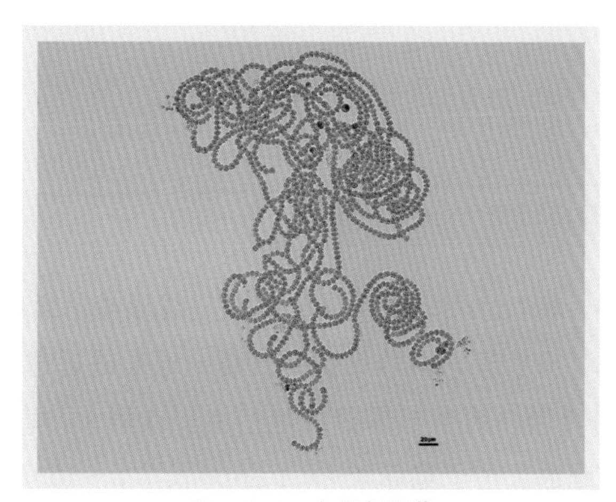

图 2.8-2　水华鱼腥藻

分布特征：太湖蓝藻的主要优势种，全年性出现，春末和夏季部分时段在五里湖、梅梁湖、贡湖成为主要优势种。

螺旋鱼腥藻 *Anabaena spiroides*

植物体漂浮。藻丝有规则地呈螺旋形弯曲，无鞘。螺旋宽 30 μm，两旋间距 40 μm。细胞球形，直径 6.5～8 μm，具假空胞；异形胞近球形，直径约 7 μm；孢子球形，或为长椭圆形，略弯曲，宽 14 μm，长 20～50 μm，位于异形胞的两端或远离异形胞。如图 2.8-3 所示。

分布特征：太湖蓝藻的主要优势种，全年性出现，春末和夏季部分时段在五里湖、梅梁湖、贡湖成为主要优势种。

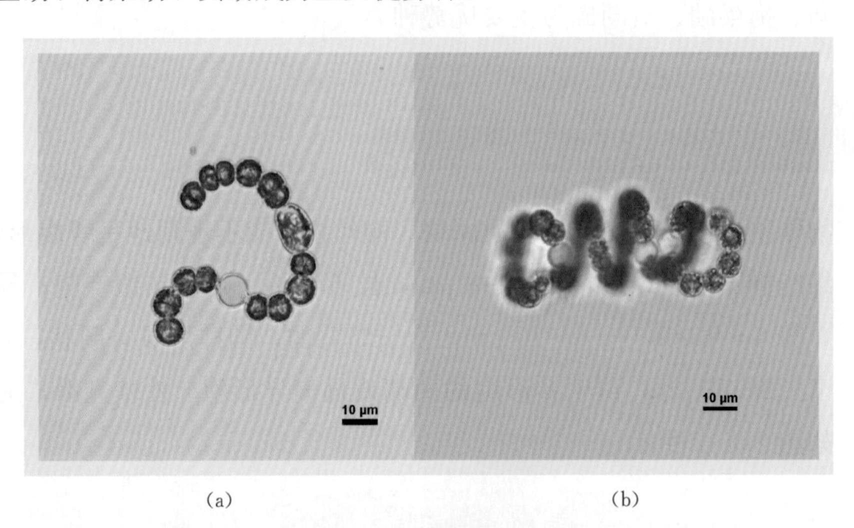

(a)　　　　(b)

图 2.8-3　螺旋鱼腥藻

近亲鱼腥藻 *Anabaena affinis*

藻丝自由漂浮，相互之间形成束状。藻丝呈线形或稍微弯曲，两端的细胞比中间的细胞稍细，有胶鞘。营养细胞具气囊，球形或近球形，直径约 4.3～6.3 μm。异形胞呈球形，大小与营养细胞差不多或稍大，直径 4.8～8.9 μm。孢子椭圆形或长椭圆形，孢子宽 5.3～8.4 μm，长 7.2～16.7 μm，长宽比例为 1.3～2.5。孢子一般单独出现，很少 2 个相连，孢子远离异形胞。这是在富营养化水体中唯一聚集成束状的一种鱼腥藻，其末端稍微变细以及在水体中积聚成束状的典型特性使其与其他类型的鱼腥藻相区分。如图 2.8-4 所示。

分布特征：常见种，全湖性分布，数量较少，非优势种。

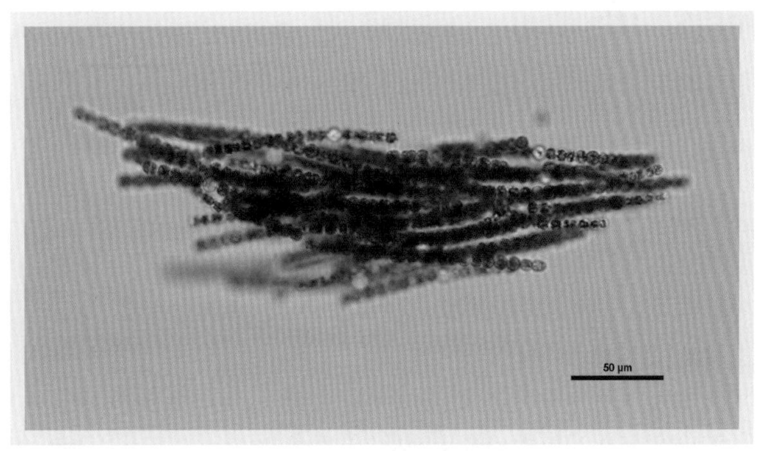

图 2.8-4　近亲鱼腥藻

凯氏鱼腥藻 *Anabaena kisseleviana*

藻丝单生，自由漂浮。直线状或轻微弯曲，具胶鞘，藻丝两端轻微变细，末端细胞拉长呈椭圆形。营养细胞具气囊，球形或扁球形，一般长 2.8～6.5 μm，宽 44～6.9 μm，长宽比为 0.6～1.3，宽比长略大，末端细胞长大于宽。异形胞球形或近球形，直径 5.1～6.7 μm。孢子球形或近球形，直径 6.4～12.7 μm。孢子一般单个出现，有时也成串出现，但孢子的位置紧邻异形胞，若多个时，一般同时出现在异形胞两侧，有时也只出现在一侧。如图 2.8-5 所示。

分布特征：常见种，全湖性分布，数量较少，非优势种。

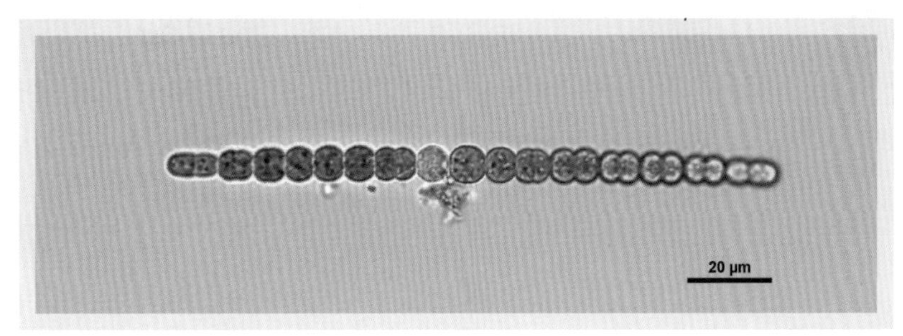

(a)

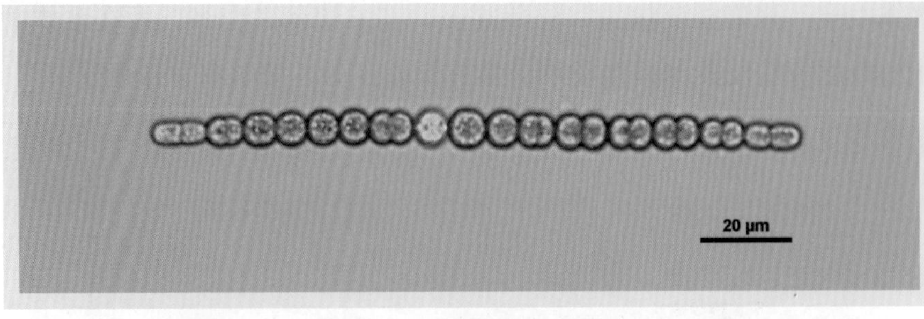

(b)

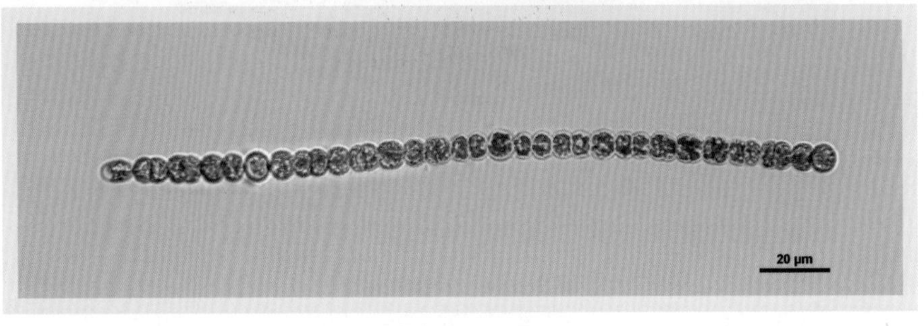

(c)

图 2.8-5 凯氏鱼腥藻

其他鱼腥藻 *Anabaena* sp.

其他鱼腥藻如图 2.8-6 所示。

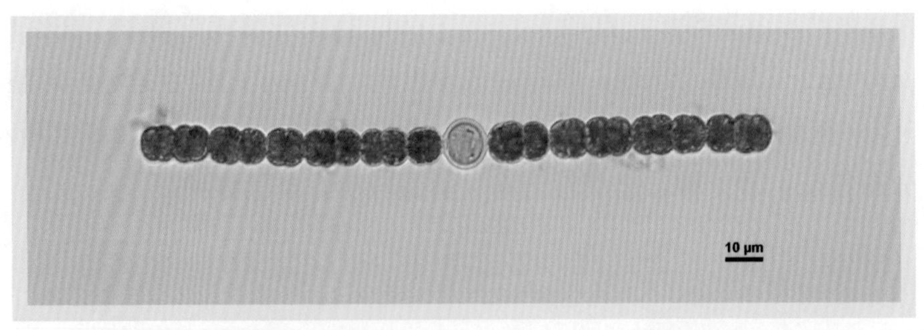

(a)

（b）

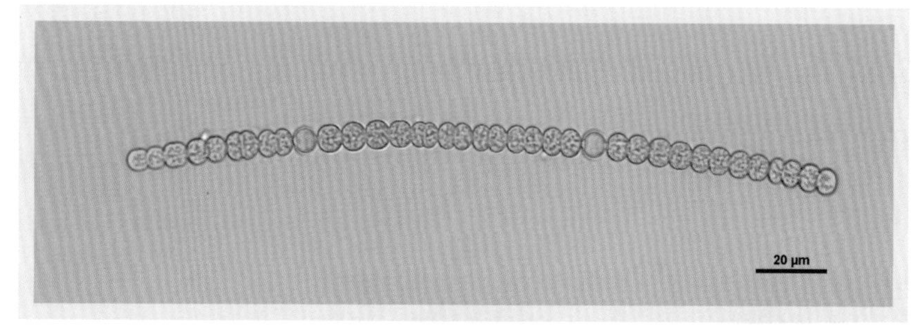

（c）

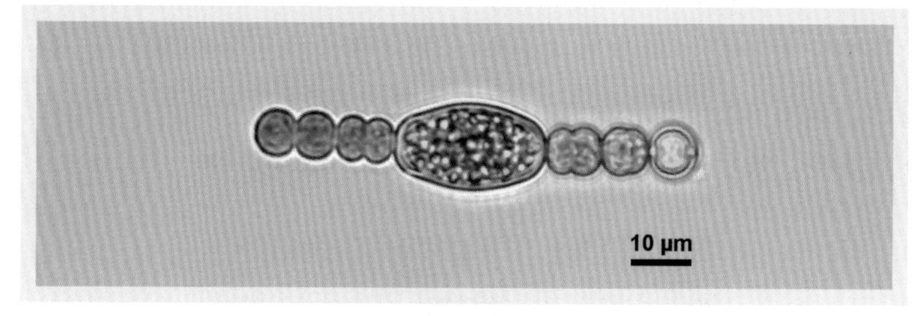

（d）

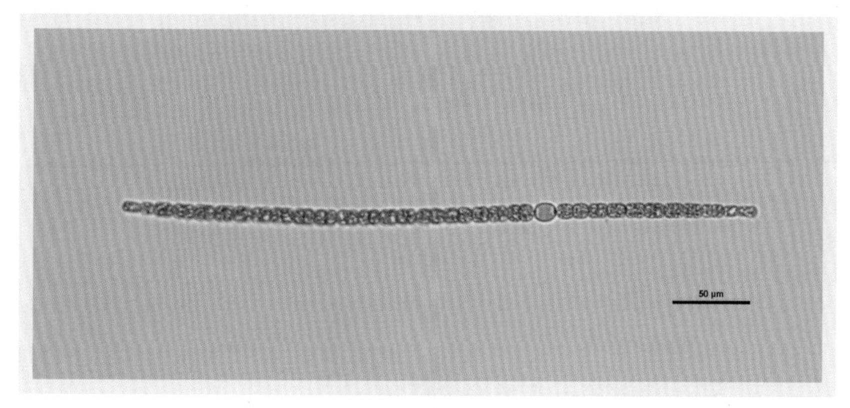

（e）

图 2.8-6　其他鱼腥藻

> 2.9 项圈藻属 *Anabaenopsis*

藻丝漂浮，短，螺旋形弯曲或轮状弯曲，少数直，异形胞顶生，常成对，孢子间生，远离异形胞。

环圈项圈藻 *Anabaenopsis circularis*

藻丝漂浮，短，螺旋形弯曲，1～1.5 个螺旋，少数直，宽 4.5～6.0 μm。细胞球形或长大于宽，具少数大颗粒，无气囊。异形胞球形，宽 3～8 μm，未见孢子。如图 2.9-1 所示。

分布特征：常见种，全湖性分布，数量少，非优势种。

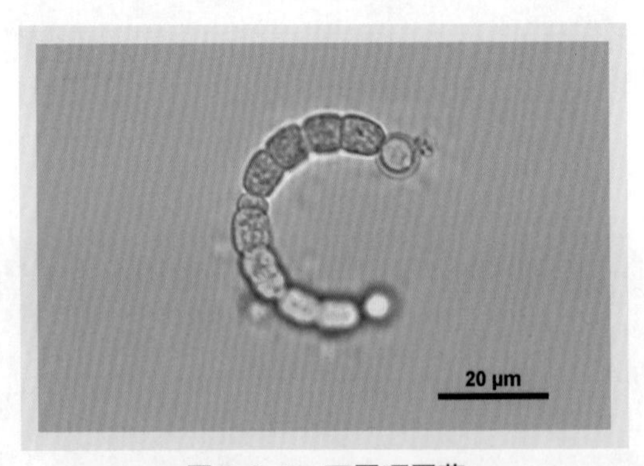

图 2.9-1　环圈项圈藻

叶氏项圈藻 *Anabaenopsis elenkini*

藻丝漂浮，环形或螺旋形弯曲。异形胞顶生，每端一个，球形或近球形，直径 3.75 μm。细胞椭圆形，宽 3.75～4 μm，长 8～10 μm，具假空胞。孢子间生，远离异形胞，近球形或椭圆形，宽 7.5～8.7 μm，长 10～12 μm。如图 2.9-2 所示。

分布特征：常见种，全湖性分布，数量少，非优势种。

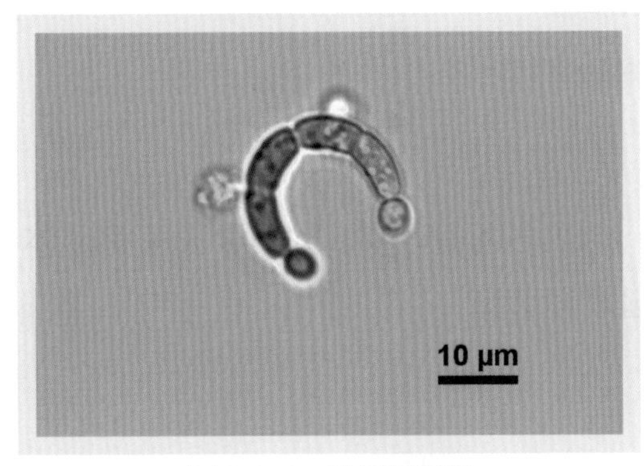

图 2.9-2　叶氏项圈藻

鲜明项圈藻 *Anabaenopsis tanganyikae*

藻丝自由漂浮，短螺圈形。多数情况下螺圈没有鞘，藻丝横壁处有收缢，收缢处宽 2.4～2.6 μm。细胞圆柱形，长是宽的 2～3 倍，即长 5.8～8.5 μm，无假空胞。异形胞椭圆形，长 3～5.5 μm。孢子椭圆形，单个，远离异形胞。如图 2.9-3 所示。

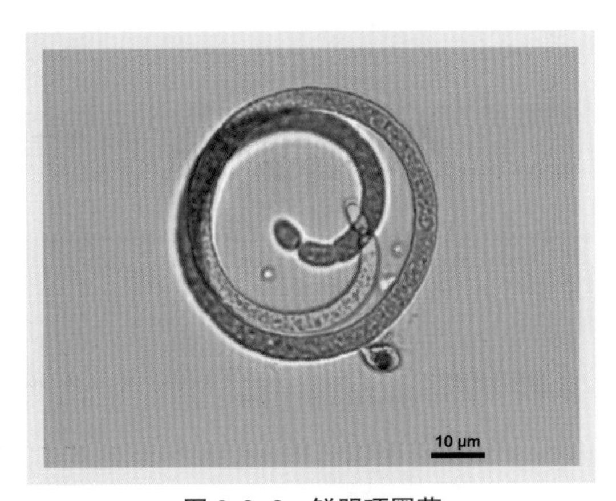

图 2.9-3　鲜明项圈藻

分布特征：常见种，全湖性分布，数量少，非优势种。

> 2.10 束丝藻属 *Aphanizomenon*

植物体多数直，少数略弯曲，常多数集合成束状群体，无鞘，顶端尖细。异形胞间生，孢子远离异形胞。

水华束丝藻 *Aphanizomenon flos-aquae*

植物群体由藻丝集合成束状，少数单生，直或略弯曲。细胞宽 5～6 μm，长 5～10（15）μm，圆柱形，具假空胞。异形胞近圆柱形，宽 5～7 μm，长 7～20 μm；孢子长圆柱形，宽 6～8 μm，长可达 80 μm。如图 2.10-1 所示。

分布特征：常见种，主要分布在五里湖、梅梁湖、贡湖等湖区，夏季部分时段会成为五里湖绝对优势种。

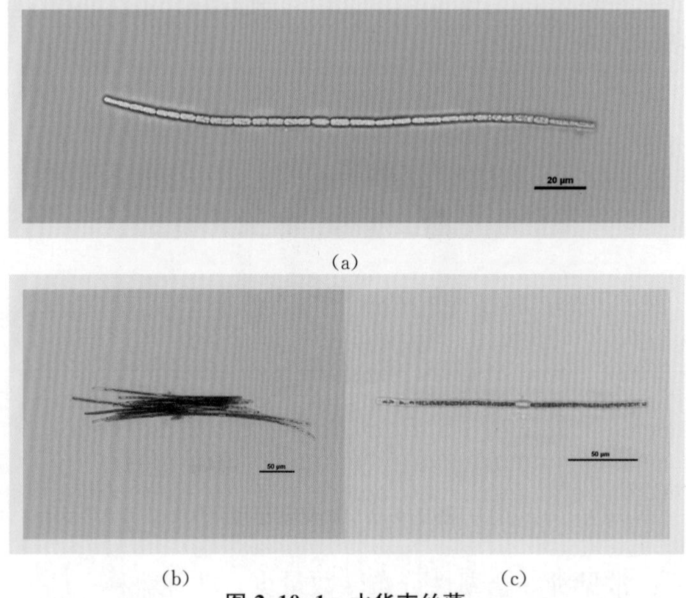

(a)

(b) (c)

图 2.10-1 水华束丝藻

依莎束丝藻 *Aphanizomenon issatschenkoi*

藻类单生，直或略弯曲，丝体长度可达 430 μm，丝体末端一端或两端明显变细，具气囊，能自由漂浮，胶鞘不明显，藻丝亚对称结构。营养细胞圆柱状、桶状，细胞具有轻微收缢，细胞长 4.0～11.0 μm，宽 2.5～5.0 μm，长宽比为 0.9～3.0。丝体末端细胞窄长，并逐渐变细；顶端细胞尖细并呈发丝状。每根藻丝通常有 1～3 个异形胞，异形胞呈圆柱状、椭圆形或卵形，极点不明显。厚壁孢子桶状，多单生，常位于藻丝末端，但远离异形胞和顶端细胞。该种为淡水浮游种类，其明显不同于本属其他种类的特征是末端细胞具有显著的延伸、顶端细胞呈发丝状。如图 2.10-2 所示。

分布特征：常见种，主要分布在五里湖、梅梁湖、贡湖等湖区，夏季部分时段会成为五里湖绝对优势种。

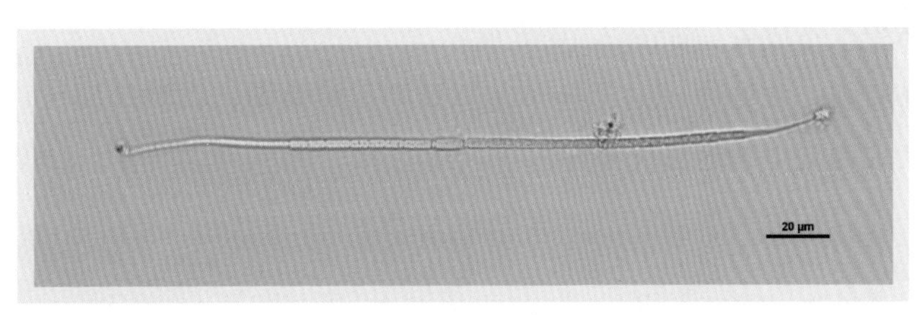

(a)

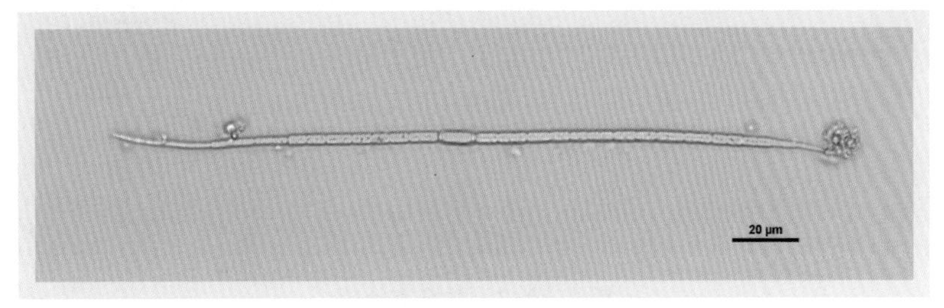

(b)

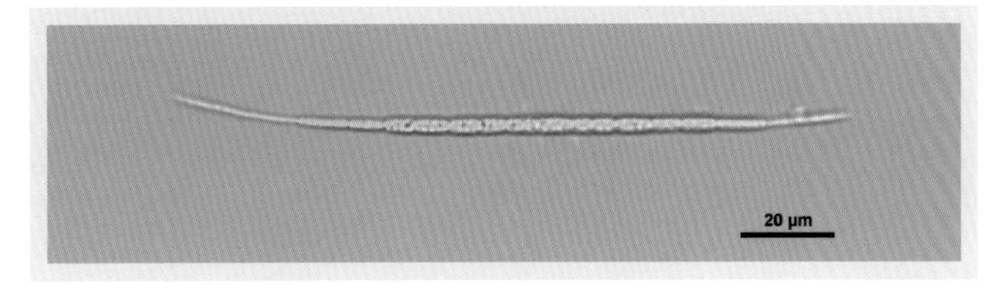

(c)

图 2.10-2　依莎束丝藻

柔细束丝藻 *Aphanizomenon gracile*

藻丝单生，直或略弯曲，具气囊，能自由漂浮，胶鞘不明显。营养细胞呈圆柱状、桶状，细胞具有轻微收缢。细胞长 2.5～9.0 μm，宽 2.5～5.0 μm，长宽比为 0.5～2.9。末端基部细胞长 2.5～9.0 μm，宽 2.0～4.0 μm，长约是宽的 2 倍。顶端细胞圆形、圆锥形、球形，有时略窄且延长，细胞长 2.5～9.0 μm，宽 2.5～5.0 μm，长宽比为 0.6～4.1。每根藻丝通常有 1～3 个异形胞，异形胞卵形、圆柱状，有时球形细胞长 5.0～11.0 μm，宽 3.5～7.0 μm,长宽比为0.9～2.9。厚壁孢子多单生，远离异形胞，长柱形、卵形，有的近乎圆形，常有分离的外壳和类似衣领状结构延伸到相邻营养细胞的一侧，长 11.0～42.0 μm，宽 3.5～8.5 μm，长宽比为 2.2～8.2。柔细束丝藻与水华束丝藻的区别在于前者顶端细胞没有明显的延伸，也不呈透明状，丝体单生不成束。如图 2.10-3 所示。

分布特征：常见种，主要分布在五里湖、梅梁湖、贡湖等湖区，夏季部分时段会成为五里湖绝对优势种。

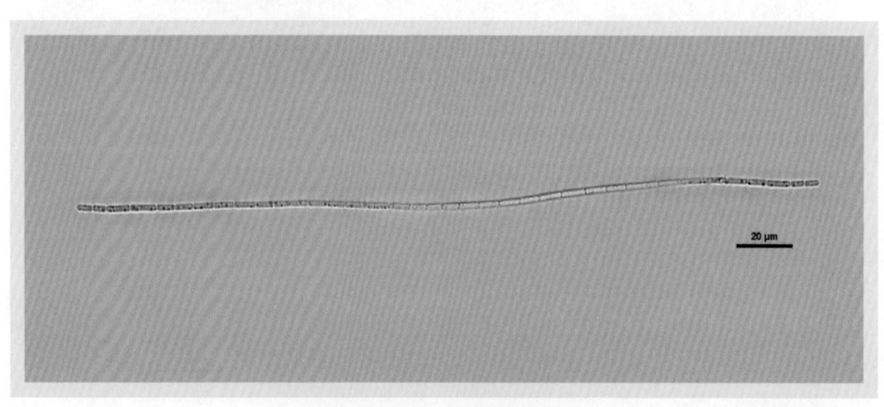

图 2.10-3　柔细束丝藻

> 2.11 拟柱胞藻属 *Cylindrospermopsis*

藻丝自由漂浮，单生，直、弯或似螺旋样卷曲，几个种末端渐狭，无鞘。藻丝等极（藻丝仅具 1 个异形胞为异极的），近对称，横壁有或无收缢；细胞圆柱形或圆筒形，通常长明显大于宽。灰蓝绿色、浅黄色或橄榄绿色，具气囊。末端细胞圆锥形，顶端钝或尖。异形胞位于藻丝末端，卵形、倒卵形或圆锥形，有时略弯曲，似滴水形，具单孔，它们由藻丝顶端细胞不对称地分裂发育形成，而且藻丝两顶端细胞的分裂是不同步的。厚壁孢子椭圆形、圆柱形，在藻丝卷曲的种类中常略弯曲，通常远离异形胞，罕见邻近顶端异形胞，以藻丝断裂作用和厚壁孢子进行繁殖。如图 2.11-1 所示。

分布特征：贡湖和五里湖常见种，数量少，非优势种。

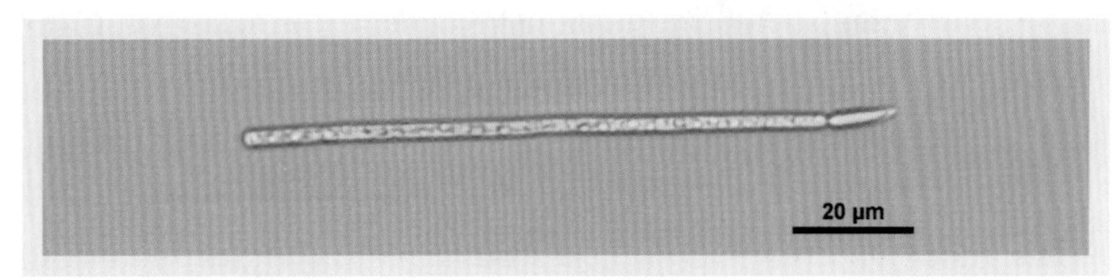

(a)

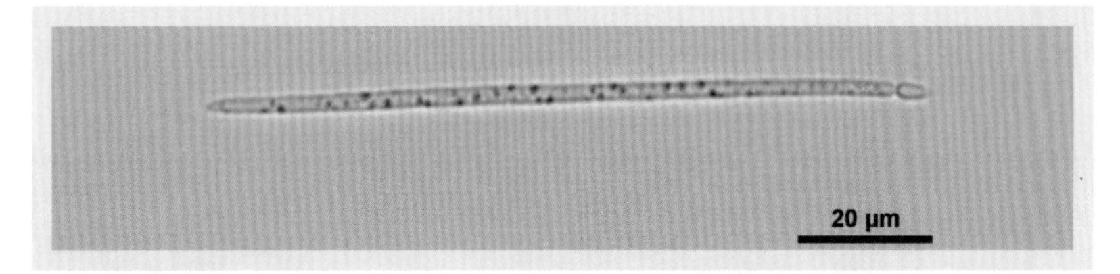

(b)

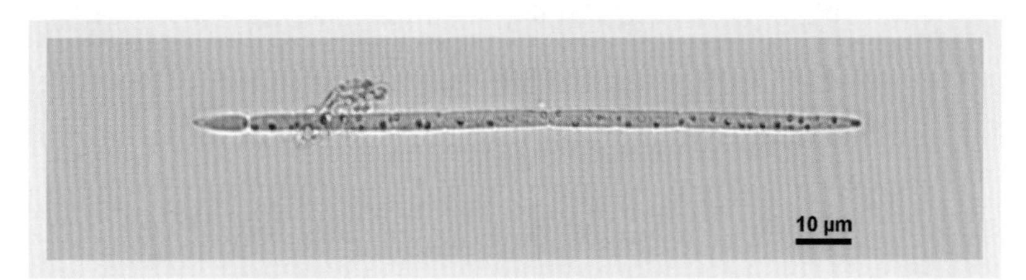

(c)

(d)

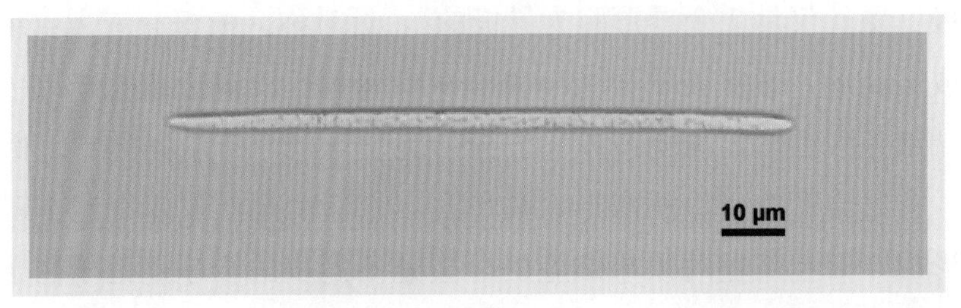

(e)

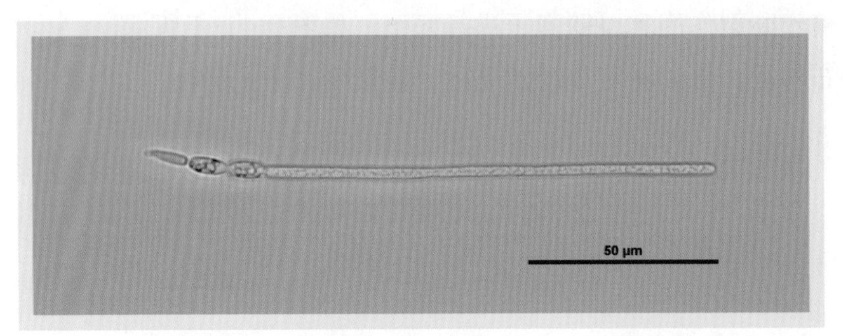

(f)

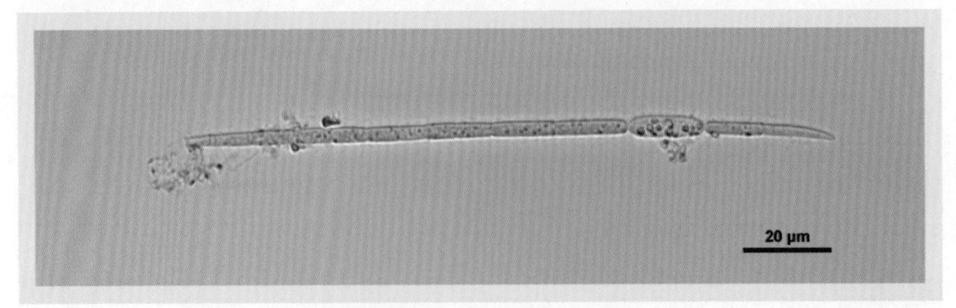

(g)

图 2.11-1　拟柱胞藻

3

金藻门

金藻（Chrysophyta）是无壁或具有硅质鳞片的单细胞或群体，以前以鞭毛藻类为大家所熟悉。金藻门中自由运动的群体种类由细胞呈放射状排列成球形或卵形，有的具透明的胶被，不能运动的种类为变形虫状、胶群体状、球粒形、叶状体形、分枝或不分枝状体形、细胞球形、椭圆形、卵形或梨形。运动种类细胞有鞭毛，具眼点或无，眼点1个，位于细胞的前部或中部，具数个液泡，细胞核1个，位于细胞中央。不能运动的种类具细胞壁，具1～2个伸缩泡，位于细胞的前端或后部。细胞无色或具色素体，色素体周生，片状，由于胡萝卜素和岩黄素在色素中的比例较大，常呈黄色、黄褐色、黄绿色或灰黄褐色。

生殖方式分为营养繁殖、无性繁殖和有性生殖。金藻类生长在淡水及海水中。大多数生长在透明度大、温度较低、有机质含量少、pH为4～6的微酸性水及含钙质较少的软水中。对水温变化较敏感，常在较寒冷的冬季、晚秋和早春等季节生长旺盛。有许多种类因生长的特殊要求，可作为生态环境指示种。

> 3.1 锥囊藻属 *Dinobryon*

植物体为树状或丛状群体。细胞具圆锥形、钟形或圆柱形囊壳，前端呈圆形或喇叭状开口，后端锥形，囊壳表面平滑或具波纹，呈透明或黄褐色。细胞多数呈纺锤形、卵形或圆锥形，基部以细胞质短柄附着于囊壳的底部，前端具2条不等长的鞭毛，伸缩泡1个到多个，眼点1个。色素体周生、片状，1～2个。光合作用产物为金藻昆布糖，常为1个大的球状体，位于细胞的后端。

密集锥囊藻 *Dinobryon sertularia*

群体细胞密集排列呈自下而上的丛状。囊壳为纺锤形到钟形，宽而粗短，前端开口处略呈扩展状，中上部略收缢，后端短而渐尖，呈锥状，略不对称，囊壳长30～40 μm，宽6.8～9 μm。如图3.1-1所示。

分布特征：常见种，全湖性分布，数量较少，主要出现在太湖的秋冬季节。

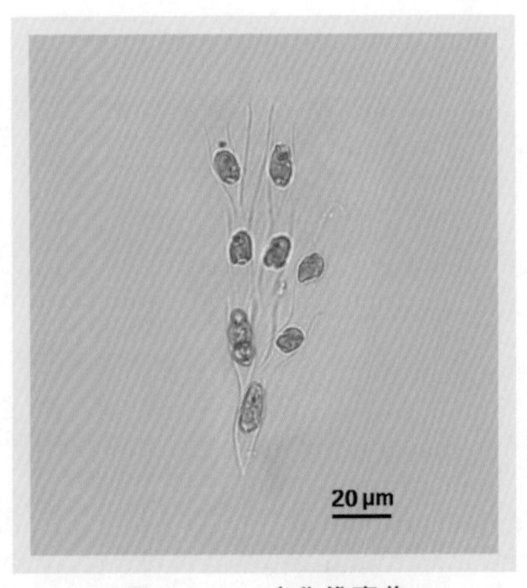

图3.1-1　密集锥囊藻

> 3.2 鱼鳞藻属 *Mallomonas*

植物体为单细胞，能自由运动；细胞呈球形、卵形、圆柱形等。硅质鳞片有规则地相叠成覆瓦状或螺旋状排列在表质上，细胞前部称领部鳞片，中部称体部鳞片，后部称尾部鳞片，大多数鳞片由圆拱形盖、盾片和凸缘构成，硅质鳞片具有刺毛或者不具有刺毛，鳞片及刺毛的形状和结构是分种的主要依据。细胞前端具有 1 条鞭毛，具有 3 到多个伸缩泡，色素体有 2 个，片状周生，细胞核 1 个，无眼点。如图 3.2-1 所示。

分布特征：全湖性分布，数量较少，非优势种。

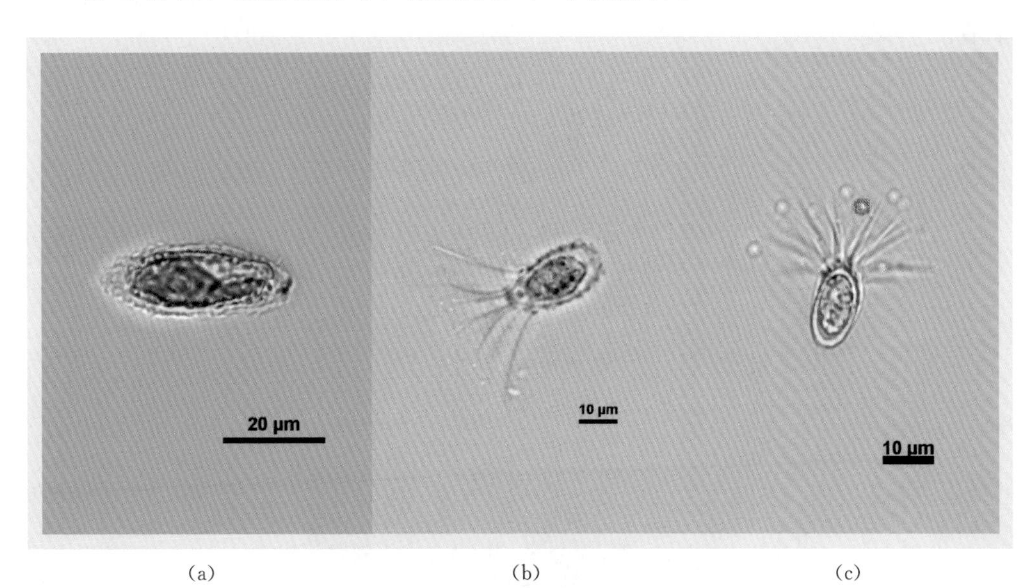

(a) (b) (c)

图 3.2-1 鱼鳞藻

> 3.3
黄群藻属
Synura

植物体为群体，球形或椭圆形，细胞以后端互相联系呈放射状排列在群体的周边，无群体胶被，自由运动；细胞梨形、长卵形，前端广圆，后端延长成一胶质柄，表质外具许多覆瓦状排列的硅质鳞片，鳞片具花纹，具或不具刺，细胞前端具 2 条略不等长的鞭长，色素体周生状，2 个，位于细胞的两侧，呈黄褐色。无眼点，细胞核 1 个，位于细胞的中部。同化产物为金藻昆布糖，大颗粒状，伸缩泡数个，位于细胞的后端。如图 3.3-1 所示。

分布特征：全湖性分布，数量较少，非优势种，主要出现在太湖的秋冬季节。

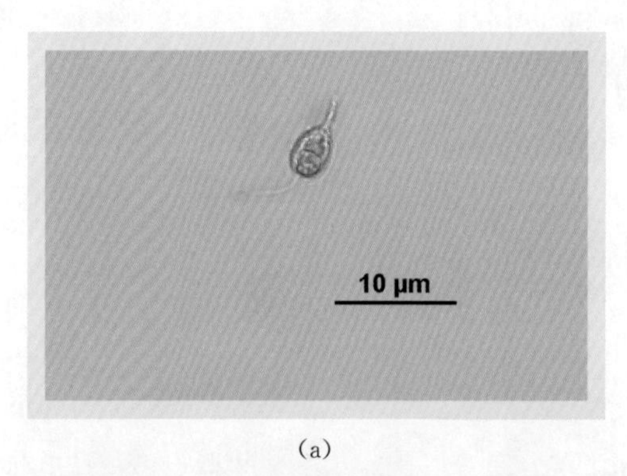

(a)

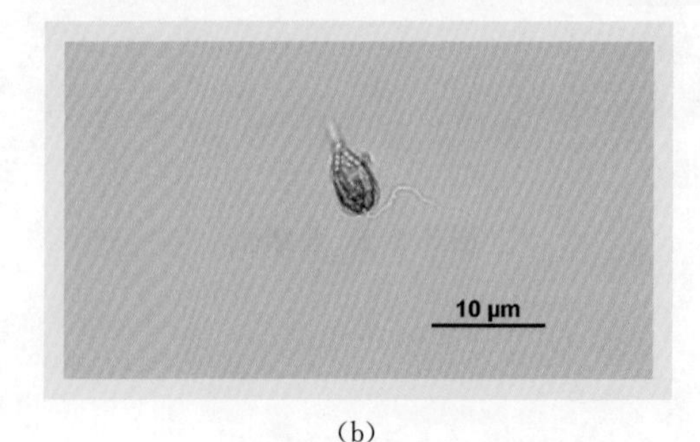

(b)

图 3.3-1　黄群藻

4

硅藻门

硅藻（Bacillariophyta）是一类由高度硅质化的细胞壁分为上下两壳套合而成的微小单细胞真核藻类。硅藻的种类和花纹形态各异，具辐射对称和两侧对称两种对称方式。植物体为单细胞，或者由细胞彼此连成链状、带状、放射状的群体。多数种类为水生，以浮游生活为主，也有些种类附生在水中各种基质或其他水生植物体上。叶绿体色素主要有叶绿素 a 和叶绿素 c，用来进行光合作用。β-胡萝卜素、α-胡萝卜素含量丰富。叶黄素类的墨角藻黄素、岩藻黄素、硅甲黄素等使藻体呈现黄褐色或黄绿色，主要储藏物质是油脂和金藻昆布糖。

硅藻的繁殖方式有多种，主要是通过营养生殖进行细胞分裂。由于细胞壁是硅质不能扩大，所以分裂生成的子细胞比亲细胞体积小，但是又不会无限变小，当细胞分裂到最小时，硅藻细胞会通过有性生殖形成复大孢子来使体积恢复成原来的大小。当环境变化较明显或在恶劣的环境下，有时也会产生休眠孢子，有时还会出现小孢子生殖的繁殖方式。

硅藻的种类丰富。1970 年至今，随着电子显微技术的不断发展，研究硅藻的方法也不断进步，目前已报道过有 60 000 多种硅藻（Kociolek，2007），新的硅藻属种仍然在不断被发现。硅藻的生态环境多样，在淡水、半咸水、海水中均有分布，尤其是在温带和热带海区，由于硅藻种类多、数量大，因而被称为海洋的“草原”，此外，在潮湿的土壤中、苔藓、水生高等植物、岩石、树皮等物质的表面上也都有硅藻的存在。

编者在拍摄硅藻照片的过程中，同步对采集的样品进行了“烧片”处理，去除硅藻体内的有机质，留下只剩硅质外壳的藻体进行封片观察，从而可清晰地观察到硅藻的花纹，有利于分类比对鉴定。

近 10 年太湖硅藻密度数据分析显示，太湖硅藻数量呈波动式上升趋势，自 2007 年至今同比增幅最大可达 4 倍左右。硅藻数量夏季较低，春季、秋季、冬季较高，但相差不大；在东太湖、东部沿岸区的冬季和春季占据优势地位。

> 4.1 直链藻属

Melosira

细胞圆柱形，极少为圆盘形、椭圆形或球形，常由细胞的壳面互相连接成链状群体。壳面圆形，平或凸起，有或无纹饰，由壳盘和壳套组成，壳套面观常有一环状缢缩，称为环沟，纵切面观环沟呈“V”字形或“U”字形；壳盘面上的构造通常由细点纹或粗点纹组成。壳面常有棘或刺。

颗粒直链藻 *Melosira granulata*

壳体圆柱形，以壳盘边缘小刺连成紧密的链状群体，直径 4.5～21 μm，高 5～24 μm。壳套面发达，壁厚，环沟不深。末端细胞点纹列与其他细胞不同，末端细胞为纵向平行排列，其他细胞均为斜向螺旋状排列，壳盘边缘具较长的粗刺。如图 4.1-1 所示。

分布特征：常见种，全湖性分布，贡湖的冬春季节主要优势种，属于湖泊藻类的耐污种。

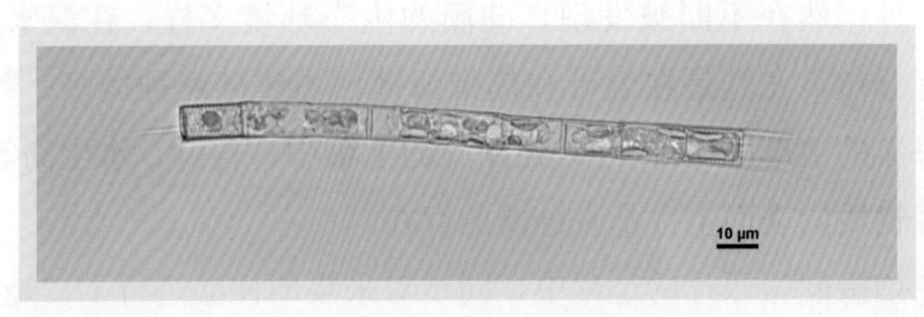

(a)

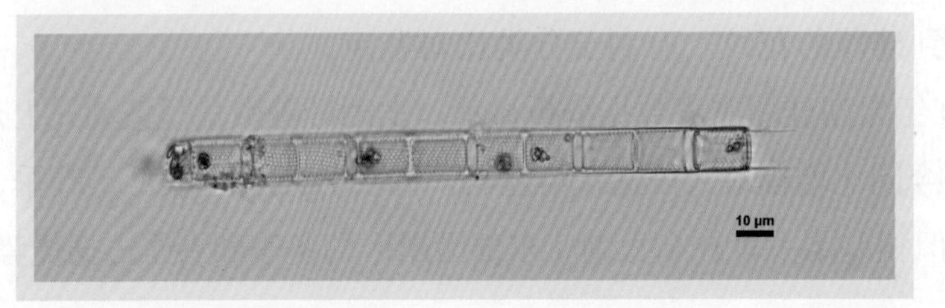

(b)

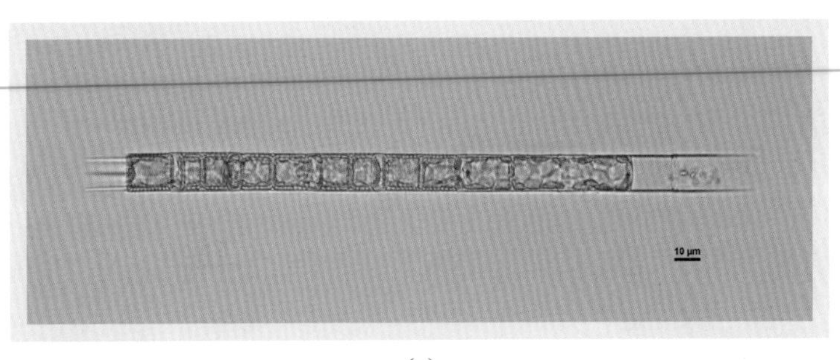

（c）

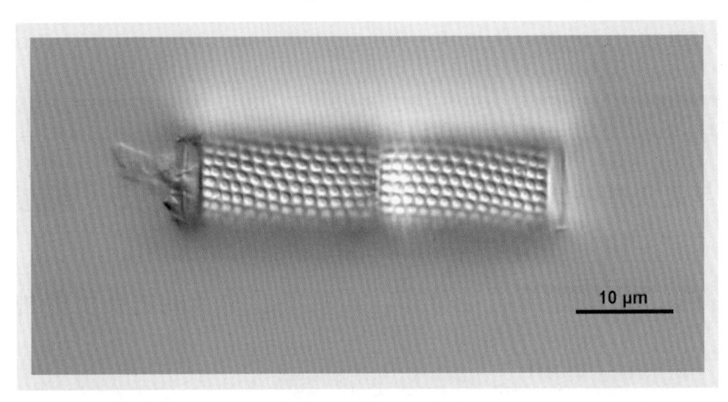

（d）

图 4.1-1　颗粒直链藻

颗粒直链藻极狭变种 *Melosira granulata var. angustissima*

此变种与原变种不同特征为链状群体细而长，壳体高度大于直径的几倍到 10 倍。细胞直径 10～12 μm，高 40～50 μm。如图 4.1-2 所示。

分布特征：常见种，全湖性分布，贡湖冬春季节的主要优势种。

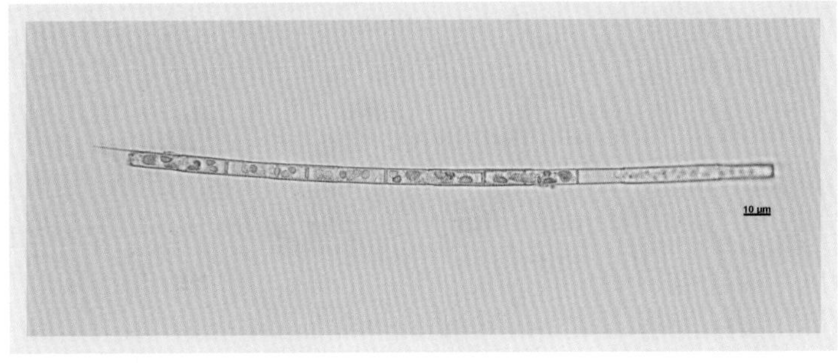

（a）

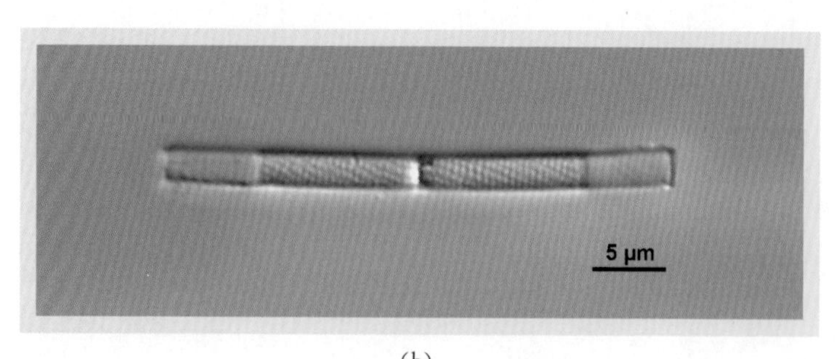

(b)

图 4.1-2 颗粒直链藻极狭变种

颗粒直链藻极狭变种螺旋变形 *Melosira granulata* var. *angustissima*

此变形与此变种不同特征为链状群体弯曲形成螺旋形。细胞直径 2.5～5.5 μm，高 7.5～19.5 μm。如图 4.1-3 所示。

分布特征：常见种，全湖性分布，贡湖冬春季节的主要优势种。

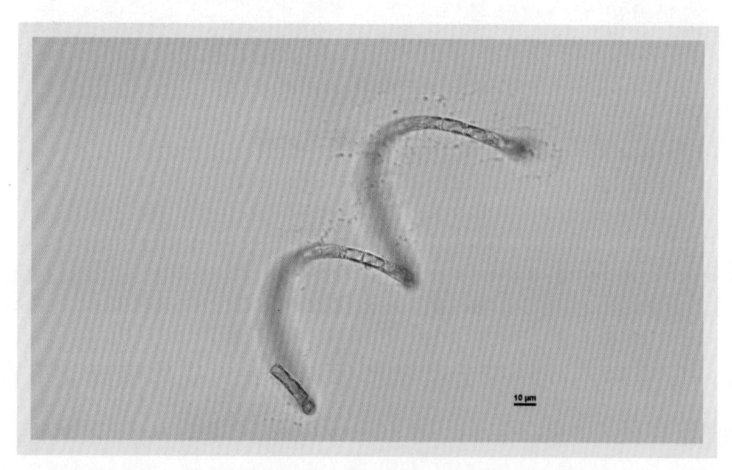

(a)

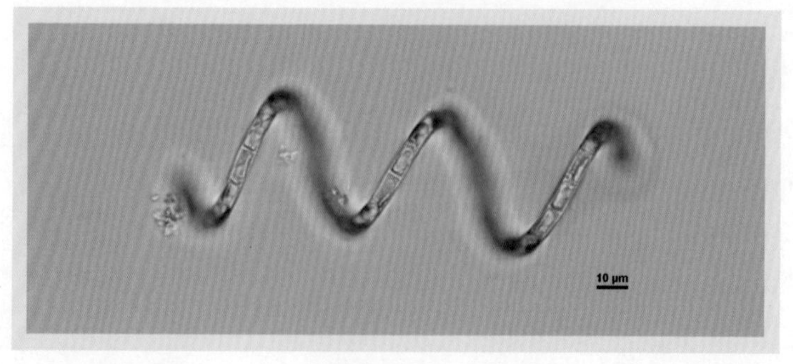

(b)

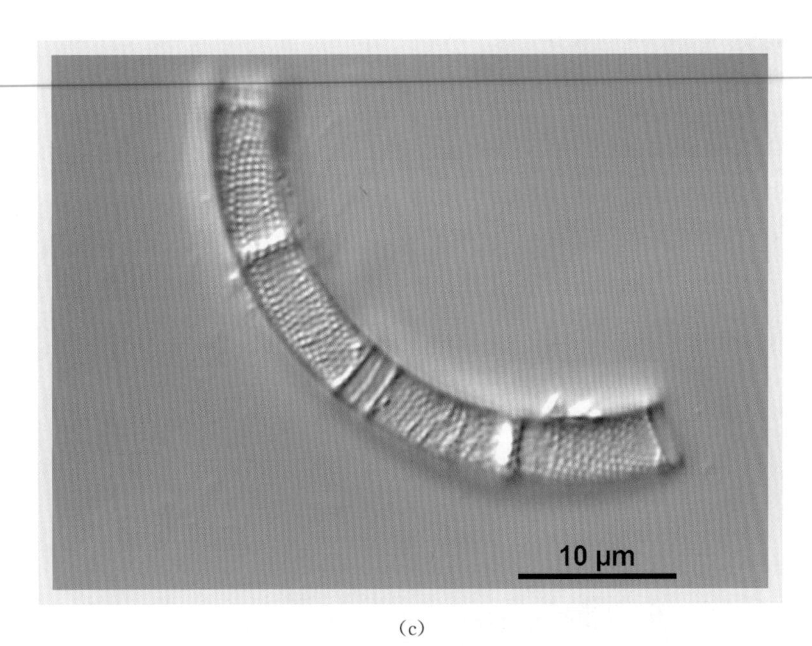

(c)

图 4.1-3　颗粒直链藻极狭变种螺旋变形

变异直链藻 *Melosira varians*

细胞圆柱形，连接成紧密的链状群体。壳面直径 10～13 μm，高 21～27 μm。壳套面环状，点纹细而密。外壁有极细的点纹，其间散生略粗的点纹，并可见壳缘有齿。如图 4.1-4 所示。

分布特征：常见种，全湖性分布，贡湖冬春季节的主要优势种。

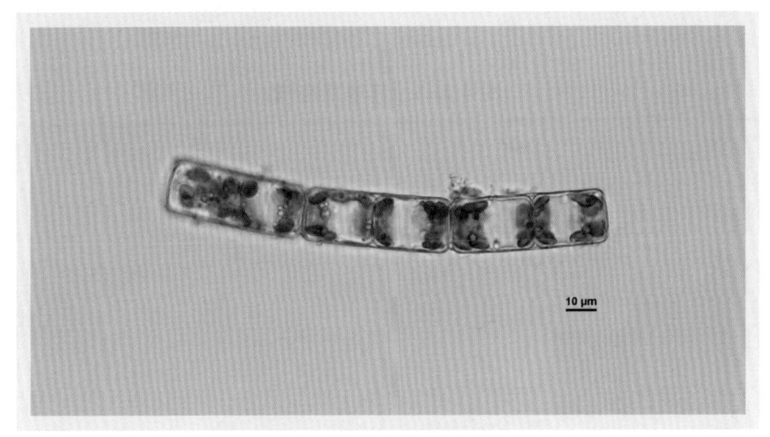

图 4.1-4　变异直链藻

其他直链藻 *Melosira* sp.

其他直链藻如图 4.1-5 所示。

(a)

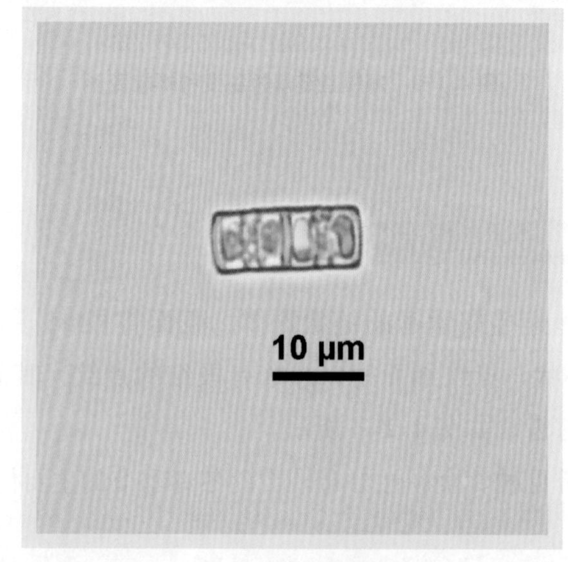

(b)

图 4.1-5　其他直链藻

> 4.2 小环藻属 *Cyclotella*

细胞鼓形，壳面圆盘形，极少为椭圆形。常呈同心波曲或切向波曲。从纹饰结构上分中央区和边缘区，中央区平滑或者具点纹、斑纹，边缘区具辐射状线纹或肋纹，部分种类壳缘具小棘。

适应中富营养、中小型或大型浅水水体，耐受低光照，对 pH 升高、硅元素缺乏、水体分层敏感。梅尼小环藻是水体富营养化发生的指示性物种。

梅尼小环藻 *Cyclotella meneghiniana*

壳面圆形，壳体直径 10～20 μm，壳缘线纹在 10 μm 内有 8～10 条。壳面明显分为中央区和壳缘区。中央区约为整个壳面的 1/2，具 1～3 个支持突。壳缘具 1 圈支持突。如图 4. 2-1 所示。

分布特征：常见种，全湖性分布，贡湖、梅梁湖、竺山湖等北部湖湾冬季和春初的主要优势种。

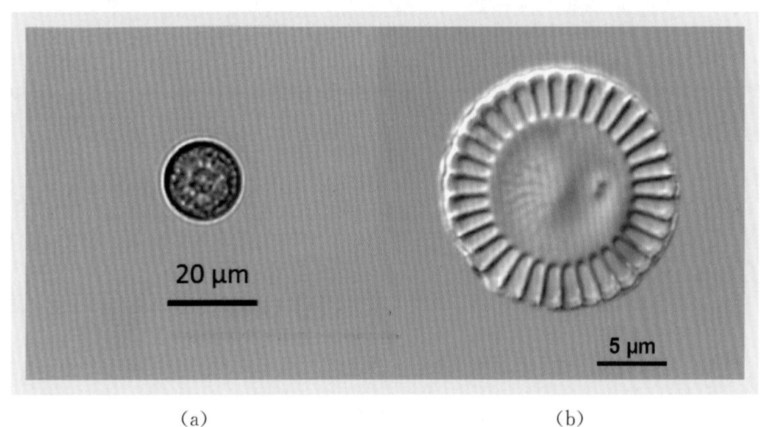

(a)　　　　(b)

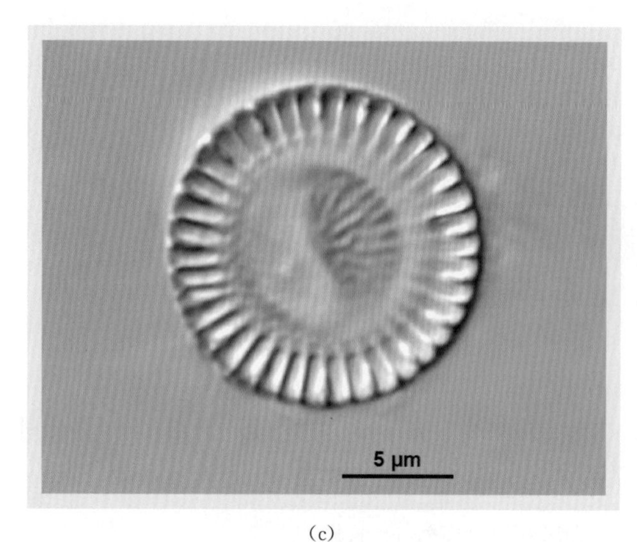

(c)

图 4.2-1　梅尼小环藻

具星小环藻 *Cyclotella stelligera*

单细胞，圆盘形；壳面圆形，呈同心波曲；边缘区较狭，具辐射状排列的粗线纹，在 10 μm 内有 12～16 条；中央区具星状排列的短线纹，中心具 1 个单独的点纹。细胞直径 5.5～24.5 μm。如图 4.2-2 所示。

分布特征：常见种，全湖性分布，贡湖、梅梁湖、竺山湖等北部湖湾冬季和春初的主要优势种。

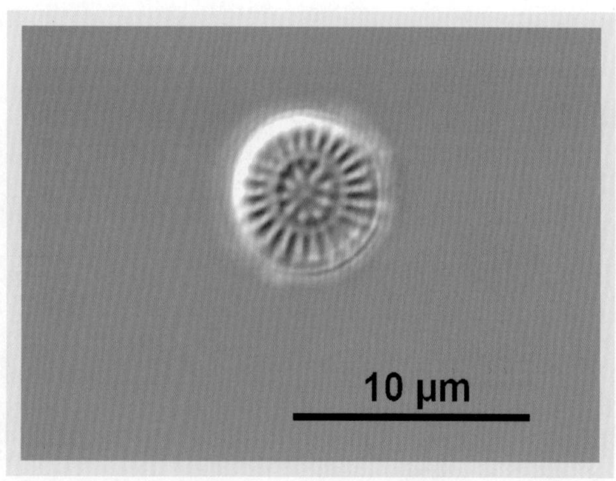

图 4.2-2　具星小环藻

其他小环藻 *Cyclotella* sp.

其他小环藻如图 4.2-3 所示。

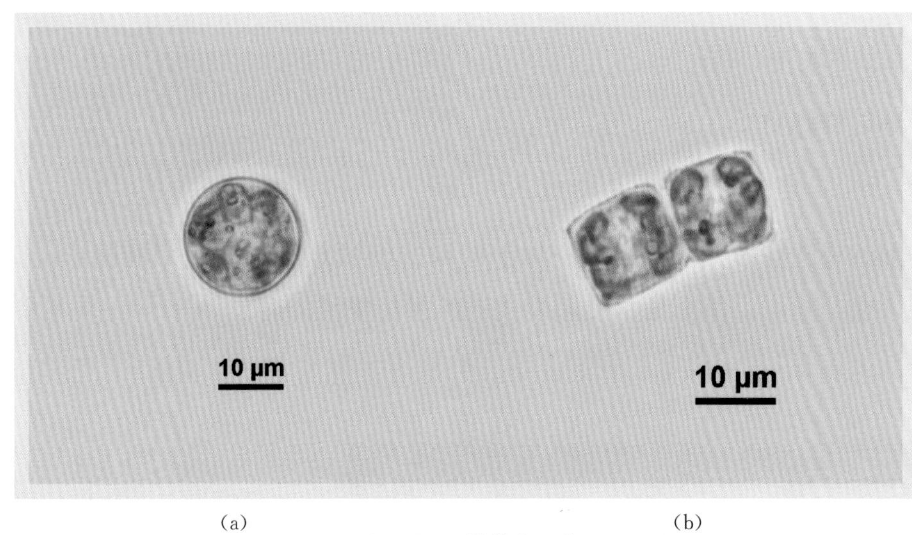

(a) (b)

图 4.2-3 其他小环藻

4.3 四棘藻属 *Attheya*

细胞扁圆柱形，壁极薄，壳体上的构造细微难辨。壳面窄椭圆形，壳中部凹入或凸起，由每个角状凸起延成一条粗长坚硬的刺。

扎卡四棘藻 *Acanthoceras zachariasii*

细胞扁圆柱形，壁极薄，壳体上的构造细微难辨。壳面窄椭圆形，壳中部凹入或凸起，由每个角状凸起延成一条粗长坚硬的刺。如图 4.3-1 所示。

分布特征：常见种，全湖性分布，数量少，非优势种。

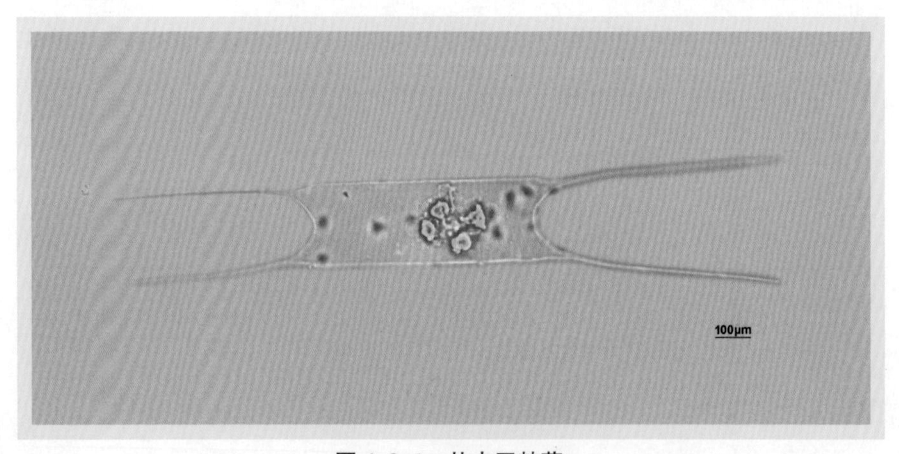

图 4.3-1 扎卡四棘藻

> 4.4 脆杆藻属

Fragilaria

细胞通常以壳面连接成带状群体，或以每个细胞的一端相连成“Z”状群体。壳面细长线形、长披针形到椭圆形，两侧对称，中部边缘略有膨大或缢缩，两侧逐渐变窄，末端钝圆状或小头状。壳面具有假壳缝，狭线形或宽披针形，其两侧具横点状线纹。

钝脆杆藻 *Fragilaria capucina*

壳面长线形，向两端渐狭，末端略呈头状，长 17～31 μm，宽 3.8～4.5 μm。横线纹平行排列，在 10 μm 内有 12～18 条。壳面中部具一方形的无纹区，直达壳缘，假壳缝狭窄。带面观表链状。如图 4.4-1 所示。

分布特征：常见种，全湖性分布，数量较少，非优势种。

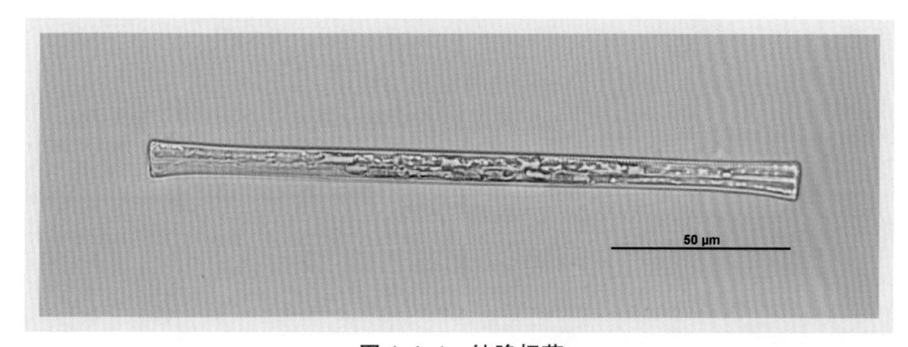

图 4.4-1　钝脆杆藻

> 4.5 针杆藻属 *Synedra*

细胞单生，或丛生呈扇形，或以每个细胞的一端相连成放射状群体。壳面细长，线形或披针形，常在中部或两端以凸透镜状加宽。两壳面都有假壳缝，窄。带面为长方形，末端截形，具明显的线纹带。色素体带状，位于细胞的两侧、片状，2 个。

尖针杆藻 *Synedra acus*

壳面线形披针形，中部宽，自中部向两端逐渐变窄，末端近头状。假壳缝狭窄，线形，中央区长方形，横线纹细、平行排列，在每 10 μm 内有 10～18 条；带面细线形。细胞长 62～300 μm，宽 3～6 μm。如图 4.5-1 所示。

分布特征：常见种，全湖性分布，数量较少，非优势种。

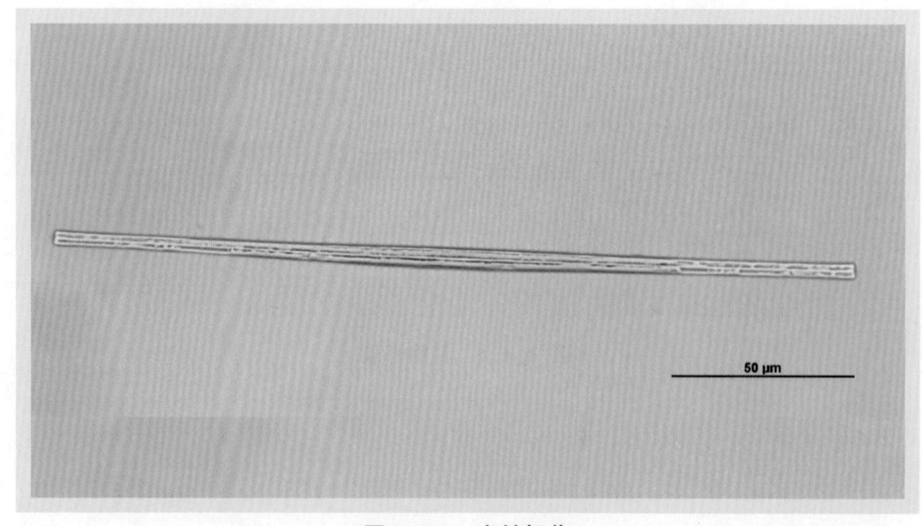

图 4.5-1　尖针杆藻

肘状针杆藻 *Synedra ulna*

壳面线形至披针形，末端钝圆，长 115～210 μm，宽 3～5 μm。横线纹平行排列，10 μm 内有 10～12 条。假壳缝窄线形，中央区横矩形，无线纹或不出现中央区。如图 4.5-2 所示。

分布特征：常见种，全湖性分布，数量较少，非优势种。

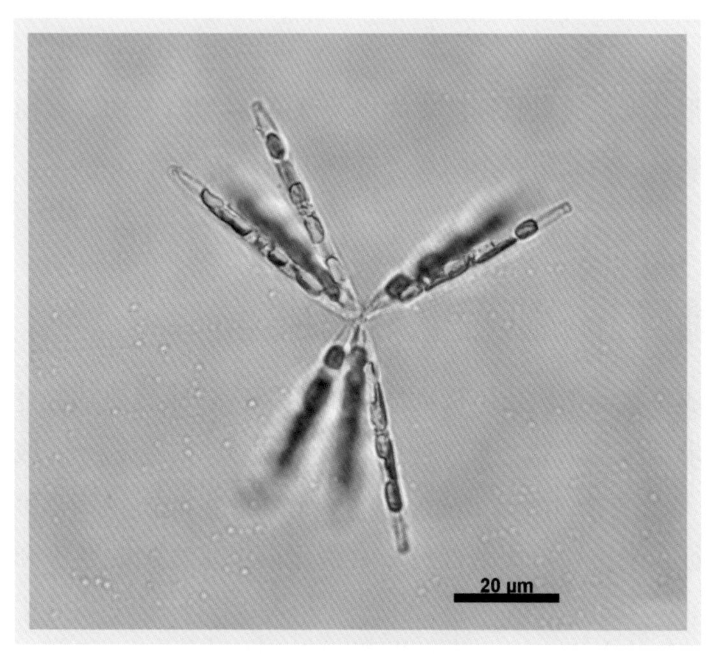

图 4.5-2 肘状针杆藻

> 4.6 星杆藻属 *Asterionella*

壳体长形，常形成星状群体，壳体有大小不等的末端。壳面观一端比另一端大，头状。假壳缝窄，不明显。线纹清楚。

华丽星杆藻 *Asterionella formosa*

壳体组成星状群体，壳体彼此附着的两端比群体其他部分宽大，壳面线形，壳面末端渐窄，头状。长 43～65 μm，宽 1.5～2.5 μm。线纹在 10 μm 内有 25～28 条。如图 4.6-1 所示。

分布特征：常见种，全湖性分布，梅梁湖、东太湖在冬季和春初的主要优势种。

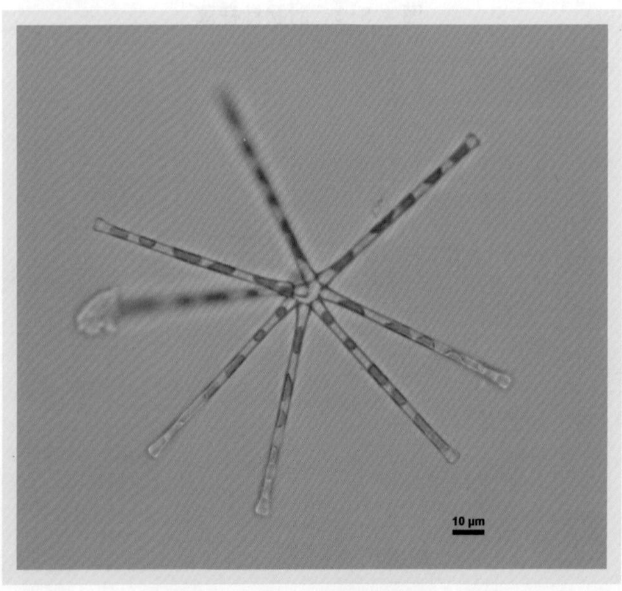

图 4.6-1　华丽星杆藻

> 4.7 布纹藻属 *Gyrosigma*

壳面“S”形，壳缝较窄，呈“S”形。末端喙状、钝圆或刀形。线纹由点纹组成，排列紧密，近乎平行排列。

尖布纹藻 *Gyrosigma acuminatum*

壳面“S”形，壳缝较窄，呈“S”形。末端喙状。长 84～123 μm，宽 13～14 μm。线纹由点纹组成，排列紧密，近乎平行排列，在每 10 μm 内有 22～24 条。如图 4.7-1 所示。

分布特征：常见种，全湖性分布，数量较少，非优势种。

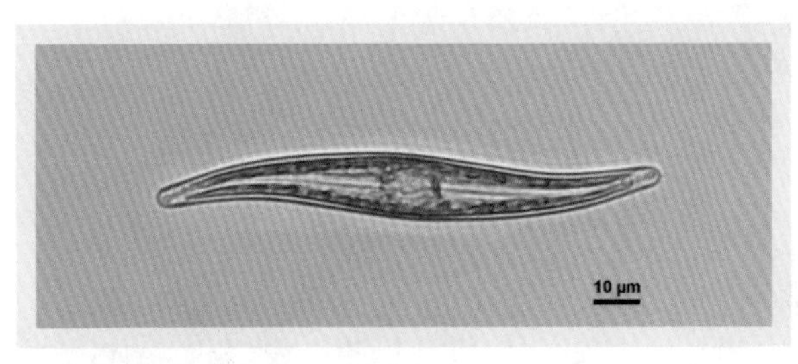

(a)

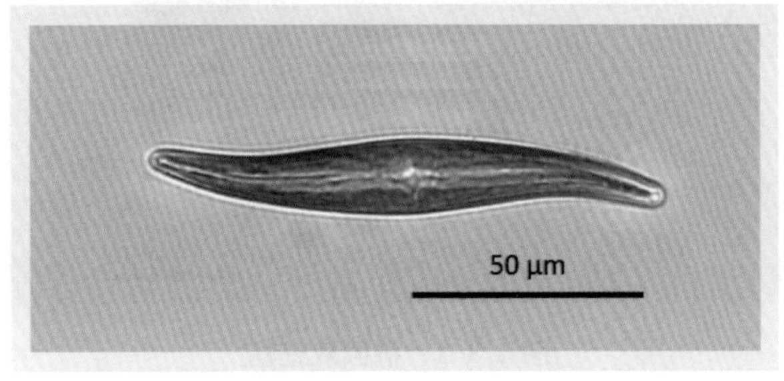

(b)

图 4.7-1　尖布纹藻

> 4.8 双壁藻属 *Diploneis*

壳面椭圆形或卵圆形。壳缝直，两侧具有中央节延长形成的角状凸起，凸起外侧具线形或披针形的纵沟，纵沟外侧具横肋纹或横线纹。

椭圆双壁藻 *Diploneis elliptica*

壳面长椭圆形或菱椭圆形，长 29～32 μm，宽 16～21 μm。横肋纹呈放射状，在每 10 μm 内有 12～14 条。如图 4.8-1 所示。

分布特征：常见种，全湖性分布，数量较少，非优势种。

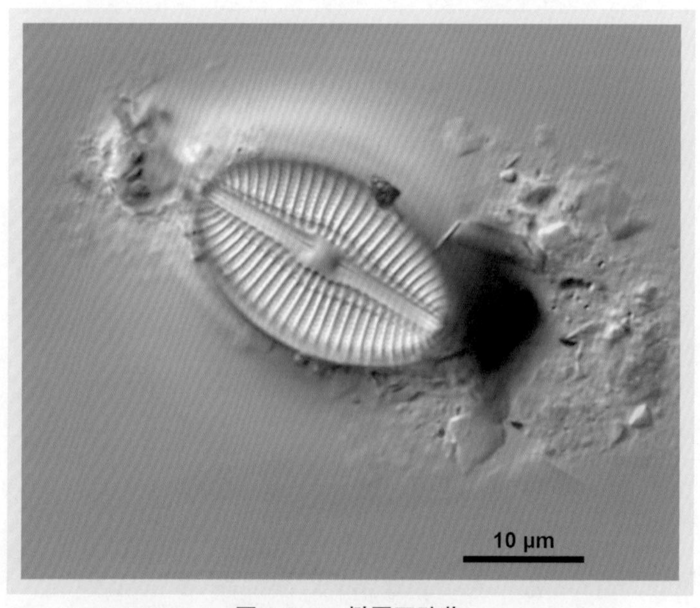

图 4.8-1 椭圆双壁藻

> 4.9 舟形藻属 *Navicula*

壳面舟形、线形、披针形、菱形或椭圆形，末端钝圆、近头状或喙状。中轴区狭窄，呈线形或披针形。壳缝线形，具中央节和极节。壳缝两侧具由点纹组成的线纹，一般壳面中间部分的线纹比两端的线纹略稀疏。如图 4.9-1 所示。

分布特征：常见种，全湖性分布，数量较少，非优势种。

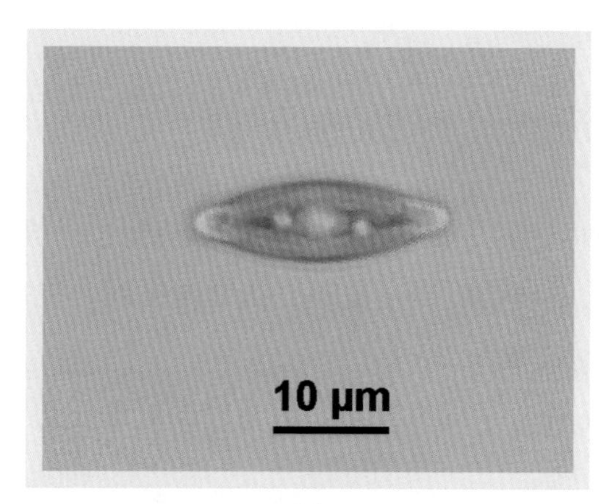

(a)

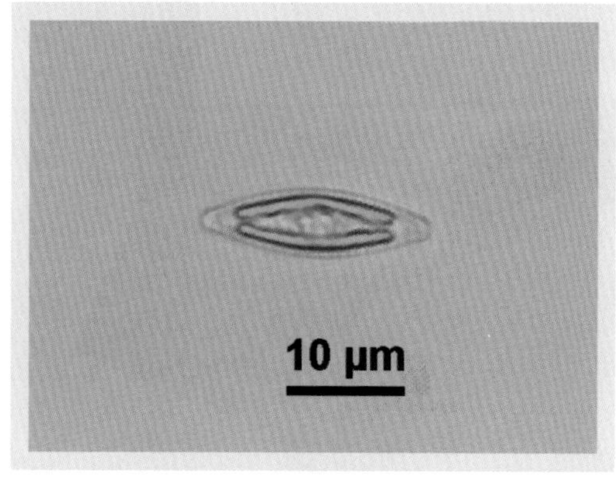

(b)

图 4.9-1　舟形藻

> 4.10 桥弯藻属 *Cymbella*

植物体为单细胞，或为分枝或不分枝的群体。壳面两侧不对称，有明显的背腹之分，背侧凸出，腹侧平直或略凹入，新月形、线形、半椭圆形、半披针形、舟形、菱形披针形，末端呈钝圆形或头状，壳缝略弯曲，少数近平直。线纹一般中部较稀疏，两端较密集。带面长方形，两侧平行。色素体侧生、片状，1个。

粗糙桥弯藻 *Cymbella aspera*

壳面两侧不对称，有明显的背腹之分。末端钝圆。壳面长 90～138 μm，宽 18～28 μm。线纹由点纹组成，呈辐射状紧密排列，在每 10 μm 内有 8～10 条。如图 4.10-1 所示。

分布特征：常见种，全湖性分布，数量较少，非优势种。

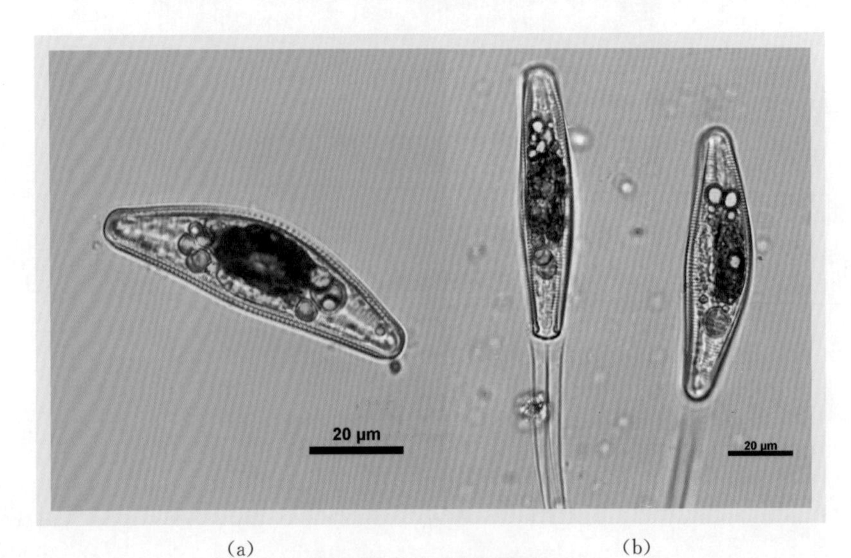

(a) (b)

图 4.10-1　粗糙桥弯藻

膨胀桥弯藻 *Cymbella tumida*

壳面背缘弯曲呈弓形，腹缘平直、中部略凸出，末端略呈头状延长，长 48 μm，宽 16 μm。横线纹在每 10 μm 内有 11～14 条。如图 4.10-2 所示。

分布特征：常见种，全湖性分布，数量较少，非优势种。

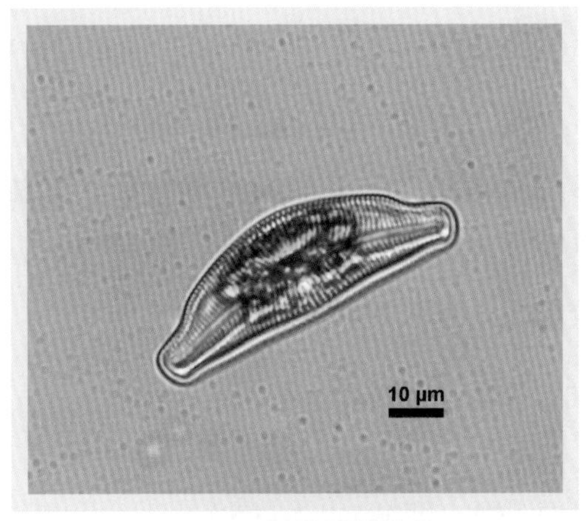

图 4.10-2　膨胀桥弯藻

其他桥弯藻 *Cymbella sp.*

其他桥弯藻如图 4.10-3 所示。

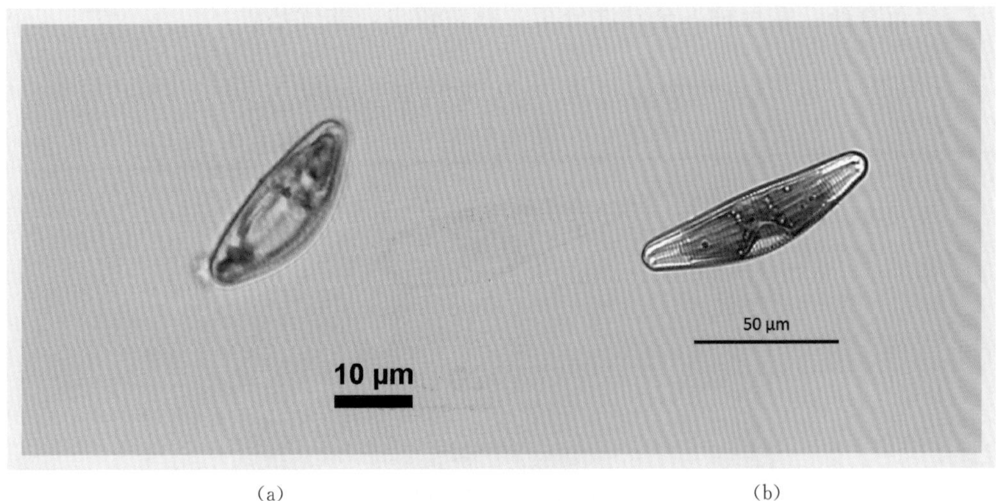

(a)　　(b)

图 4.10-3　其他桥弯藻

> 4.11 异极藻属

Gomphonema

壳面棒状，上下两端不对称。上部相对宽且短，下部相对窄且长。壳缝与壳面几乎等长。中央区和中央节明显，呈矩形或圆形，有一个孤点存在或没有。线纹多由点纹组成，呈放射状或平行排列。

尖顶异极藻 *Gomphonema augur*

壳面棒状，最宽处位于上端近顶端处，前端平圆形，顶端中间凸出呈尖楔形或喙状，向下逐渐狭窄，下部末端尖圆；中轴区狭窄、线形，中央区一侧具 1 个单独的点纹，壳缝两侧中部横线纹近平行，两端逐渐呈放射状排列，在中间部分 10 μm 内有 9～18 条。细胞长 17.5～54 μm，宽 5.5～15 μm。如图 4.11-1 所示。

分布特征：常见种，全湖性分布，数量较少，非优势种。

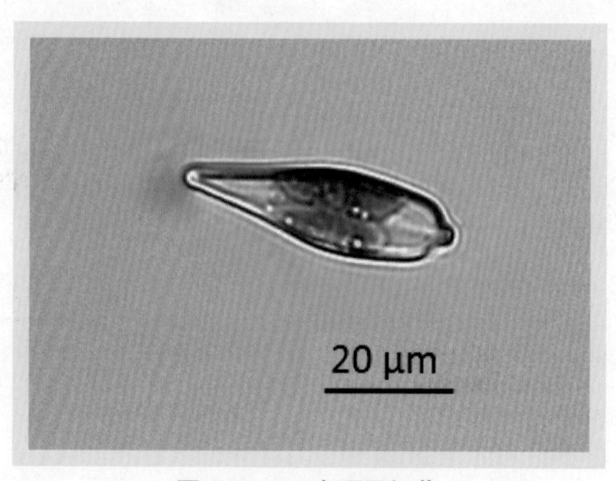

图 4.11-1 尖顶异极藻

塔形异极藻 *Gomphonema turris*

壳面梭状棒形、菱形状棒形或披针状棒形，中部最宽，有时略膨大；从中部向上端逐渐变狭，两侧直线形或略弧形，在靠近端部处或较急剧地折向端顶（呈楔形）或缓缓地弯向端顶（呈圆弧形），端顶中央常明显地凸出呈喙状或乳头状，有时凸出不明显；从中部向下端更明显地逐渐变狭，基端狭圆形或尖圆形。中轴区窄，线形。中央区横矩形，两侧各具一短的中央线纹，一侧具一孤点。线纹放射状排列，有时中部的线纹几乎呈平行排列，在 10 μm 内具 8～12 条（中部）和 16～18 条（两端）。壳面长 79～285 μm，宽 6～15 μm。如图 4.11-2 所示。

分布特征：常见种，全湖性分布，数量较少，非优势种。

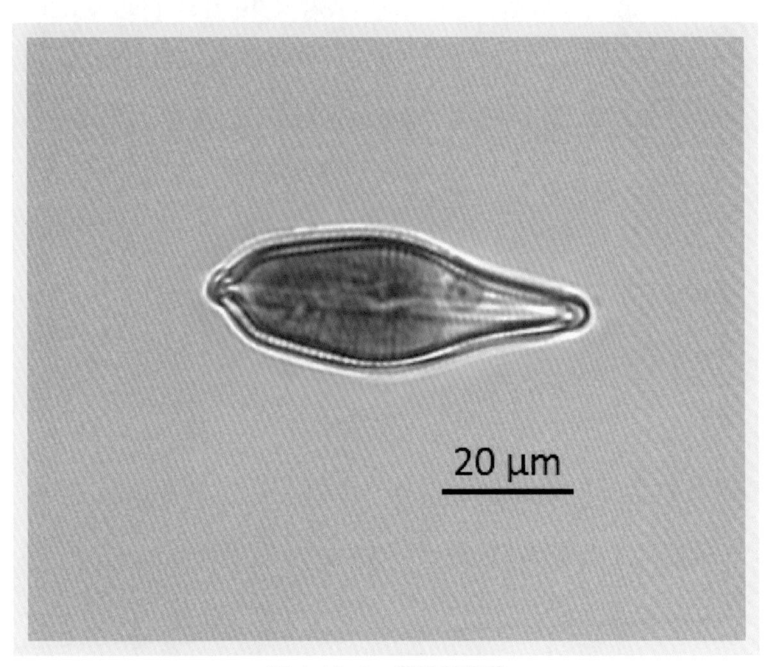

图 4.11-2　塔形异极藻

缢缩异极藻头状变种 *Gomphonema constrictum* var. *capitatum*

此变种与原变种的不同为细胞壳面上部和中部之间几乎无缢缩，上部前端广圆形，横线纹在中间部分 10 μm 内有 10～15 条。细胞长 22～65 μm，宽

6～12 μm。如图 4.11-3 所示。

分布特征：常见种，全湖性分布，数量较少，非优势种。

图 4.11-3　缢缩异极藻头状变种

> 4.12 卵形藻属 *Cocconeis*

壳面椭圆形或宽椭圆形，末端圆形或略尖。一个壳面有壳缝，另一个壳面无壳缝。有壳缝面壳缝直，具中央节和极节，线纹较密集，呈辐射状排列，中央区小。无壳缝面线纹较粗，无中央区。

扁圆卵形藻 *Cocconeis placentula*

壳面椭圆形，长 20～35 μm，宽 15～28 μm。横线纹在 10 μm 内有 18～25 条。具壳缝一面中轴区窄线形，中央区小，近圆形，具假壳缝的一面中轴区略宽线形。如图 4.12-1 所示。

分布特征：常见种，全湖性分布，数量较少，非优势种。

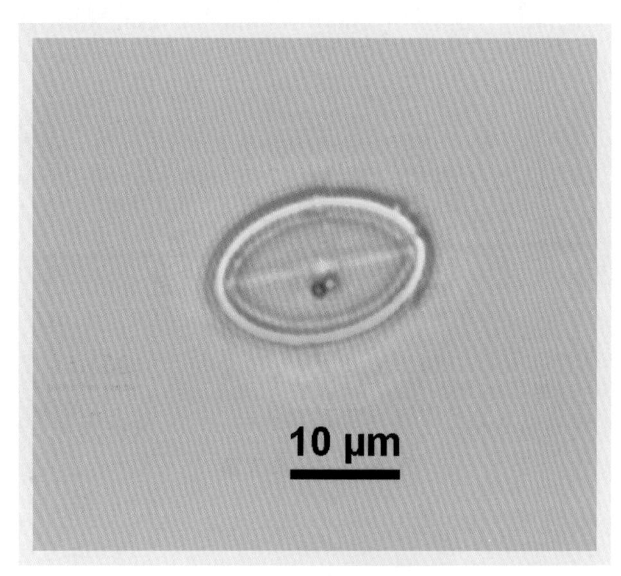

图 4.12-1　扁圆卵形藻

> 4.13 曲壳藻属 *Achnanthes*

植物体为单细胞或以壳面互相连接形成带状或树状群体，以胶柄着生于基质上；壳面线形披针形、线形椭圆形、椭圆形，上壳面凸出或略凸出，具假壳缝，下壳面凹入或略凹入，具典型的壳缝，中央节明显，极节不明显，壳缝和假壳缝两侧的横线纹或点纹相似，或一壳面横线纹平行，另一壳面呈放射状；带面纵长弯曲，呈膝曲状或弧形；色素体片状，1～2 个，或小盘状。如图 4.13-1 所示。

分布特征：常见种，全湖性分布，数量较少，非优势种。

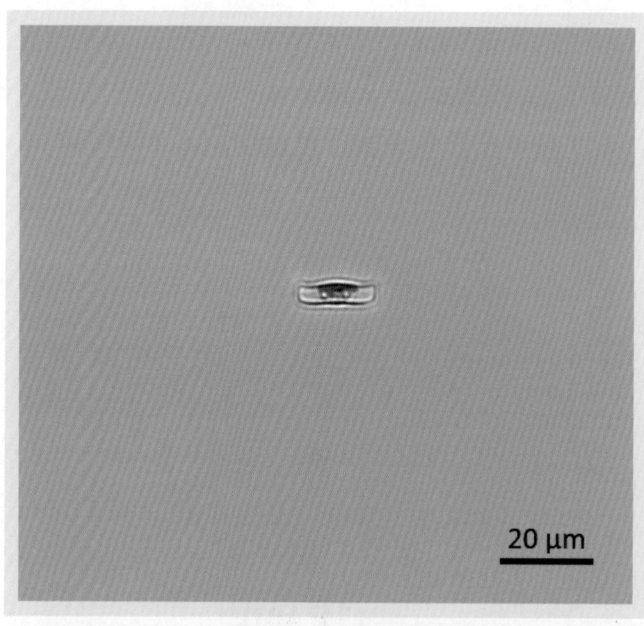

图 4.13-1 曲壳藻

> 4.14 菱形藻属 *Nitzschia*

壳面直或“S”形，线形、披针形或椭圆形，有时中部膨大，在外形上基本关于顶轴左右对称，但结构上极不对称。末端形状多样，一般呈喙状或头状。线纹单列，连续，有时可见筛状孔。壳缝系统位置变化较大，从中轴至近壳缘，具龙骨突。

谷皮菱形藻 *Nitzschia palea*

壳面线形、线形披针形，两侧边缘近平行，两端逐渐狭窄，末端楔形；龙骨点在 10 μm 内 10～15 个，横线纹细，在 10 μm 内有 30～40 条。细胞长 20～65 μm，宽 2.5～5.5 μm。如图 4.14-1 所示。

分布特征：常见种，全湖性分布，数量较少，非优势种。

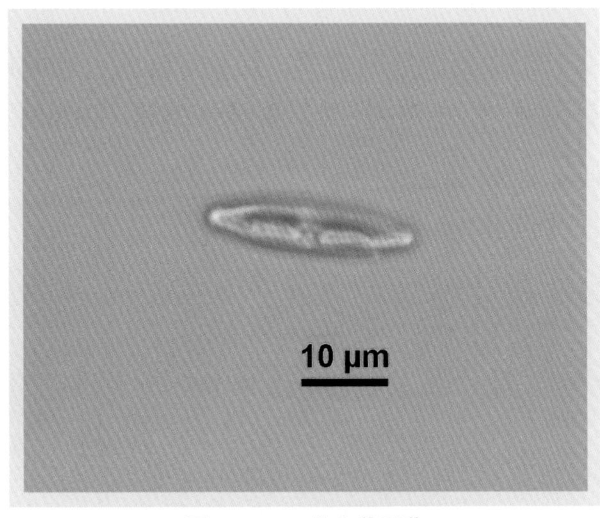

图 4.14-1　谷皮菱形藻

针形菱形藻 *Nitzschia acicularis*

壳体轻微硅质化，纺锤形，末端急剧变窄，延长呈喙状；壳面长 43～100 μm,宽 3～5 μm，龙骨突点状，中间两个距离不增大，横线纹极细，在 10 μm内有 17～20 条；光学显微镜下很难分辨。如图 4.14-2 所示。

分布特征：常见种，全湖性分布，数量较少，非优势种。

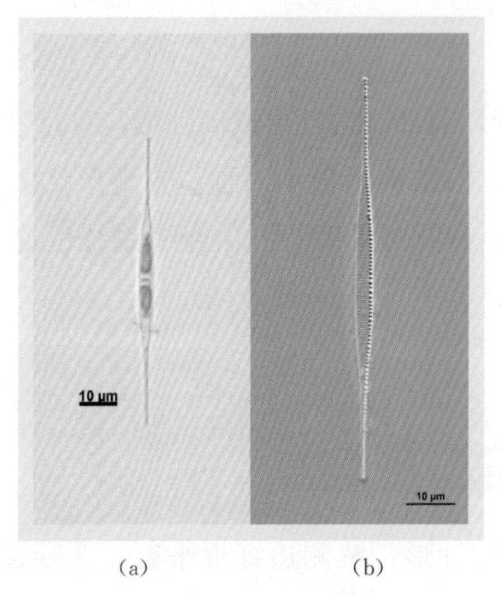

(a)　　　　(b)

图 4.14-2　针形菱形藻

弯曲菱形藻 *Nitzschia Sinuata*

壳面线形、披针形，末端急剧变窄，延长呈喙状，壳面长 62～100 μm，宽 3～5 μm，龙骨突每 10 μm 9～15 个，横线纹细密，在光镜下难以分辨。如图 4.14-3 所示。

分布特征：全湖性分布，数量较少，非优势种。

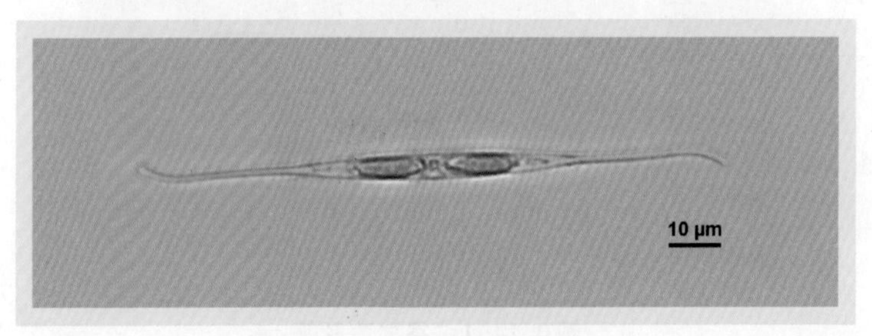

图 4.14-3　弯曲菱形藻

其他菱形藻 *Nitzschia sp.*

其他菱形藻如图 4.14-4 所示。

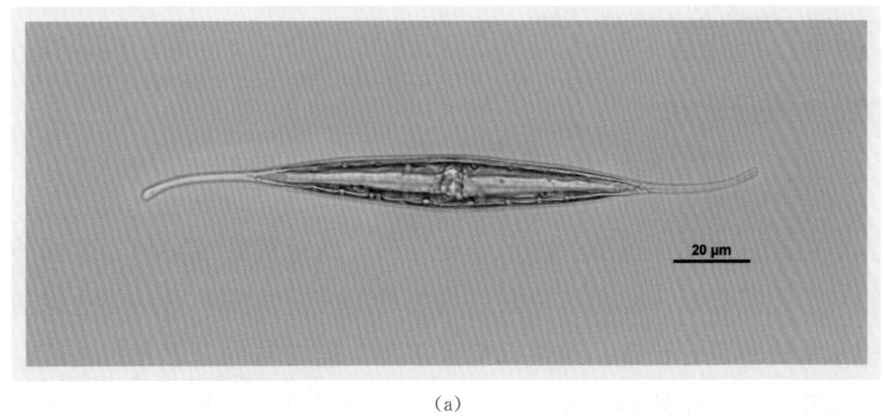

(a)

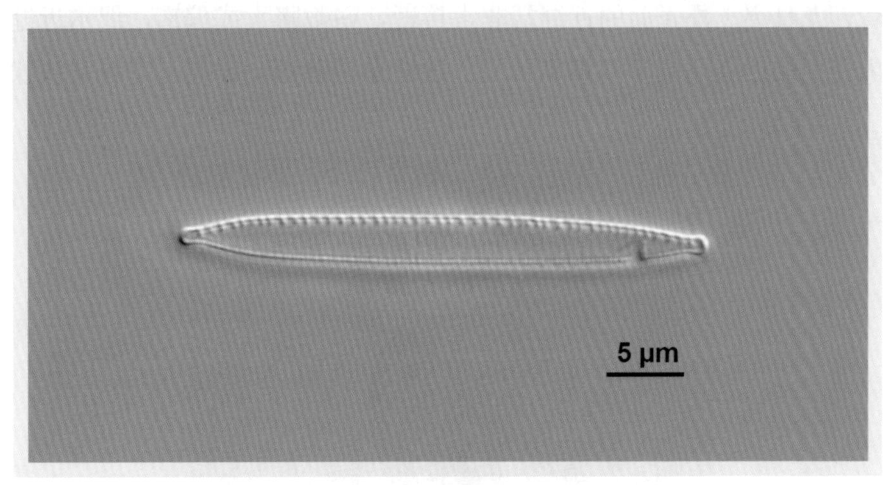

(b)

图 4.14-4　其他菱形藻

> 4.15 盘杆藻属 *Tryblionella*

壳面粗壮，宽阔，椭圆、线形或提琴形，两极钝圆或尖形。壳面外部通常具小突起或呈脊形，波曲，一侧是具龙骨的壳缝系统，另一侧边缘通常具脊，与非常浅的壳套相连。线纹单列到多列，通常被一至多条腹板断开，线纹由小圆孔组成，孔外侧由膜封闭。罕见蜂窝状孔。壳缝系统强烈离心，具有龙骨、龙骨突。外壳面的近缝端非常接近，稍微膨大或偏离，偶尔近缝端缺失。内壳面的近缝端位于双螺旋舌上。远缝端裂缝短，偏离。龙骨突块状。如图 4.15-1 所示。

分布特征：常见种，全湖性分布，数量较少，非优势种。

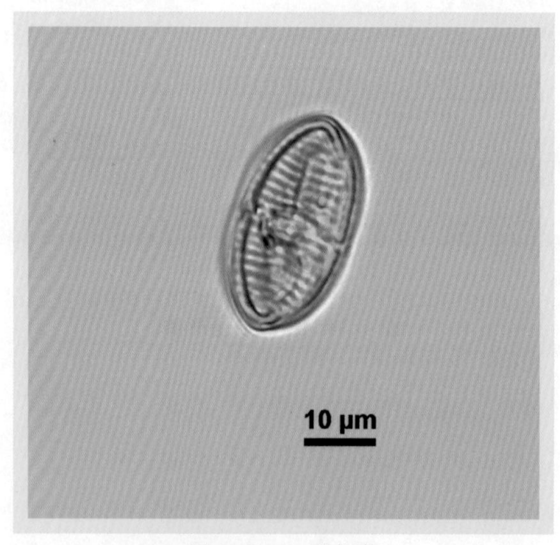

图 4.15-1　盘杆藻

> 4.16 双菱藻属 *Surirella*

壳面线形至椭圆形，或倒卵形，有时为提琴形。壳面硅质化，表面平坦或呈凹面，有时具波纹，与顶轴平行。表面有时具硅质的瘤，偶尔在壳面中线附近具刺。外壳面肋纹不明显，龙骨突肋状或盘状，在内壳面包住壳缝。

粗壮双菱藻 *Surirella robusta*

壳面线形披针形或线形椭圆形，上部较宽，末端广圆形，下部较窄，末端钝圆，长 150～200 μm，宽 70～90 μm。翼管在 10 μm 内有 1～2 个。如图 4.16-1 所示。

分布特征：常见种，全湖性分布，数量较少，非优势种。

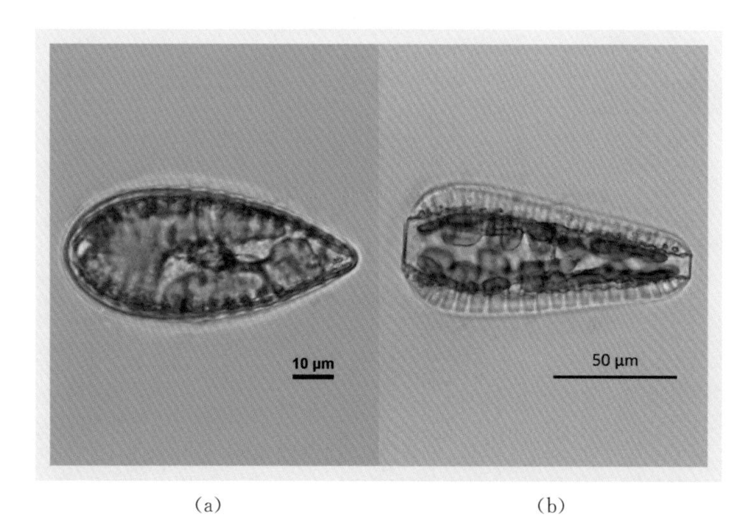

(a)　　(b)

图 4.16-1　粗壮双菱藻

隐藻门

隐藻（Cryptophyta）绝大多数为单细胞。多数种类具鞭毛，极少数种类无鞭毛。具鞭毛种类长椭圆形或卵形，前端较宽，钝圆或斜向平截，显著纵扁，背侧略凸，腹侧平直或略凹入；腹侧前端偏于一侧具向后延伸的纵沟。有的种类具 1 条口沟，自前端向后延伸。鞭毛 2 条，不等长，自腹侧前端伸出，或生于侧面。光合色素体中除含有叶绿素 a、叶绿素 c 外，还含有位于类囊体腔内的藻胆素。色素体多为黄绿色或黄褐色，也有为蓝绿色、绿色或红色的；有些种类无色素体。具蛋白核或无。储藏物质为淀粉和油滴。细胞单核，伸缩泡位于细胞前端，绝大多数隐藻的繁殖方式为细胞纵分裂。

隐藻在淡水中广泛分布，大多分布于较小型湖泊、池塘沼泽中。在有机物质较丰富的较肥水体中，特别是在浅水区、沿岸地区数量较多。

根据 2007 年至 2020 年太湖隐藻密度数据分析，太湖隐藻数量呈波动式上升趋势，自 2007 年至今同比涨幅最大可达 3 倍左右。隐藻在五里湖、贡湖、梅梁湖、竺山湖等北部湖湾冬季和春季占据优势地位。

> 5.1 蓝隐藻属 *Chroomonas*

细胞长卵形，椭圆形，近球形，近圆柱形，圆锥形或纺锤形。前端斜截形或平直，后端钝圆或渐尖；背腹扁平；纵沟或口沟常很不明显。无刺丝胞或极小，有的种类在纵沟或口沟处刺丝胞明显可见。鞭毛 2 条，不等长。伸缩泡位于细胞前端。具眼点或无。色素体多为 1 个（也有 2 个的）盘状，边缘常具浅缺刻，周生，蓝色到蓝绿色。淀粉粒大，常成行排列。蛋白核 1 个，中央位或位于细胞的下半部。淀粉鞘由 2～4 块组成。1 个细胞核，位于细胞下半部。

尖尾蓝隐藻 *Chroomonas acuta*

细胞纺锤形，前端宽斜截形，向后渐狭，后端尖细，常向腹侧弯曲。纵沟很短。无刺丝胞。色素体 1 个，橄榄绿色或暗绿色，具 1 个明显的蛋白核，位于细胞中部背侧。鞭毛与细胞长度约相等。细胞长 7～10 μm，宽 4.5～5.5 μm。如图 5.1-1 所示。

分布特征：五里湖、梅梁湖、贡湖、东太湖、南部沿岸区在春秋季的主要优势种。适应低光照、富营养化水体环境，是水体富营养化的指示种。

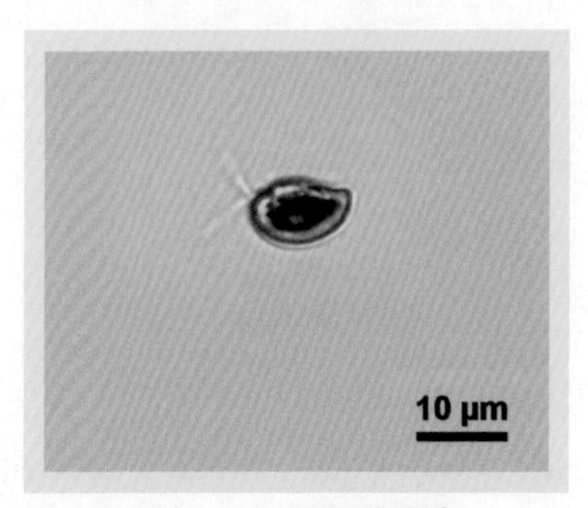

图 5.1-1　尖尾蓝隐藻

> 5.2 隐藻属
Cryptomonas

细胞橄榄绿色或黄褐色。细胞近似椭圆形，常略有扭曲，无对称轴，背侧略隆起，腹侧平或略凹入。具有 1 个或 2 个大型片状色素体，其上可有 1 至数个蛋白核。具有明显的沟裂和胞咽。沟裂通常较长，从前庭延伸至细胞中部，具有结构复杂的沟裂胞咽复合体。细胞内中部常可见两个折光体。细胞前端具有伸缩泡。有些种类经常形成被黏液包裹的密集静止群体。内侧周质体由椭圆形的板片构成。色素体含有藻红素。

倒卵形隐藻 Cryptomonas obovata

细胞呈卵圆形，前端钝圆，较后端宽。腹侧扁平，背侧略隆起。细胞长 18～26 μm，宽 8～13 μm，厚 5～11 μm。前庭位于细胞顶端以下腹侧，深的沟裂从前庭向后延伸至细胞中后部，两侧排列有数列大型喷射体。细胞具有 2 个瓣状色素体，橄榄绿色或黄褐色，其上无蛋白核。细胞内常可见数量很多的淀粉粒，中部常可见两个折光体。前庭位于细胞顶端侧下方约 1/3 细胞长度处，鞭毛着生于前庭内。两条鞭毛略不等长，较细胞长度稍长。如图 5.2-1 所示。

分布特征：常见种，全湖性分布，数量较少，非优势种。

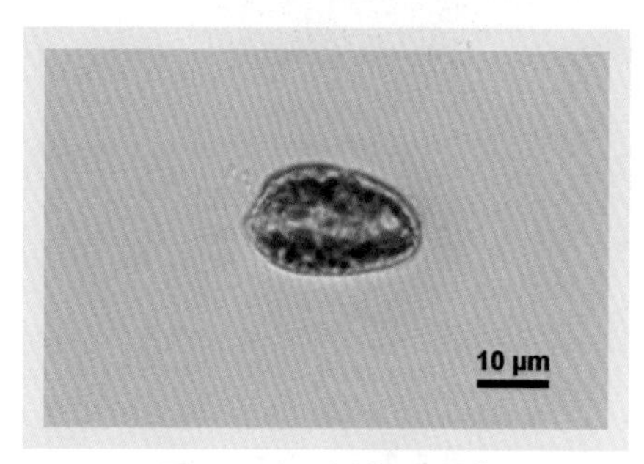

图 5.2-1　倒卵形隐藻

啮蚀隐藻 *Cryptomonas erosa*

细胞倒卵形到近椭圆形，前端背角突出略呈圆锥形，顶部钝圆。纵沟有时不明显，但常较深。后端大多数渐狭，末端狭钝圆形。背部大多数明显凸起，腹部通常平直，极少略凹入。细胞有时弯曲，罕见扁平。口沟只达到细胞中部，很少达到后部；口沟两侧具刺丝胞。鞭毛与细胞等长。色素体 2 个。细胞宽 8～16 μm，长 15～32 μm。如图 5.2-2 所示。

分布特征：常见种，全湖性分布。五里湖、竺山湖、南部沿岸区在春秋季的主要优势种。适应低光照、富营养化水体环境，属于水体富营养化指示种。

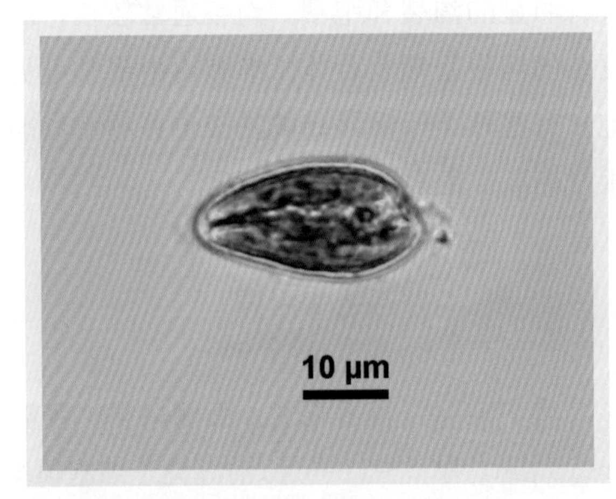

(a)

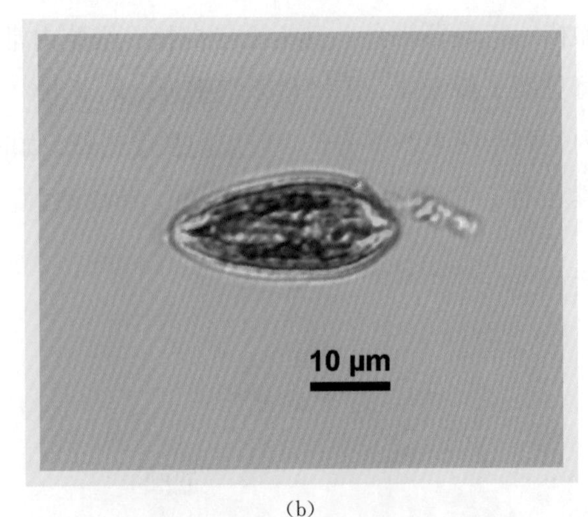

(b)

图 5.2-2　啮蚀隐藻

6 甲藻门

甲藻（Pyrrophyta）绝大多数种类为单细胞，大多数细胞的细胞壁由许多小甲板组成。细胞球形到针状，腹扁平或左右侧扁；细胞裸露或具细胞壁，壁薄或厚而硬。纵裂甲藻类，细胞壁由左右 2 片组成，无纵沟或横沟。横裂甲藻类壳壁由许多小板片组成；板片有时具角、刺或乳头状突起，板片表面常具圆孔纹或窝孔纹。大多数种类具 1 条横沟和纵沟。横沟（又称“腰带”）位于细胞中部，横沟上半部称上壳或上锥部，下半部称下壳或下锥部。纵沟又称“腹区”，位于下锥部腹面。具 2 条鞭毛，顶生或从横沟和纵沟相交处的鞭毛孔伸出。1 条为横鞭，带状，环绕在横沟中；1 条为纵鞭，线状，通过纵沟向后伸出。极少数种类无鞭毛。色素体多个，圆盘状、棒状，常分散在细胞表层，棒状色素体常呈辐射状排列，金黄色、黄绿色或褐色；极少数种类无色。有的种类具蛋白核。储藏物质为淀粉和油脂。少数种类具刺丝胞。有些种类具眼点。具 1 个大而明显的细胞核，圆形、椭圆形或细长形。细胞分裂是甲藻类最普遍的繁殖方法。

目前，淡水甲藻分类鉴定比较困难，主要是因为有壳甲藻的鉴定必须清楚辨析壳壁的板片排列方式，而普通的光学显微镜难以完全看清。

> 6.1 薄甲藻属

Glenodinium

细胞球形到长卵形，近两侧对称。横断面椭圆形或肾形，不侧扁；具明显的细胞壁，大多数为整块，少数由多角形的大小不等的板片组成，上壳板片数目不定，下壳规则地由 5 块沟后板和 2 块底板组成。板片表面通常平滑，无网状窝孔纹，有时具乳头状突起；横沟中间位或略偏于下壳，环状环绕，无或很少有螺旋环绕的；纵沟明显。色素体多数，盘状，金黄色到暗褐色。有的种类具眼点（位于纵沟处），营养繁殖通常是细胞分裂。厚壁孢子球形、卵形或多角形，具硬的壁。如图 6.1-1 所示。

分布特征：常见种，全湖性分布，数量较少，非优势种。

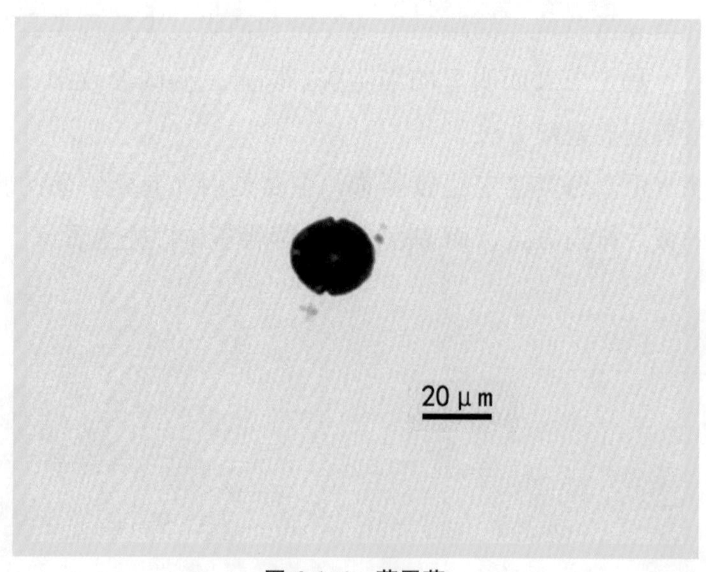

图 6.1-1　薄甲藻

> 6.2 拟多甲藻属 *Peridiniopsis*

细胞椭圆形或圆球形，上锥部等于或大于下锥部；板片可以具刺、似齿状突起或翼状纹饰。

佩纳形拟多甲藻 *Peridiniopsis penardiforme*

细胞五角形，背腹明显扁平，具顶孔。上锥部圆锥形，下锥部扁半球形，上锥部与下锥部约等大。横沟近环形，略左旋，纵沟宽，略伸入上锥部，向下达下锥部末端。上锥部具 6 块沟前板，1 块菱形板，2 块腹部顶板，1 块背部顶板；下锥部具沟后板，2 块底板，多数底板等大，板片具深且明显的网纹，板间带常具横线纹。具或无色素体。细胞核位于细胞中部，圆形。细胞宽 23～28 μm，长 28～32 μm，厚 17～22 μm。如图 6.2-1 所示。

分布特征：常见种，全湖性分布，数量较少，非优势种。

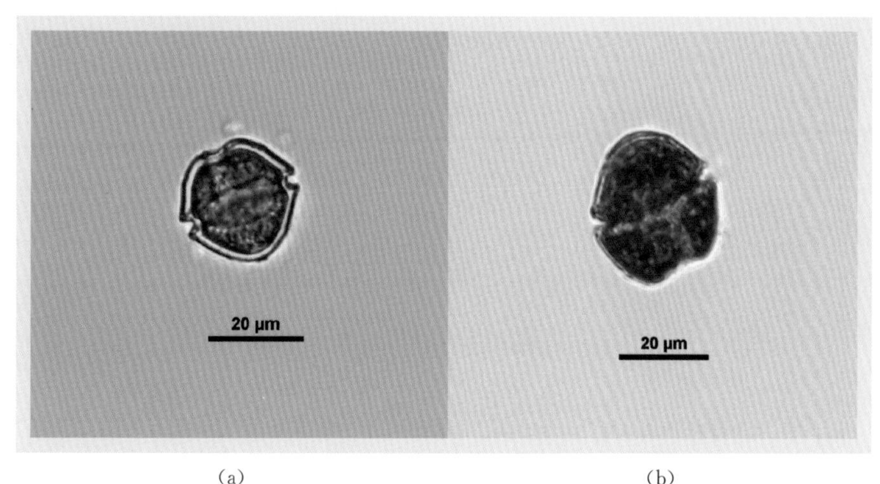

(a)　　(b)

图 6.2-1　佩纳形拟多甲藻

坎宁顿拟多甲藻 *Peridiniopsis cunningtonii*

细胞卵形，背腹明显扁平，具顶孔。上锥部圆锥形，显著大于下锥部。横沟左旋，纵沟伸入上锥部，向下明显加宽，未达到下壳末端。上锥部具 6 块沟前板，1 块菱形板，2 块腹部顶板，2 块背部顶板；下锥部第 1、2、4、5 块沟后板各具 1 刺，2 块底板各具 1 刺，板片具网纹，板间带具横纹。色素体黄褐色。细胞宽 23～28 μm，长 28～32 μm，厚 17～22 μm。如图 6.2-3 所示。

分布特征：常见种，全湖性分布，数量较少，非优势种。

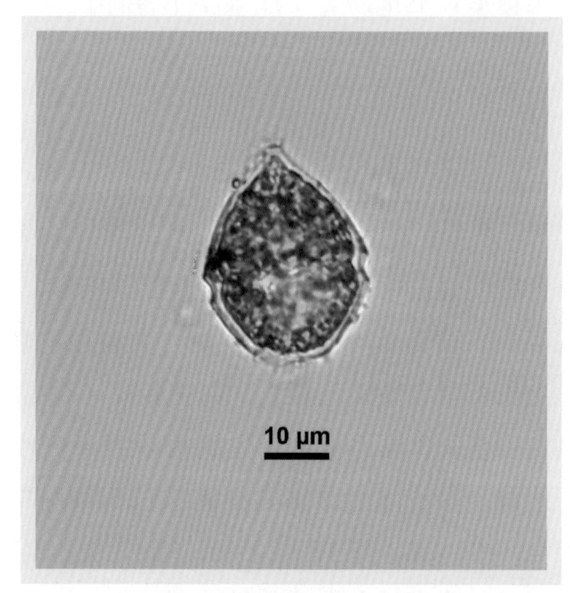

图 6.2-2　坎宁顿拟多甲藻

> 6.3 角甲藻属 *Ceratium*

植物体单细胞或多个细胞连接成链状群体；细胞具1个顶板组成的顶角，末端具顶孔，具2～3个底角，由底板和沟后板组成，末端开口或封闭；细胞中央横沟环绕，有时略呈螺旋状，左旋或右旋；纵沟位于腹区左侧，腹侧的中央有一个透明区，平行四边形，右侧有一锥形沟，可容纳另一个体前角，连成群体；无前后间插板，壳面有网状化纹；具数个色素体小颗粒状，金黄色、褐色或黄绿色；具或不具眼点。

拟二叉角甲藻 *Ceratium furcoides*

细胞背腹显著扁平。顶角狭长，平直而尖，具顶孔。底角2个，放射状，末端多数尖锐，平直，或呈各种形式的弯曲。有些类型其角或多或少地向腹侧弯曲。横沟呈环状，极少呈左旋或右旋；纵沟不伸入上壳，较宽，几乎达到下壳末端。壳具粗大的窝孔纹，孔纹间具短的或长的棘。色素体多数，圆盘状周生，黄色至暗褐色。细胞长90～450 μm。如图6.3-1所示。

分布特征：常见种，全湖性分布，数量较少，非优势种。

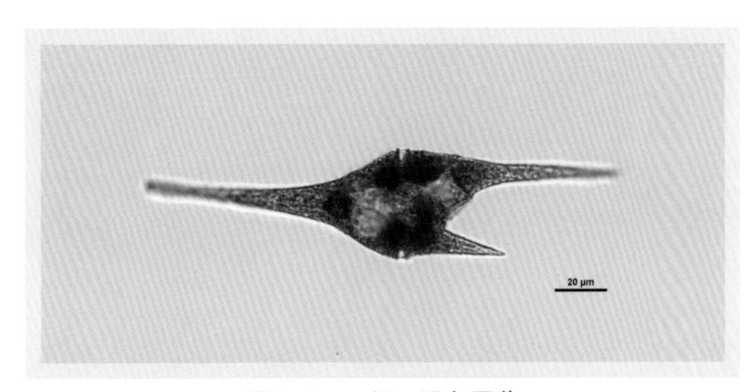

图6.3-1　拟二叉角甲藻

7

裸藻门

裸藻（Euglenophyta）绝大多数为单细胞。细胞常以纺锤形为主，其次有圆柱形、椭圆形、卵形等；细胞无细胞壁，具或多或少的螺纹状旋转的身体，被一可弯曲的或刚硬的周质包围着；细胞前端具 1 或 2 条鞭毛，几乎不等长；具“沟-泡”结构；绿色裸藻具眼点和副鞭毛，绝大多数的无色裸藻没有眼点和副鞭毛；裸藻类的细胞核较为特殊，虽然它属于真核类型，但它具有非常明显的间核性质。裸藻门中大多数种类具色素体，色素体多数或 1～2 个，多数种类具蛋白核和副淀粉颗粒，极少数种类的蛋白核是裸露的，即缺乏副淀粉结构；有些种类具囊壳，囊壳无色，或呈黄色、棕色或橙色，表质平滑或具各种纹饰，囊壳的形状及纹饰是这部分裸藻的重要分类特征；繁殖方式为细胞纵分裂。

裸藻分布广泛，在湖泊、河流的沿岸地带，沼泽、稻田、沟渠、潮湿土壤上均可生长，在有机质丰富的小型水体中数量最多。

> 7.1 裸藻属 *Euglena*

细胞形状能变，多为纺锤形或圆柱形，横切面圆形或椭圆形，后端常延伸成尾状或具尾刺。表质柔软或半硬化，具螺旋形旋转排列的线纹。色素体1至多个，形状多样，如盘形或星形等，具或不具蛋白核；副淀粉颗粒呈小颗粒或大颗粒状，1至多个。细胞核较大，中位或后位。鞭毛单条，眼点明显。具明显或不明显的“裸藻状蠕动”。

绿色裸藻 *Euglena viridis*

细胞易变形，常为纺锤形或圆柱状纺锤形，前端圆形或斜截形，后端渐尖呈尾状。表质具自左向右的螺旋线纹，细密而明显。色素体呈星形，单个，位于核的中部，具多个放射状排列的条带，长度不等，中央具副淀粉粒的蛋白核，蛋白核较小。副淀粉粒卵形或椭圆形，多数，大多集中在蛋白核周围。核常后位。鞭毛为体长的1～4倍。眼点明显，呈盘形或表玻形。细胞长31～52 μm，宽14～26 μm。如图7.1-1所示。

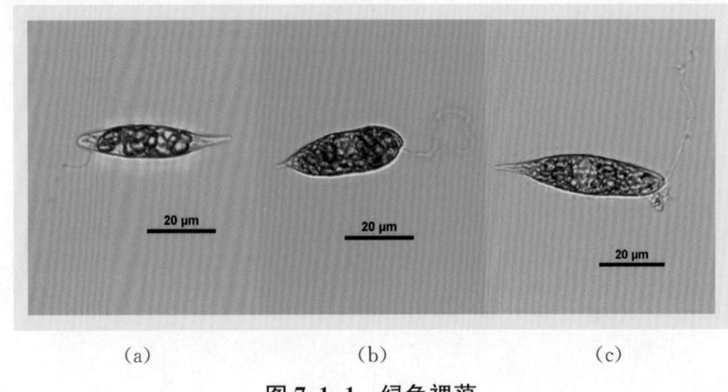

(a) (b) (c)

图7.1-1 绿色裸藻

分布特征：常见种，全湖性分布，数量较少，非优势种。

梭形裸藻 *Euglena acus*

细胞狭长纺锤形或圆柱形，略能变形，有时可呈扭曲状，前端狭窄呈圆形或截形，有时呈头状，后端渐细成长尖尾刺。表质具自左向右的螺旋线纹，有时几成纵向。色素体呈小圆盘形或卵形，多数，无蛋白核。副淀粉粒较大，多数长杆形，有时具卵形小颗粒。核中位。鞭毛较短，为体长的 1/8～1/2。眼点明显，淡红色，呈盘形或表玻形。细胞宽 5～28 μm，长 60～195 μm。如图 7.1-2 所示。

分布特征：常见种，全湖性分布，数量较少，非优势种。

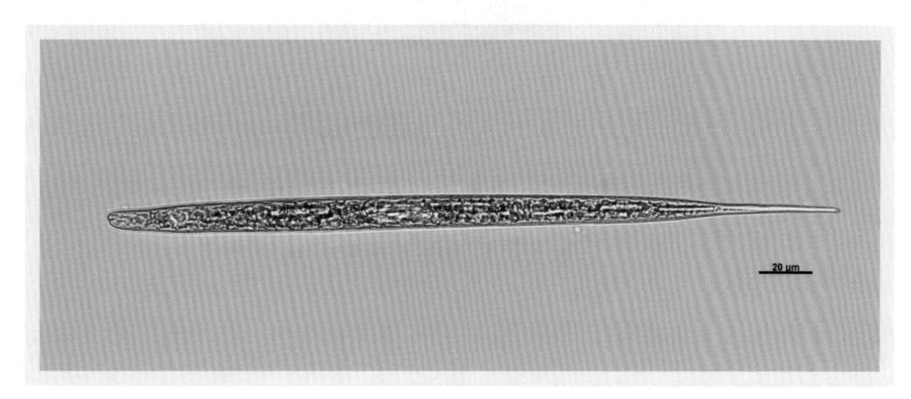

(a)

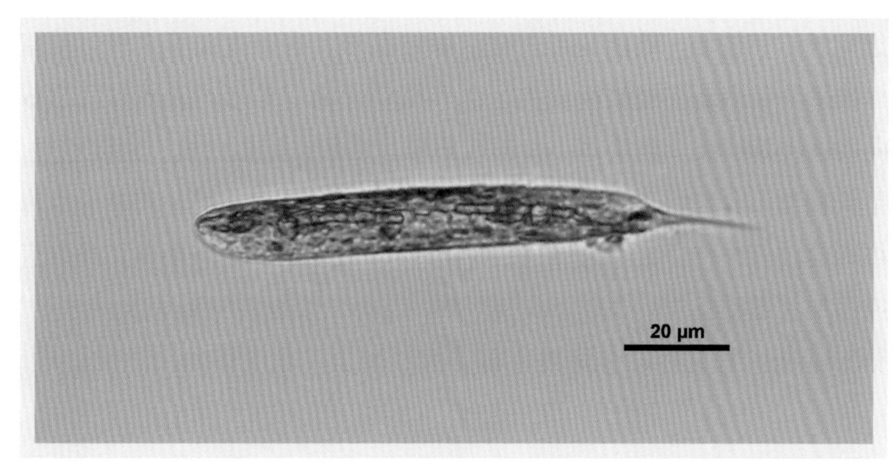

(b)

图 7.1-2　梭形裸藻

刺鱼状裸藻 *Euglena gasterosteus*

细胞呈圆柱状纺锤形或纺锤形，可变形，前端较窄，斜截或钝圆，后端渐尖或收缢呈长尖尾刺状。表质具自左向右的螺旋线纹。色素体呈圆盘形，多数，无蛋白核。副淀粉粒 2 个，较大的为砖形或环形，分别位于核的前后两端，其余的为杆形或椭圆形小颗粒。核中位。鞭毛为体长的 0.5～1 倍。眼点深红色，卵圆形。细胞长 44～88 μm，宽 10～19 μm。如图 7.1-3 所示。

分布特征：常见种，全湖性分布，数量较少，非优势种。

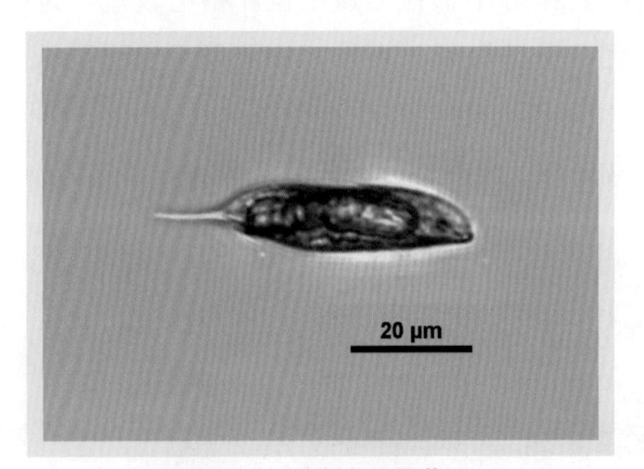

图 7.1-3　刺鱼状裸藻

三棱裸藻 *Euglena tripteris*

细胞长，三棱形，略能变形，常沿纵轴扭转，有时直向不扭转，前端钝圆或呈角锥形，后端渐细或收缢成尖尾刺，横切面为三角形。表质具几乎纵向或自左向右的螺旋线纹。色素体小盘形或卵形，多数，无蛋白核。副淀粉粒 2 个，大的呈长杆形，分别位于核的前后两端，少数位于核的一侧，其余的为卵形或杆形小颗粒。核中位。鞭毛为体长的 1/8～1/2 或更长。眼点明显，桃红色，表玻形或盘形。细胞长 55～220 μm，宽 8～28 μm。如图 7.1-4 所示。

分布特征：常见种，全湖性分布，数量较少，非优势种。

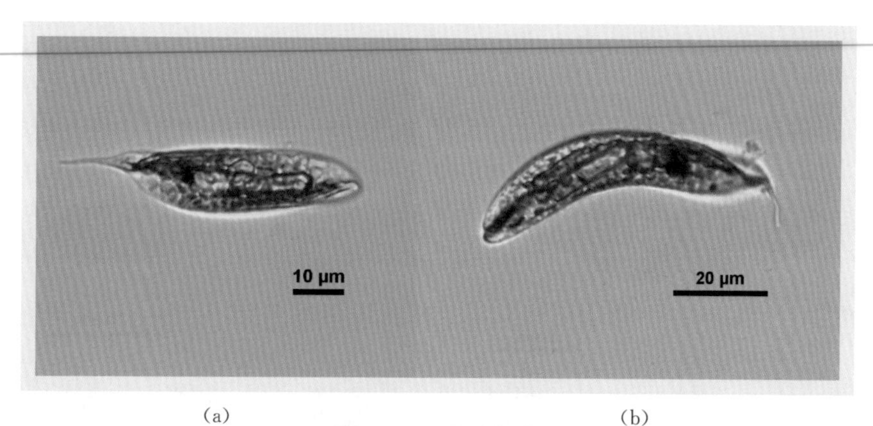

(a) (b)

图 7.1-4　三棱裸藻

其他裸藻 *Euglena* sp.

其他裸藻如图 7.1-5 所示。

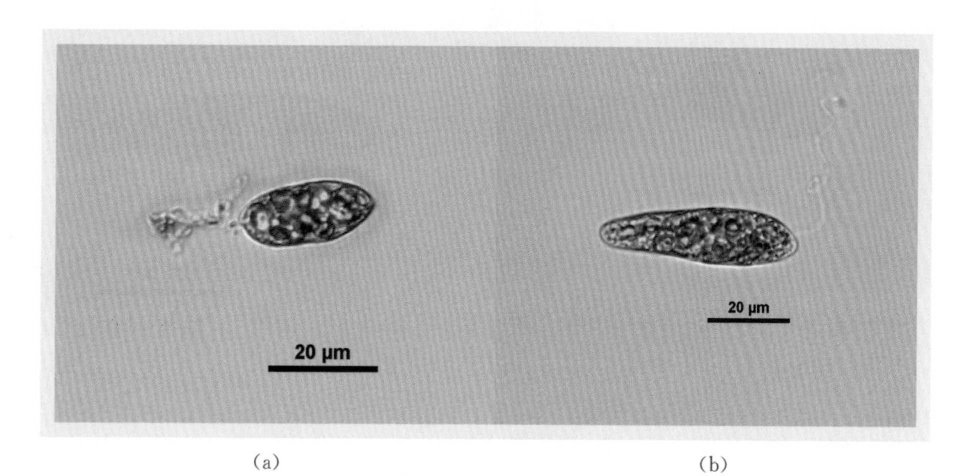

(a) (b)

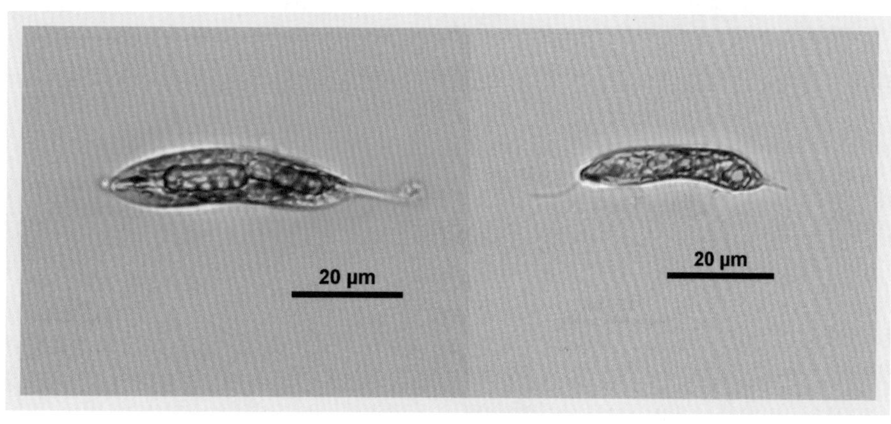

(c) (d)

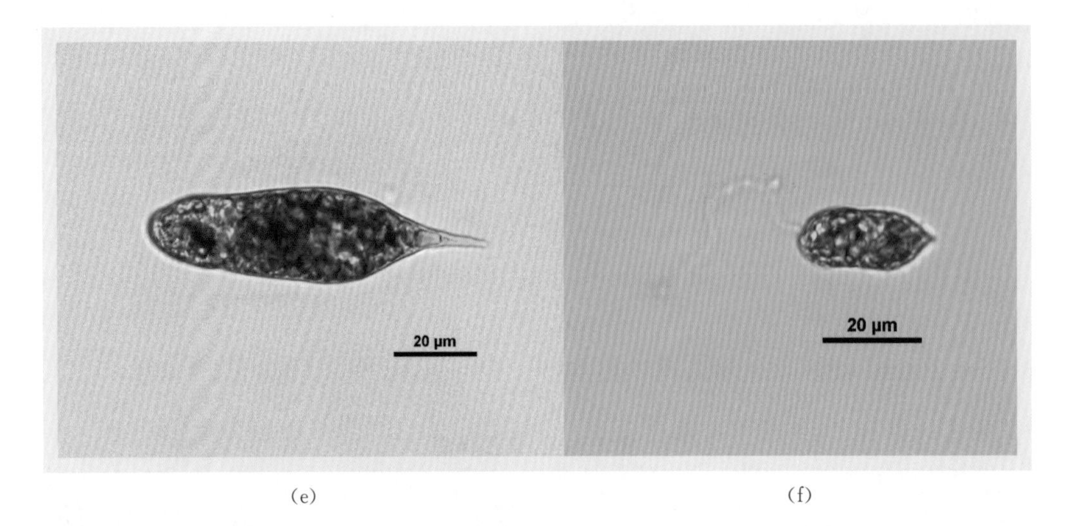

(e) (f)

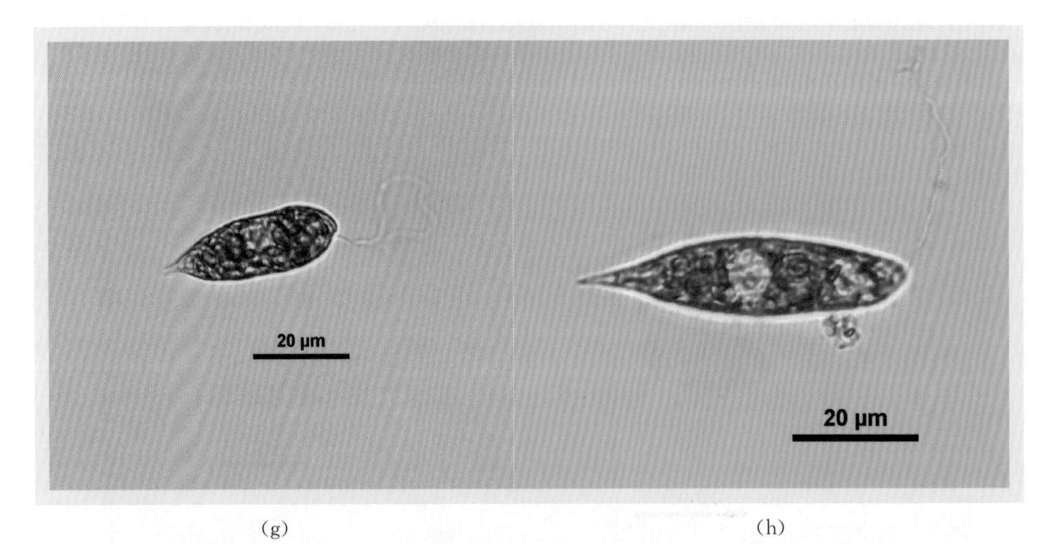

(g) (h)

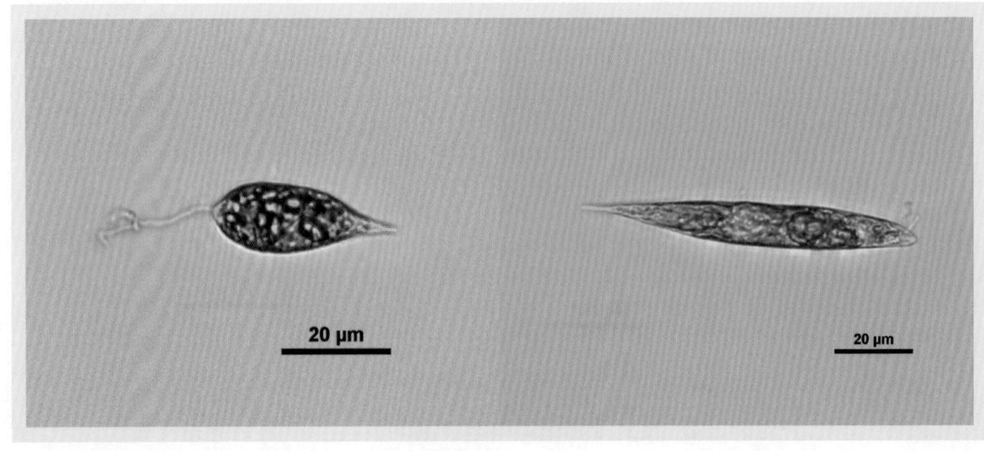

(i) (j)

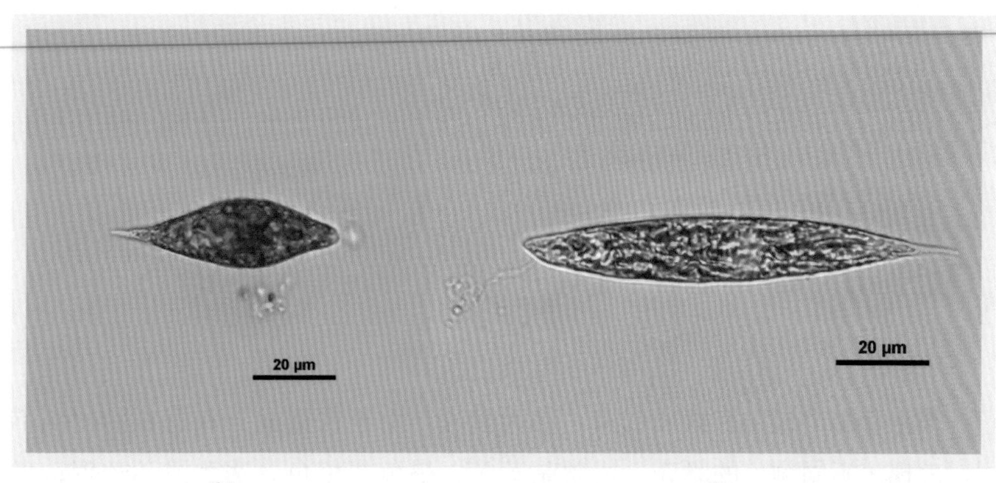

（k）　（l）

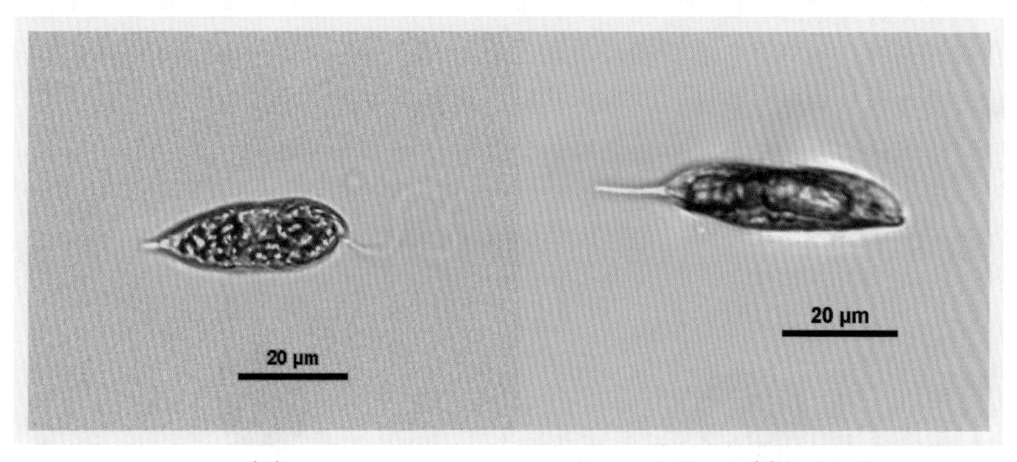

（m）　（n）

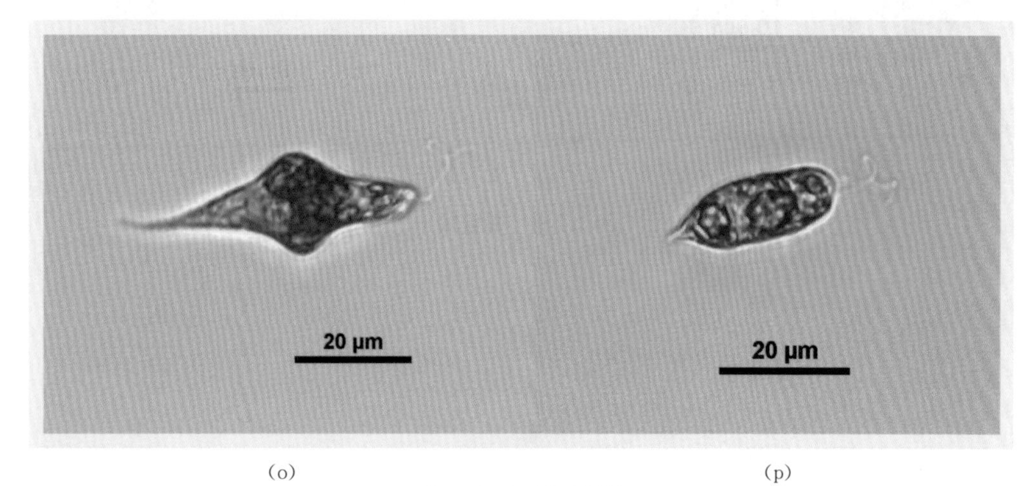

（o）　（p）

图 7.1-5　其他裸藻

> 7.2 囊裸藻属

Trachelomonas

细胞分泌出包含有铁质的囊，称为囊壳，由于铁锰成分和沉积的比例不同，表现出不同颜色的囊壳，通常是黄色、褐色或橙色，透明或不透明；囊壳呈球形、卵形、圆柱形或纺锤形等形状；囊壳表面光滑或具纹饰，如点纹、孔纹、网纹、棘刺等；囊壳前端具鞭毛孔，具或不具领，有或无环状的加厚圈；囊壳内具有原生质体，其形态特征与裸藻属相似。如图 7.2-1 所示。

分布特征：常见种，全湖性分布，数量较少，非优势种。

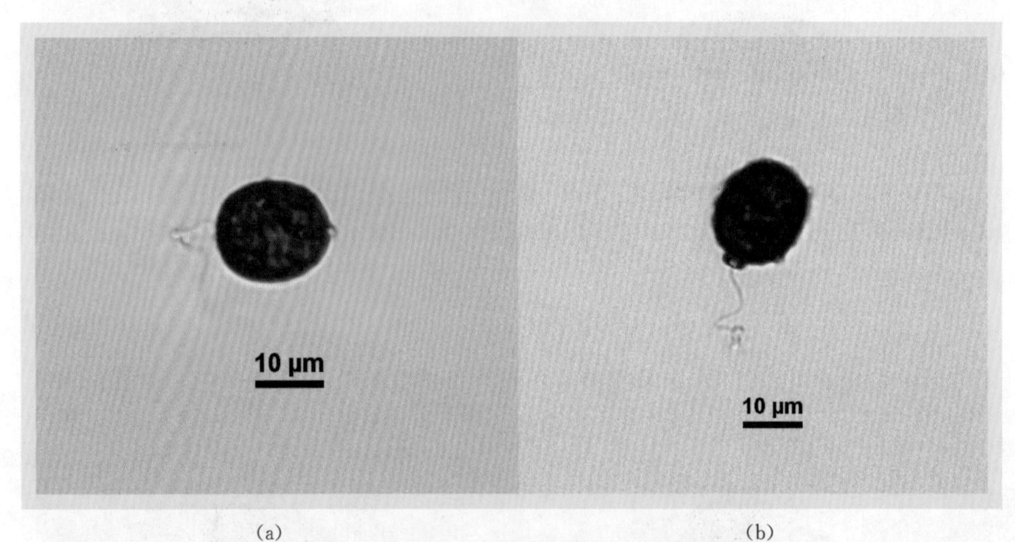

(a) (b)

图 7.2-1 囊裸藻

> 7.3 陀螺藻属 Strombomonas

细胞具囊壳，囊壳较薄，前端逐渐收缩成一长领，领与壳体之间无明显界限，多数种类的后端渐尖，延伸成一尾刺。囊壳的表面光滑或具皱纹，瘤状，没有像囊裸藻那么多的纹饰；原生质体的特征与裸藻属相同。

具瘤陀螺藻 *Strombomonas verrucosa*

囊壳呈陀螺形或梯形，前窄后宽；前端具领，直向或略斜，领口平截或斜截，有时呈开展状，具细齿刻，后端具一短小的尖尾刺，有时略弯，表面粗糙，具不规则的瘤状颗粒，黄色或褐色。囊壳长 21～30 μm，宽 10～28 μm；领宽 4～7 μm；尾刺长 2～3 μm。如图 7.3-1 所示。

分布特征：常见种，全湖性分布，数量较少，非优势种。

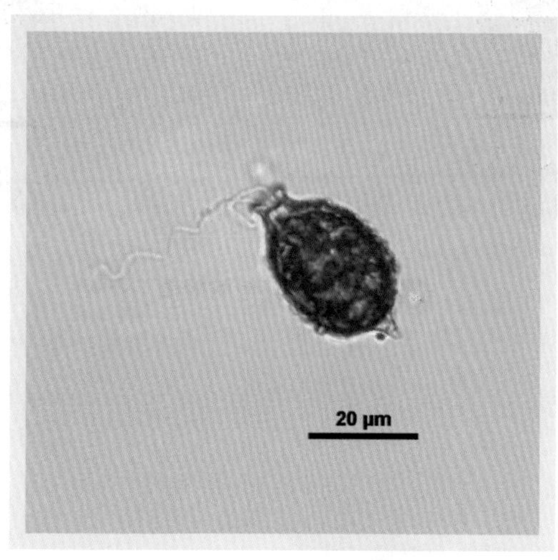

图 7.3-1　具瘤陀螺藻

其他陀螺藻 Strombomonas sp.

其他陀螺藻如图 7.3-2 所示。

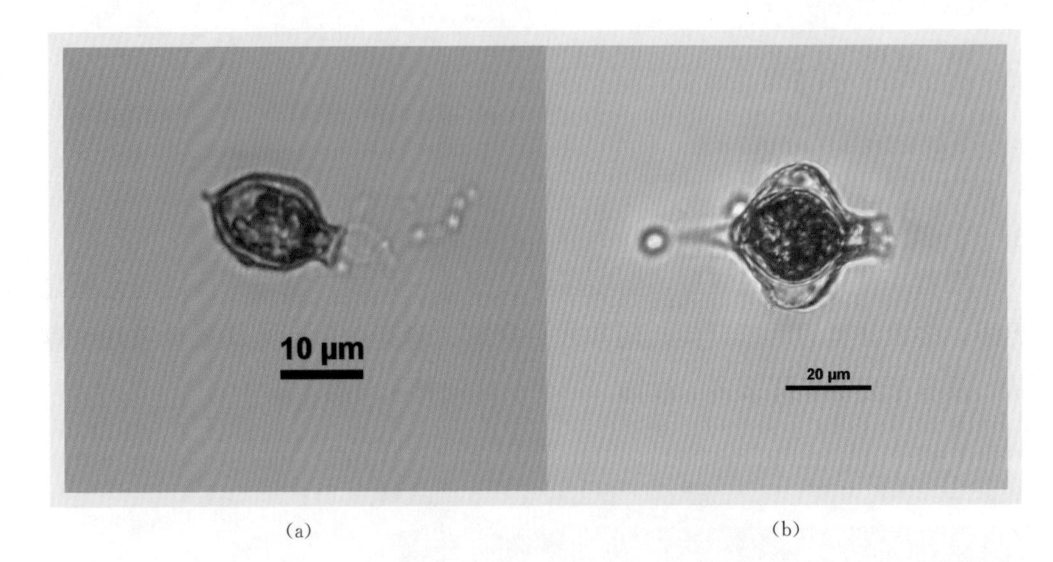

(a) (b)

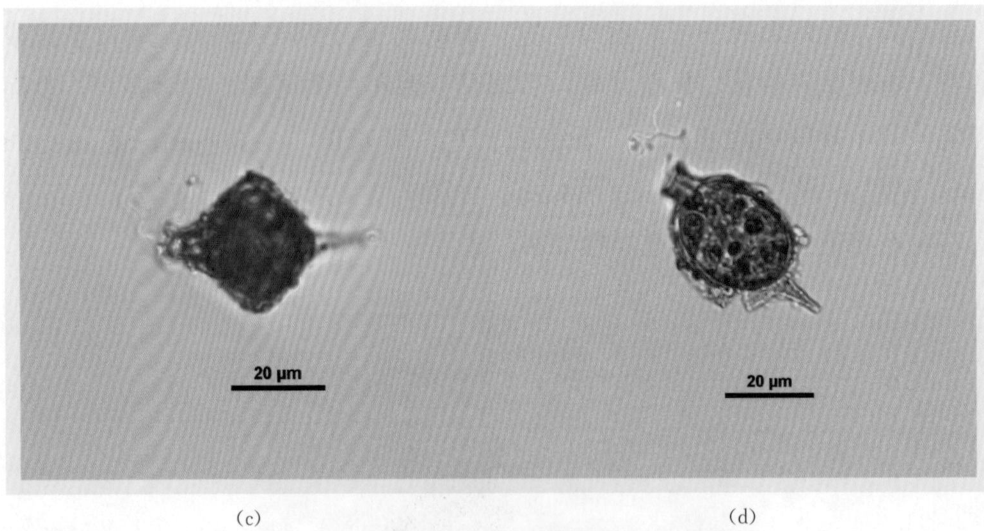

(c) (d)

图 7.3-2 其他陀螺藻

> 7.4 扁裸藻属 *Phacus*

细胞表质硬化，侧扁，形状多样。细胞后端具尾刺，单条鞭毛。表质具纵向、螺旋形排列的线纹或肋纹；具小盘形色素体，多数，无蛋白核。常具1～2个大的盘形、环形或假环形的副淀粉粒，中位或侧位。具明显眼点。无“裸藻状蠕动”。

奇形扁裸藻 *Phacus anomalus*

细胞由“体”和“翼”两个部分组成：“体”部大，“翼”部小，顶面观呈楔形，楔形的两端宽圆，“体”部后端具一短尾刺；表质具纵线纹。副淀粉粒1～2个，圆球形或哑铃形。细胞长23～27 μm，宽17～27 μm，“体”部厚12～18 μm，“翼”部厚7～12 μm，尾刺长约2 μm。如图7.4-1所示。

分布特征：常见种，全湖性分布，数量较少，非优势种。

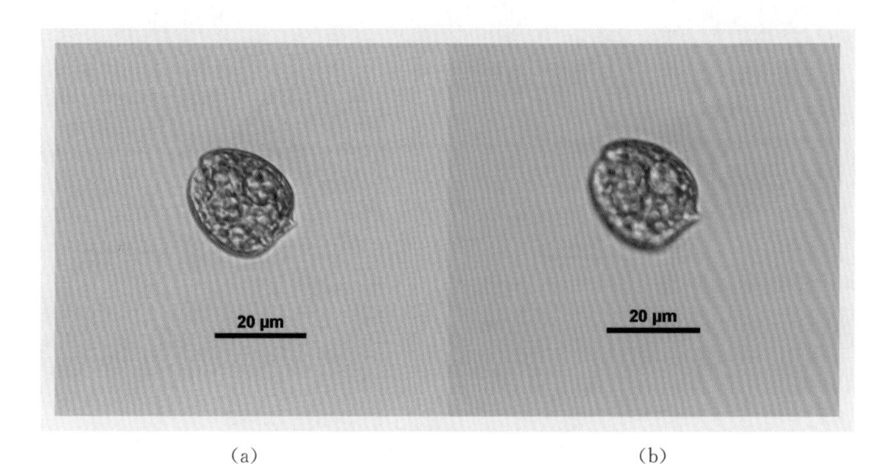

(a) (b)

图7.4-1　奇形扁裸藻

长尾扁裸藻 *Phacus longicauda*

细胞宽倒卵形或梨形，前端宽圆，顶沟浅但明显，后端渐窄且收缢成细长的尾刺，尾刺直向或略弯曲。表质具纵线纹；副淀粉粒 1 至数个，较大，环形、圆盘形或假环形，有时伴有一些圆形或椭圆形的小颗粒。核中位偏后；鞭毛约与体长相等。细胞宽 40～50 μm，长 85～140 μm，尾刺长 45～60 μm。如图 7.4-2 所示。

分布特征：常见种，全湖性分布，数量较少，非优势种。

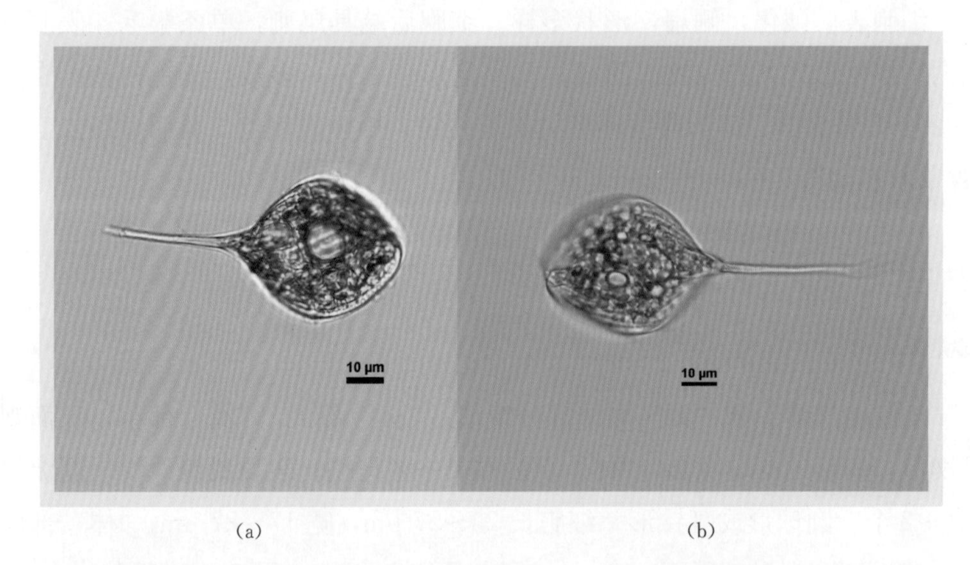

(a) (b)

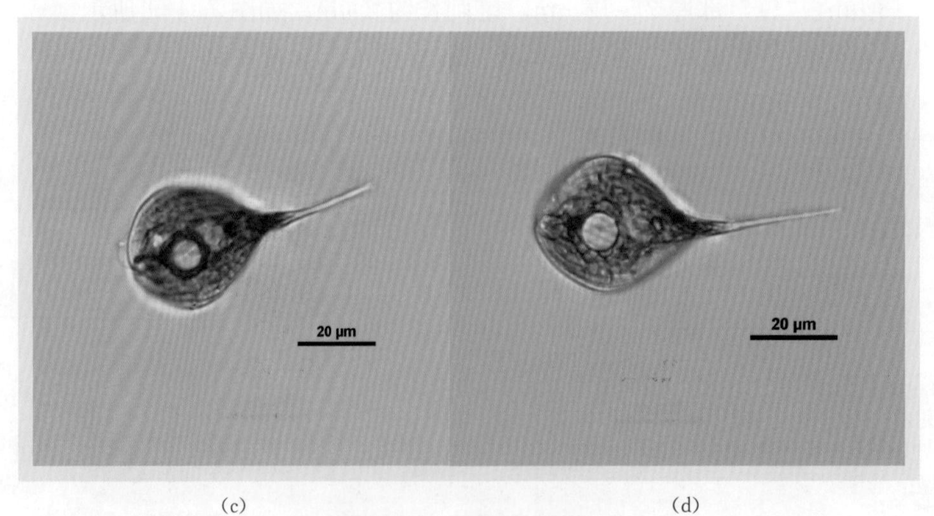

(c) (d)

图 7.4-2 长尾扁裸藻

梨形扁裸藻 *Phacus pyrum*

细胞梨形，前端宽圆，中部略凹，后端渐细狭且收缢成直向或略弯曲的长尖尾刺，顶面观正圆形。表质具自左上向右下的螺旋肋纹，7～9 条，有时在肋纹之间具螺旋线纹。副淀粉粒 2 个，呈介壳形，侧生且紧贴表质；鞭毛为体长的 1/2～2/3。细胞宽 13～21 μm，长 30～55 μm，尾刺长 12～20 μm。如图 7.4-3 所示。

分布特征：常见种，全湖性分布，数量较少，非优势种。

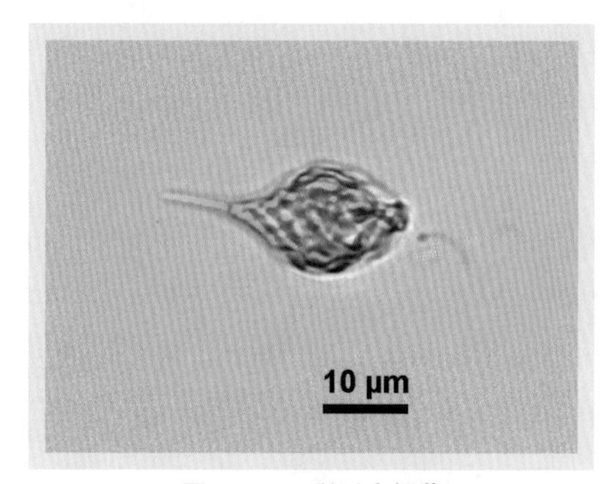

图 7.4-3　梨形扁裸藻

其他扁裸藻 *Phacus sp.*

其他扁裸藻如图 7.4-4 所示。

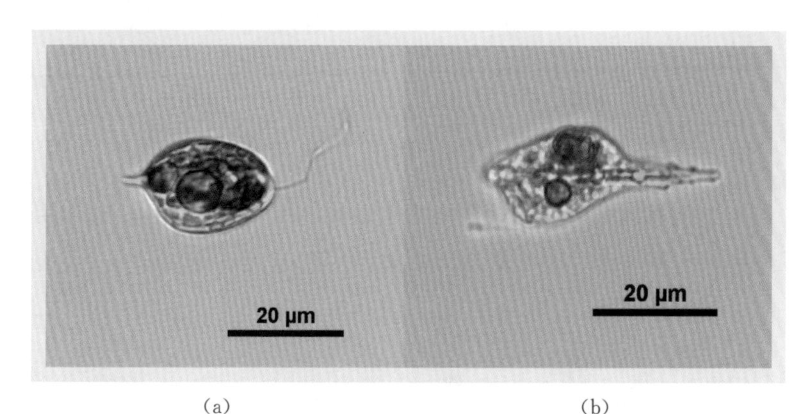

(a)　　(b)

图 7.4-4　其他扁裸藻

8

绿藻门

绿藻（Chlorophyta）类型多样，有单细胞鞭毛类、群体鞭毛类、四集体或四胞藻群体类、球形类、叠状结构、丝状结构、原叶结构、管状结构等。多数具有细胞壁，细胞壁的外层是果胶质，内层是纤维质；原生质体中央常具 1 个大的液泡，在一些群体的团藻类有明显的胞间连丝；多数种类具 1 个或多个色素体，色素体含有的色素种类和各种色素的相对比例都与高等植物相似，色素体位于细胞中央的为轴生，围绕细胞壁的为周生，色素体主要有杯状、片状、盘状、星状、带状和网状；多数种类的色素体内含有 1 个至数个蛋白核；多数细胞具有 1 个细胞核，少数为多核；运动鞭毛细胞通常顶生 2 条等长鞭毛；运动鞭毛细胞常具 1 个橘红色的眼点，椭圆形、线形、卵形等，多位于细胞色素体前部或中部的侧面；绿藻的繁殖方式有营养繁殖、无性繁殖和有性繁殖。依据形态学、鞭毛的超微结构和胞质分裂特征以及分子系统学资料将绿藻门分成 4 纲。

绿藻分布广泛，从两极到赤道，从高山到平地均有分布，绝大多数种类产于淡水，少数产于海水，浮游和固着的均有，此外还有气生的种类，少数种类寄生或与真菌共生形成地衣。

太湖藻类中，绿藻虽然种类最多，但是优势度不高，区域分布特征不明显。太湖绿藻密度数据分析显示，2007—2012 年，绿藻数量先升后降，绿藻数量最大年份与 2007 年相比涨幅将近 1 倍；2012—2018 年，变化幅度较小，基本与 2007 年持平。

> 8.1 实球藻属 *Pandorina*

植物体是由 8、16 或 32 个（常为 16 个，罕见 4 个）细胞组成的定形群体。细胞彼此紧贴且无空隙，位于群体中心，或仅在群体的中心有小空间。细胞呈球形、倒卵形、楔形等形状，从前端中央伸出 2 条等长的鞭毛，基部具 2 个伸缩泡。色素体呈杯状。具 1 个或多个蛋白核。具 1 个眼点。

实球藻 *Pandorina morum*

群体呈球形或椭圆形，由 8、16 或 32 个细胞组成。群体细胞互相紧贴在群体中心。细胞倒卵形或楔形，前端钝圆，后端渐狭。前端中央具 2 条等长的，约为体长 1 倍的鞭毛。群体直径 20～60 μm；细胞直径 7～20 μm。如图 8.1-1 所示。

分布特征：常见种，全湖性分布，数量较少，非优势种。

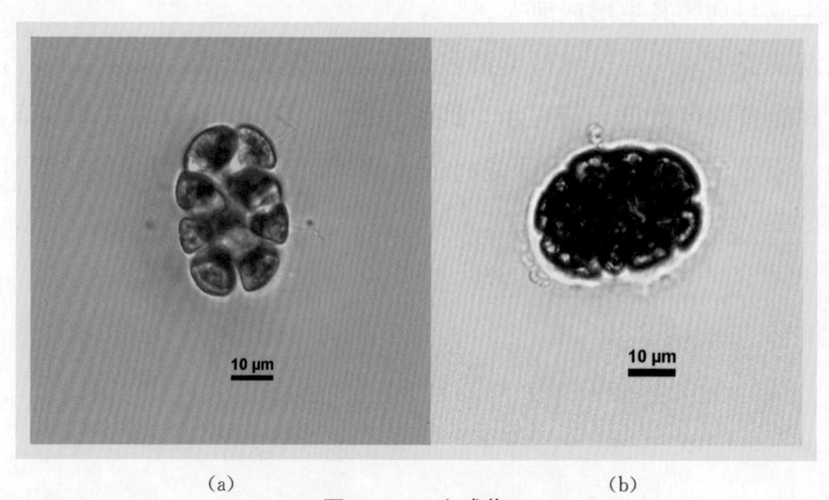

(a) (b)

图 8.1-1 实球藻

> 8.2 空球藻属 *Eudorina*

定形群体椭圆形或球形，由 16、32、64 个（常为 32 个）细胞组成，群体细胞彼此分离，排列在群体胶被的周边，群体胶被表面平滑或具小刺，个体胶被彼此融合。细胞球形，壁薄，前端中央具 2 条等长的鞭毛，基部具 2 个伸缩泡。色素体多数为杯状，少数为块状或长线状，具 1 个或数个蛋白核。细胞前端具眼点。

空球藻 *Eudorina elegans*

群体具胶被，椭圆形或球形，由 16、32、64 个细胞组成；群体胶被表面平滑，群体内细胞彼此分离，排列于群体胶被周边。细胞呈球形，壁薄，每个细胞具 2 条等长鞭毛，基部具 2 个伸缩泡；1 个大的杯状色素体，具数个蛋白核。细胞近前端具明显眼点。群体直径 50～200 μm，细胞直径 10～24 μm。如图 8.2-1 所示。

分布特征：常见种，全湖性分布，数量较少，非优势种。

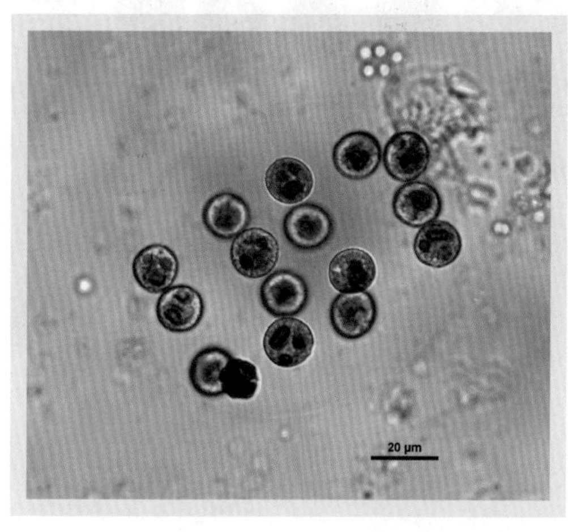

(a)

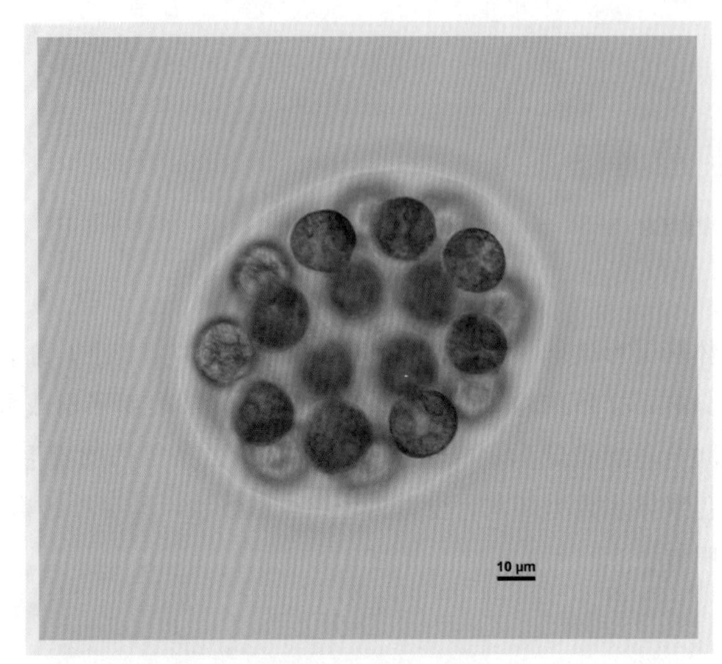

(b)

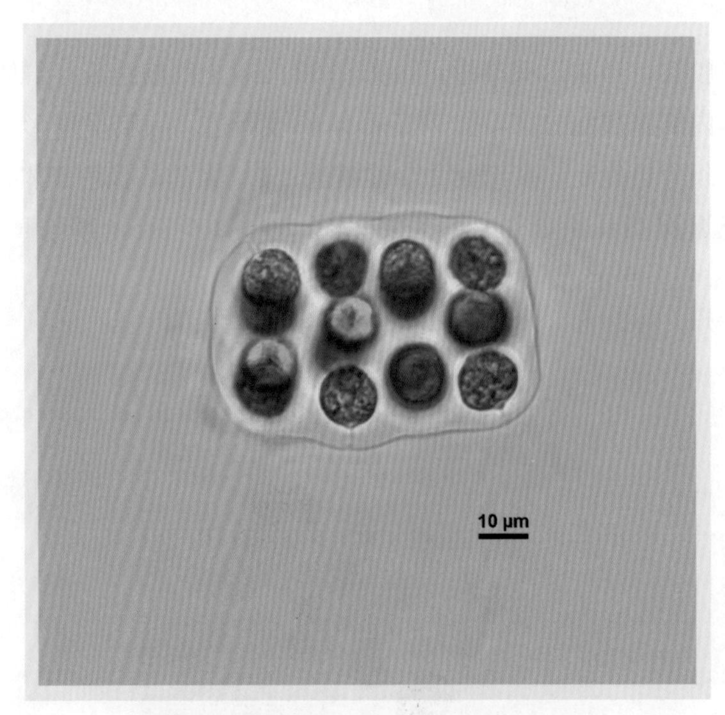

(c)

图 8.2-1　空球藻

> 8.3 微芒藻属 *Micractinium*

群体常由 4、8、16、32 个或更多细胞组成，排成四方形、角锥形或球形，细胞有规律地相互聚集，无胶被，有时形成复合群体；细胞多呈球形或略扁平；细胞壁外侧的细胞壁面具 1～10 条长粗刺。色素体周生，杯状，1 个，具 1 个蛋白核或无。

微芒藻 *Micractinium pusillum*

群体常由 4、8、16 或 32 个细胞组成，有时可以多达 128 个细胞，多数每 4 个成为一组，排列成四方形或角锥形；有时每 8 个细胞一组排列成球形。细胞球形，细胞壁外侧面具 2～5 条长粗刺。色素体杯状，1 个，具 1 个蛋白核。细胞直径 3～7 μm，刺长 20～35 μm，刺基部宽约 1 μm。如图 8.3-1 所示。

分布特征：常见种，全湖性分布，数量较少，非优势种。

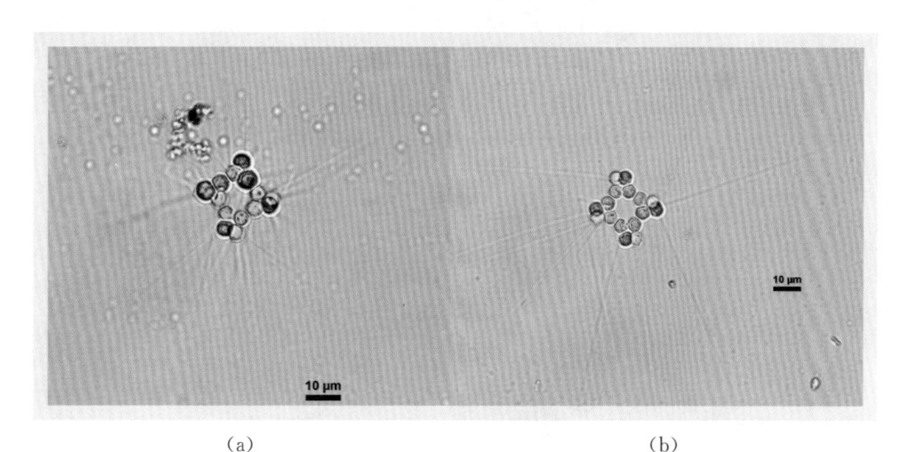

(a) (b)

图 8.3-1 微芒藻

＞8.4 弓形藻属 *Schroederia*

植物体为单细胞，浮游；细胞针形、长纺锤形、新月形或螺旋状等，直或弯曲，细胞两端的细胞壁延伸成长刺，刺直或略弯，其末端均为尖形。色素体周生，片状，1 个，几乎充满整个细胞；常具1个蛋白核，有时 2～3 个。细胞核 1 个，老的细胞可为多个。

弓形藻 *Schroederia setigera*

植物体是单细胞，长纺锤形，直或略弯曲，两端延伸为无色的细长直刺，末端均尖细。色素体片状，1 个，具 1 个蛋白核，罕见 2 个。细胞长（包括刺）56～85 μm，细胞宽 3～8 μm，刺长 13～27 μm。如图 8.4-1 所示。

分布特征：常见种，全湖性分布，数量较少，非优势种。

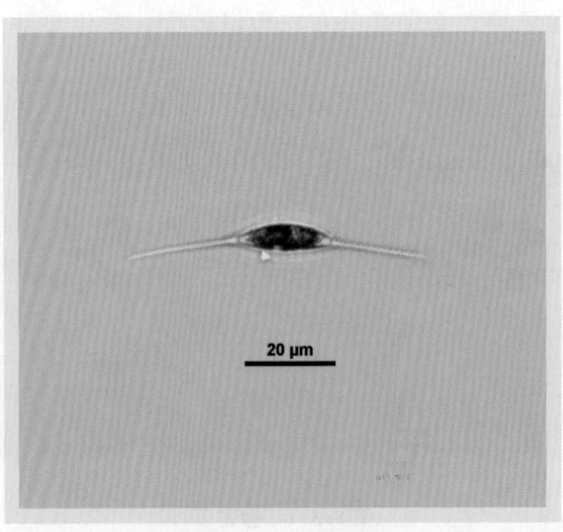

图 8.4-1 弓形藻

硬弓形藻 *Schroederia robusta*

单细胞，弓形或新月形，两端渐尖并向一侧弯曲延伸成刺，刺的长度不超过细胞长度的一半。色素体片状，1 个，具 1～4 个蛋白核。细胞长（包括刺）50～140 μm，宽 6～9 μm，刺长 20～30 μm。如图 8.4-2 所示。

分布特征：常见种，全湖性分布，数量较少，非优势种。

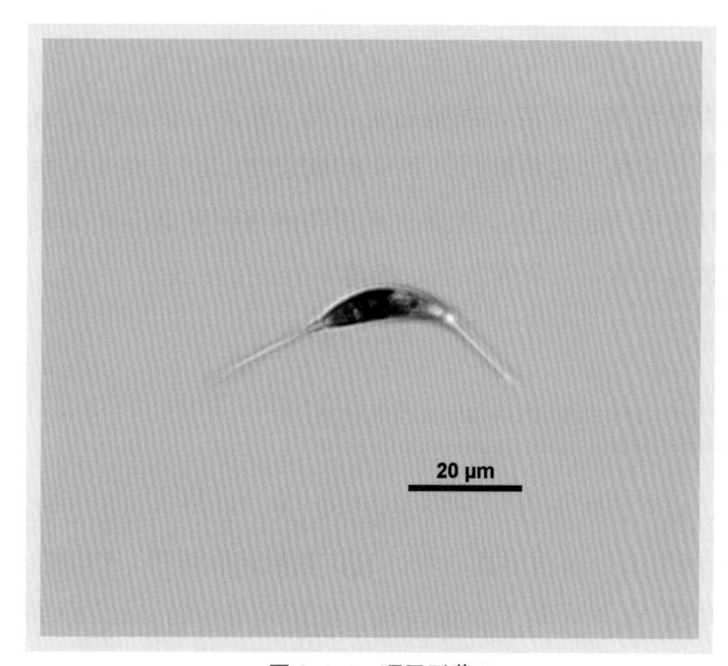

图 8.4-2　硬弓形藻

> 8.5 四角藻属 *Tetraedron*

植物体为单细胞，浮游；细胞扁平，呈三角形、四角形、五角形、多角形或立体四角、五角、多角锥形，每个细胞含 2、3、4 或 5 个角，角分叉或不分叉，角延长成凸起或无，角或凸起顶端的细胞壁常突出为刺。色素体周生，盘状或多角片状，1 个到多个，各具 1 个蛋白核或无。

细小四角藻 *Tetraedron minimum*

单细胞，扁平，正面观四方形，侧缘凹入，有时一对缘边比另一对的更内凹，角圆“8”形，角顶罕具一小凸起；侧面观椭圆形，细胞壁平滑或具颗粒。色素体片状，1 个，具 1 个蛋白核。细胞宽 6～20 μm，厚 3～7 μm。如图 8.5-1 所示。

分布特征：常见种，全湖性分布，数量较少，非优势种。

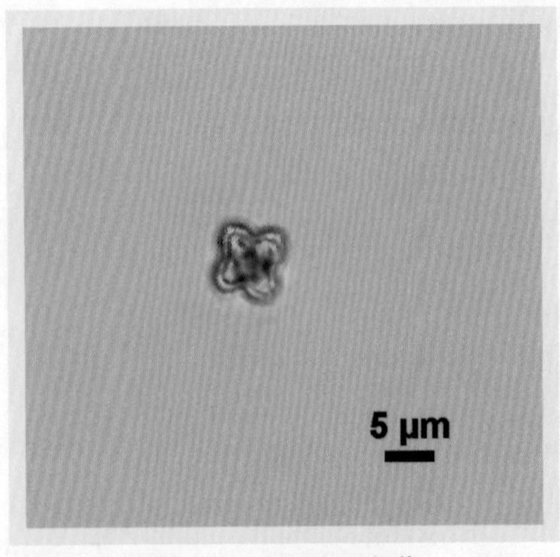

图 8.5-1　细小四角藻

三角四角藻 *Tetraedron trigonum*

单细胞，扁平，三角形，侧面观椭圆形，细胞侧缘略凹入、近平直或略凸出，角顶具 1 条直或略弯的粗刺。细胞不含刺宽 11～30 μm，厚 3～9 μm，刺长 2～10 μm。如图 8.5-2 所示。

分布特征：常见种，全湖性分布，数量较少，非优势种。

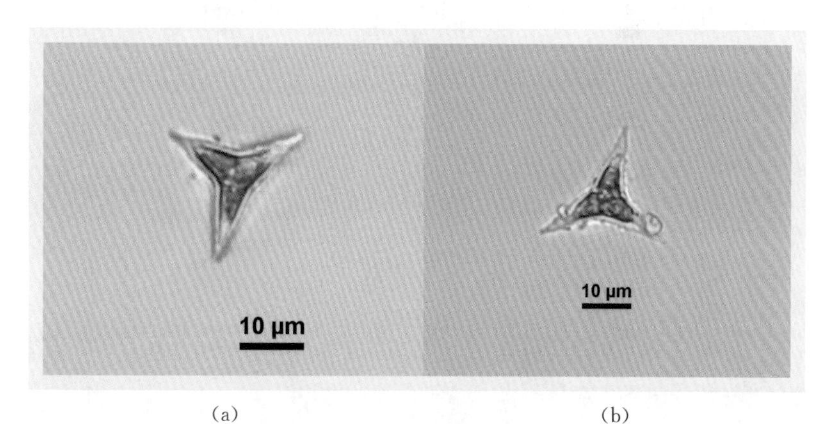

(a)　　　　(b)

图 8.5-2　三角四角藻

钝角四角藻 *Tetraedron muticum*

单细胞，扁平，三角形，角突钝尖、无刺；边缘略凹入；细胞壁平滑。细胞宽 8～12 μm，不具蛋白核。如图 8.5-3 所示。

分布特征：常见种，全湖性分布，数量较少，非优势种。

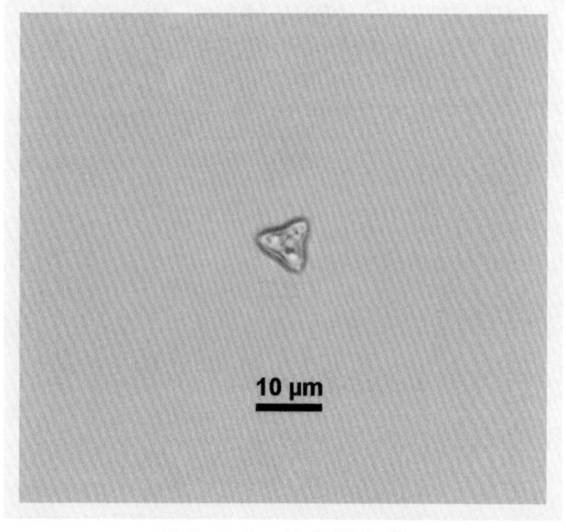

图 8.5-3　钝角四角藻

其他四角藻 *Tetraedron* sp.

其他四角藻如图 8.5-4 所示。

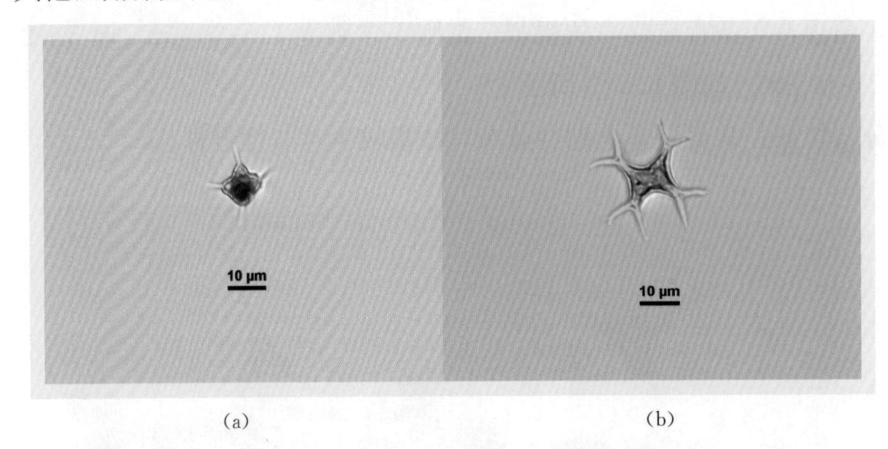

(a) (b)

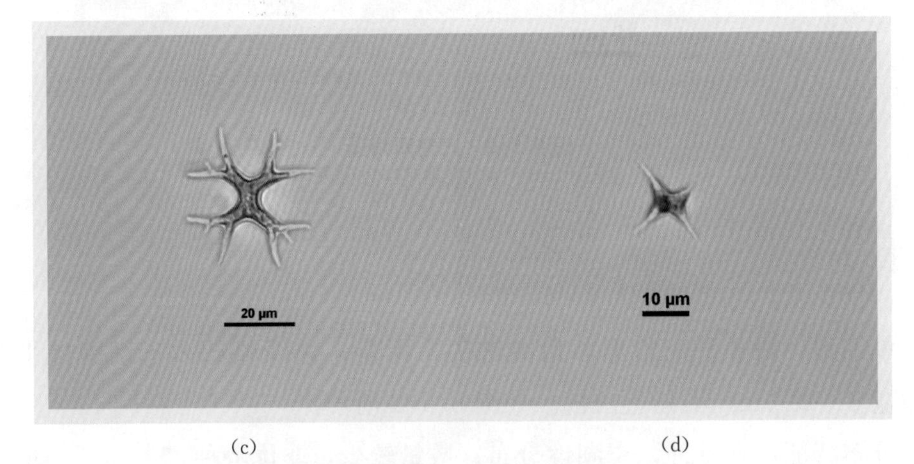

(c) (d)

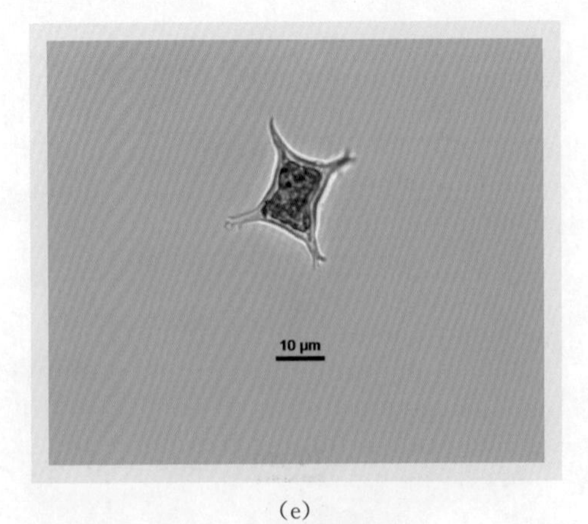

(e)

图 8.5-4　其他四角藻

> 8.6 单针藻属

Monoraphidium

植物体多为单细胞，无共同胶被；多浮游；细胞为或长或短的纺锤形，直或明显或轻微弯曲，成为弓状、近圆环状、“S”形或螺旋形等等，两端多渐尖细，或较宽圆；色素体片状，周位，多充满整个细胞，罕在中部留有1个小空隙，不具或罕具1个蛋白核。细胞的形状、大小及长度与宽度之比，种间变异很大。如图8.6-1所示。

分布特征：常见种，全湖性分布，数量较少，非优势种。

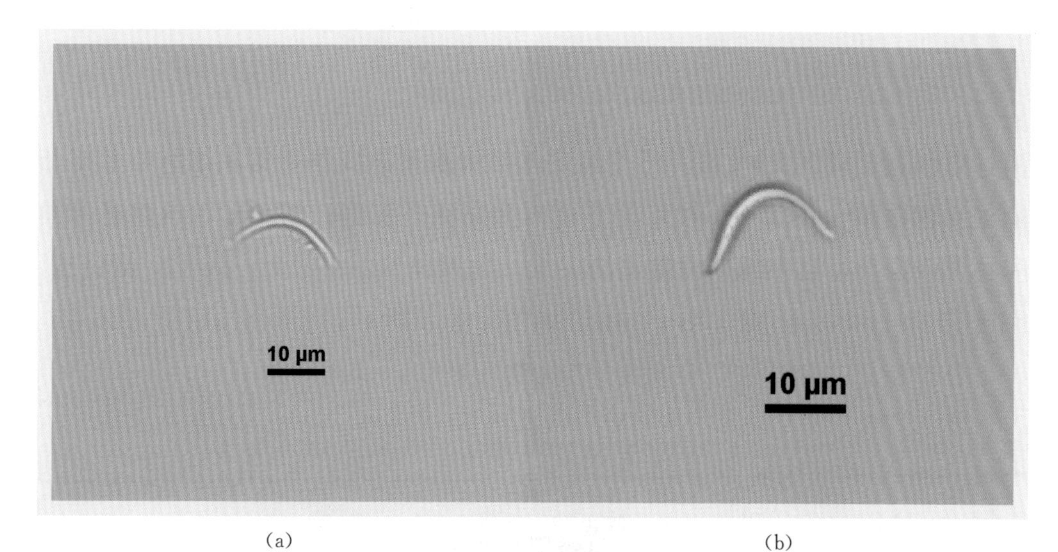

(a) (b)

图8.6-1 单针藻

> 8.7 纤维藻属

Ankistrodesmus

植物体罕见单细胞，浮游；常 2、4、8、16 个或更多个细胞聚集成群；具或不具共同胶被；细胞大多数细长，呈纺锤形、针形、弓形、镰形等各种形态，直或弯曲；自中央向两端逐渐尖细，末端尖，罕为钝圆形。具 1 个片状色素体，周位，占细胞的绝大部分，有时裂为数片；具 1 个或无蛋白核，多不具淀粉鞘。

镰形纤维藻 *Ankistrodesmus falcatus*

单细胞，或多由 4、8、16 个或更多个细胞聚集成群，常在细胞中部略凸出处互相贴靠，并以其长轴互相平行成为束状。细胞长纺锤形，有时略弯曲呈弓形或镰形，自中部向两端逐渐尖细。色素体片状，1 个，具 1 个蛋白核。细胞长 20～80 μm，宽 1.5～4 μm。如图 8.7-1 所示。

分布特征：常见种，全湖性分布，数量较少，非优势种。

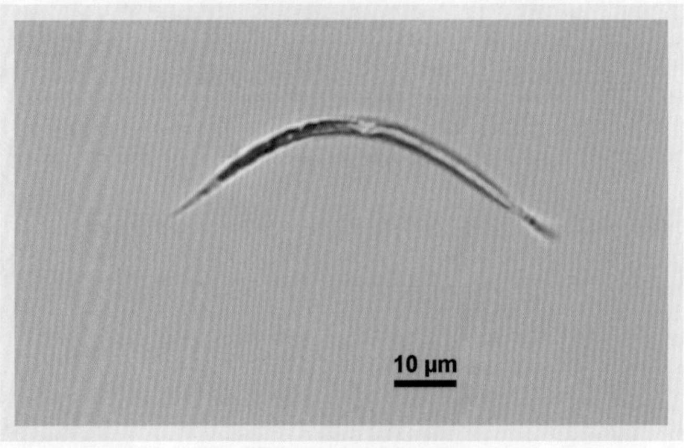

图 8.7-1　镰形纤维藻

针形纤维藻 *Ankistrodesmus acicularis*

单细胞，针形，直或仅一端微弯或两端微弯，从中部到两端渐尖细，末端尖。素体充满整个细胞。细胞长 40～80 μm，有时能达到 210 μm，细胞宽 2.5～3.5 μm。如图 8.7-2 所示。

分布特征：常见种，全湖性分布，数量较少，非优势种。

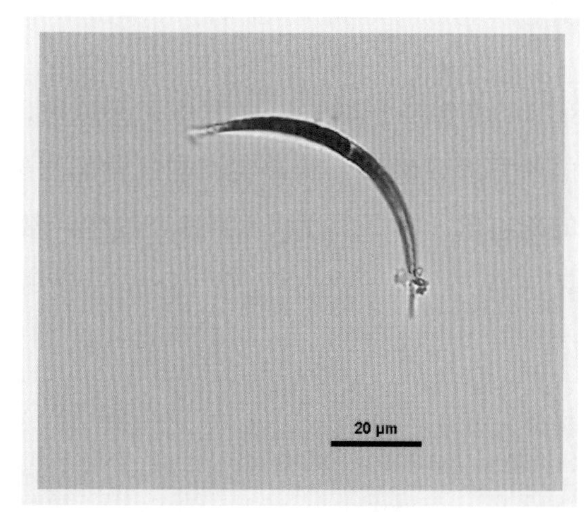

图 8.7-2　针形纤维藻

其他纤维藻 *Ankistrodesmus* sp.

其他纤维藻如图 8.7-3 所示。

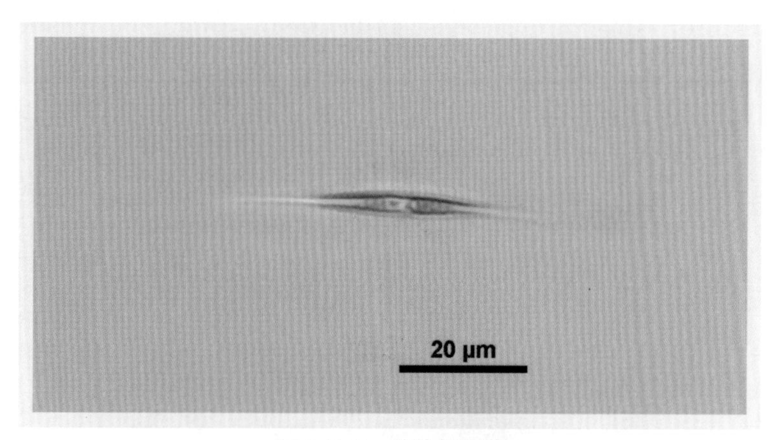

图 8.7-3　其他纤维藻

＞8.8 月牙藻属 *Selenastrum*

植物体由 4、8、16 或更多个细胞组成群体，无胶被，罕为单细胞，浮游；细胞呈有规则的新月形或镰形，两端尖；常以背部凸出的部分互相接触而成外观较有规则的四边形。具 1 个片状色素体，周生，常位于细胞的中部，具 1 个蛋白核或无。

月牙藻 *Selenastrum bibraianum*

植物体常由 4、8、16 或更多个细胞聚集成群，以细胞背部凸出一侧相连；细胞新月形或镰形，两端同向弯曲，自中部向两端逐渐尖细，较宽短。色素体 1 个，具 1 个蛋白核。细胞长 20～38 μm，宽 5～8 μm，两顶端直线距离 5～25 μm。如图 8.8-1 所示。

分布特征：常见种，全湖性分布，数量较少，非优势种。

图 8.8-1　月牙藻

端尖月牙藻 *Selenastrum westii*

植物体由 4 或 8 个细胞聚集成群体，细胞呈新月形，以背面凸出部分相连；两端狭长，顶端尖锐，斜向伸出；有时两端略反向弯曲。具 1 个色素体，具 1 个或无蛋白核。细胞宽 2～2.7 μm，长 20～30 μm，两端直线距离 15～30 μm。如图 8.8-2 所示。

分布特征：常见种，全湖性分布，数量较少，非优势种。

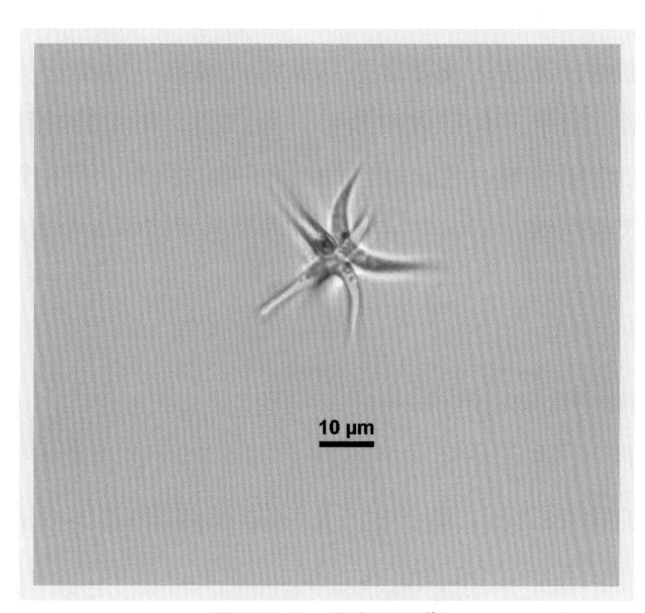

图 8.8-2　端尖月牙藻

>8.9 四刺藻属 *Treubaria*

植物体单细胞，浮游；胶被常不易见到；细胞三角锥形、四角锥形、不规则的三角锥形、扁平三角形或四角形，角广圆，角间的细胞壁略凹入，各角的细胞壁突出为粗长刺；色素体在幼时单一，杯状，具 1 个蛋白核，老时成为多个，块状或网状，充满整个细胞，每个色素体具 1 个蛋白核。

粗刺四刺藻 *Treubaria crassispina*

单细胞，大，三角锥形到近三角锥形，具近圆柱形长粗刺，顶端急尖。细胞不包括刺宽 12～15 μm，刺长 30～60 μm，刺基部宽 4～6 μm。如图 8.9-1 所示。

分布特征：常见种，全湖性分布，数量较少，非优势种。

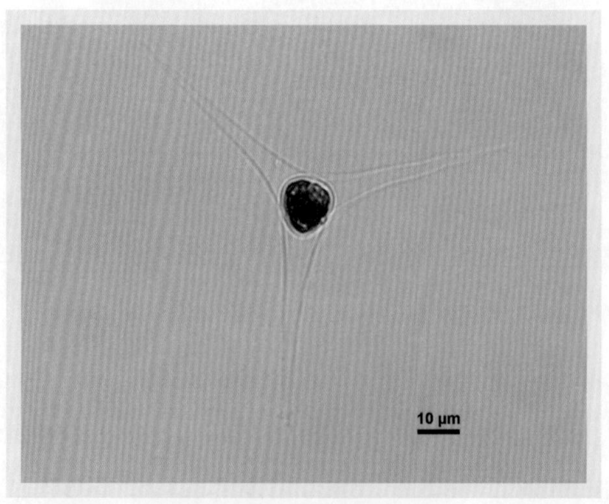

图 8.9-1　粗刺四刺藻

> 8.10 卵囊藻属 *Oocystis*

植物体为单细胞或群体，浮游；常由 2、4、8 或 16 个细胞组成群体，包被在部分胶化膨大的母细胞壁中；细胞具各种不同形状和大小，常呈椭圆形、卵形等，细胞壁平滑，或在两端具圆锥状增厚，细胞壁扩大和胶化时，圆锥状增厚不胶化。1 个或多个色素体，具各种不同的形状，周生或侧位，每个色素体具 1 个或无蛋白核。

波吉卵囊藻 *Oocystis borgei*

群体椭圆形，由 2、4 或 8 个细胞包被在部分胶化膨大的母细胞壁内组成，有的为单细胞，浮游；细胞椭圆形或略呈卵形，两端广圆。色素体片状，幼时常为 1 个，成熟后具 2～4 个，各具 1 个蛋白核。细胞长 10～30 μm，宽 9～15 μm。如图 8.10-1 所示。

分布特征：常见种，全湖性分布，数量较少，非优势种。

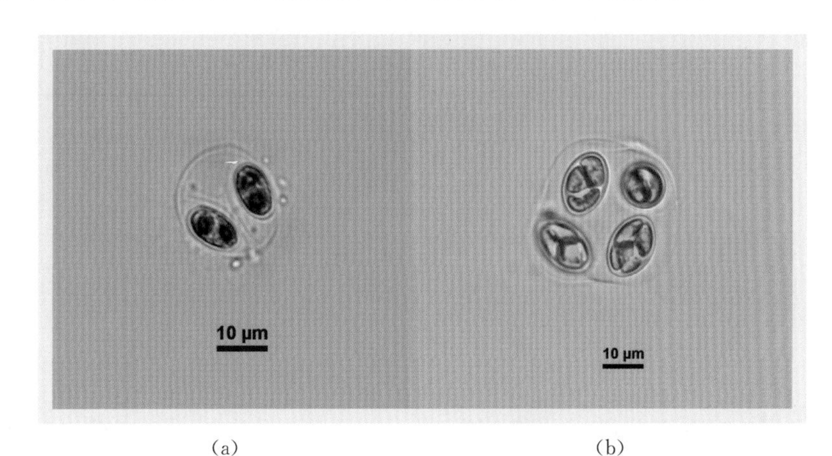

(a) (b)

图 8.10-1 波吉卵囊藻

其他卵囊藻 *Oocystis sp.*

其他卵囊藻如图 8.10-2 所示。

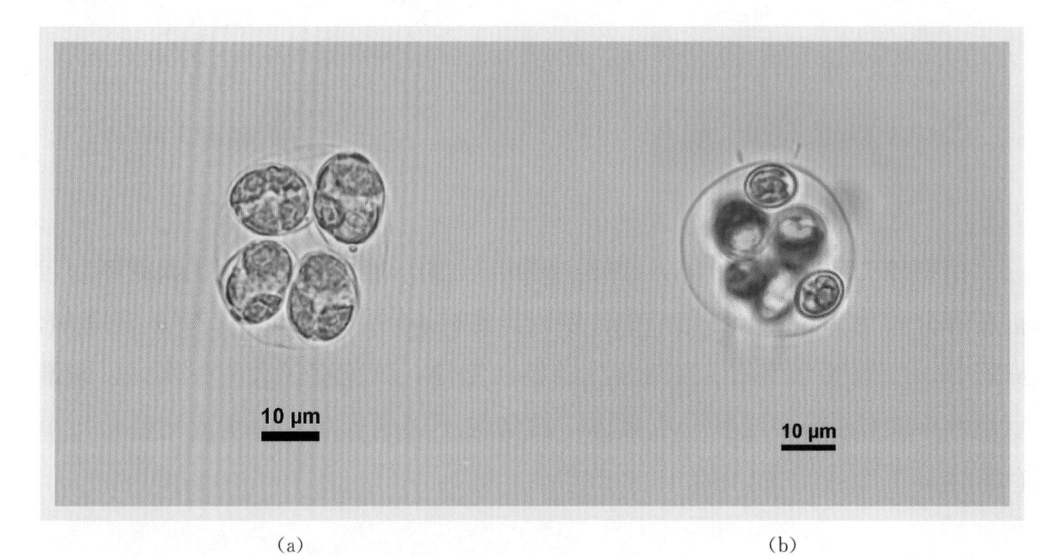

(a) (b)

图 8.10-2 其他卵囊藻

8.11 并联藻属

Quadrigula

植物体为定形群体，常由 2 个、4 个、8 个或更多个细胞聚集在一个共同的透明胶被内，细胞常 4 个为一组，其长轴与群体长轴互相平行排列，细胞上下两端平齐或互相错开，浮游。细胞纺锤形、新月形、近圆柱形到长椭圆形，直或略弯曲，细胞长度为宽度的 5～20 倍，两端略尖细；色素体周生、片状，1 个，位于细胞的一侧或充满整个细胞，具 1 个或 2 个蛋白核。如图 8.11-1 所示。

分布特征：全湖性分布，数量较少，非优势种。

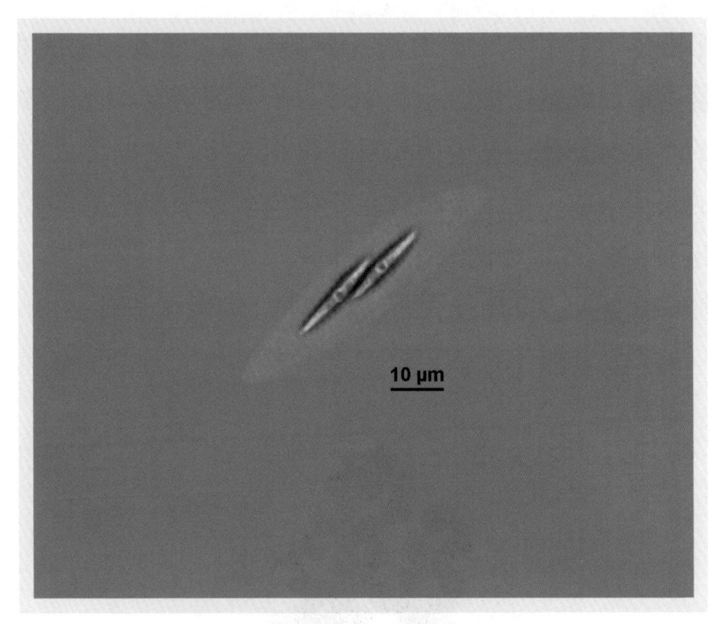

图 8.11-1　并联藻

> 8.12 网球藻属 *Dictyosphaerium*

植物体由 2、4 或 8 个细胞组成原始定形群体，常被包在一共同胶被之内，浮游。细胞彼此分离，以母细胞壁胶质形成的二分叉或四分叉胶质丝或柄连接。细胞呈球形、卵形、椭圆形或肾形。色素体周生，杯状，1 个，具 1 个或不具蛋白核。

网球藻 *Dictyosphaerium ehrenbergianum*

原始定形群体，常由 8、16 或 32 个细胞组成，具共同的无色透明胶被。细胞卵形或椭圆形，细胞在长轴一侧中部与胶柄的一端相连；常 2 个一组构成二分叉式的胶质柄分枝，每组的胶质柄再相连接，共同形成群体的来自母细胞壁中央的联结构造。具 1 个杯状色素体，多位于细胞基部，具 1 个蛋白核。细胞直径 3～10 μm。如图 8.12-1 所示。

分布特征：常见种，全湖性分布，数量较少，非优势种。

图 8.12-1 网球藻

美丽网球藻 *Dictyosphaerium pulchellum*

原始定形群体，球形或广椭圆形，多由 8、16 或 32 个细胞组成，具共同的透明胶被；细胞呈球形，与重复二分叉的胶质柄末端相连；常 4 个细胞一组。色素体，杯状，1 个，多位于细胞基部，具 1 个蛋白核。细胞直径 3～10 μm。如图 8.12-2 所示。

分布特征：常见种，全湖性分布，数量较少，非优势种。

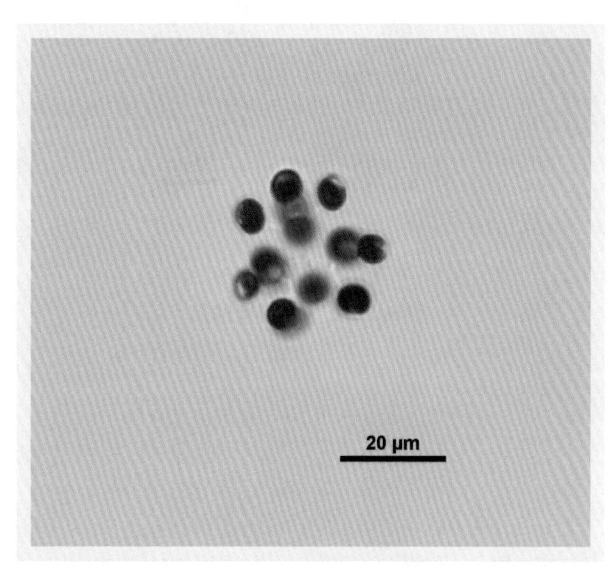

(a)

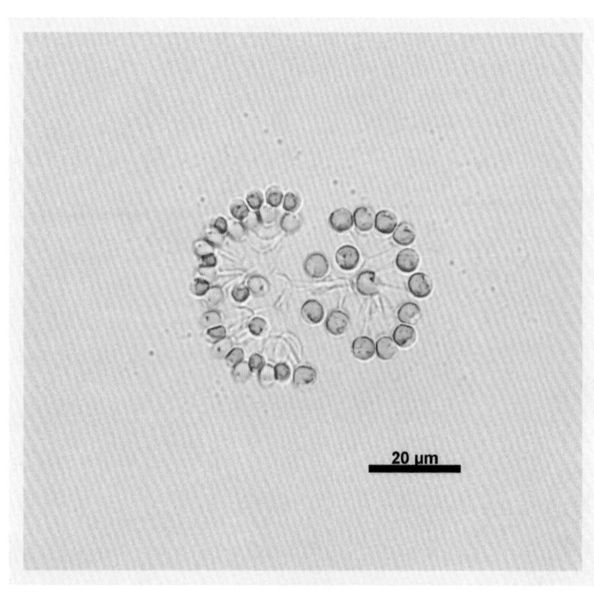

(b)

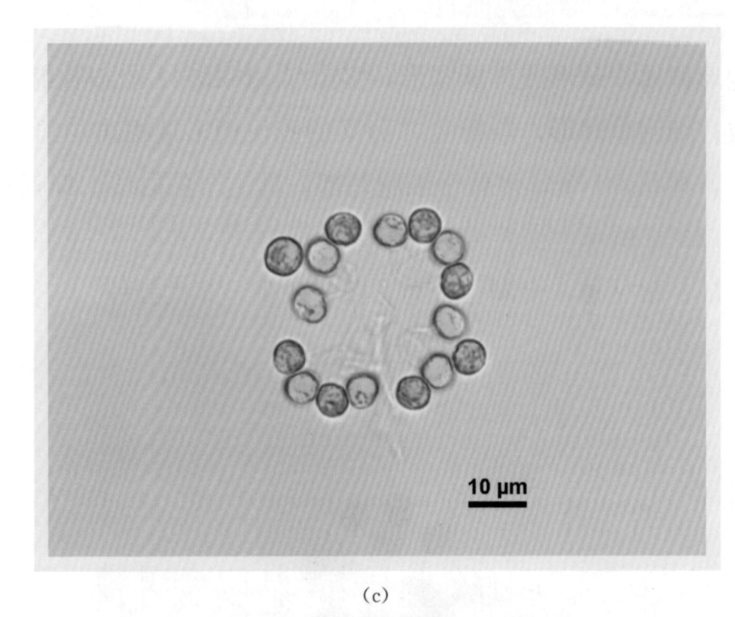

(c)

图 8.12-3　美丽网球藻

> 8.13 盘星藻属 *Pediastrum*

植物体为真性定形群体，由 4、8、16、32、64 或 128 个细胞排列成一层细胞壁厚的扁平盘状、星状群体，群体无穿孔或具穿孔，浮游。群体外缘细胞常具 1、2 或 4 个角突，有时突起上具胶质毛丛；内层细胞常为多角形，具或不具角突。细胞壁较厚，表面平滑或具颗粒或网纹。幼细胞色素体周生，圆盘状，核单一，具 1 个蛋白核，成熟细胞色素体逐渐分散，可具 1、2、4 或 8 个细胞核，具 1 至多个蛋白核。

单角盘星藻 *Pediastrum simplex*

植物体由 8 或 16 个细胞组成，无穿孔或具极小的穿孔。外层细胞略呈五边形，外侧的两边延长成一渐窄的角突，周边凹入；内层细胞五或六边形，细胞壁光滑或具颗粒。外层细胞长 18～21 μm，宽 5～11 μm；内层细胞长 7～12 μm，宽 8～13 μm。如图 8.13-1 所示。

分布特征：全湖性分布，数量较少，非优势种。

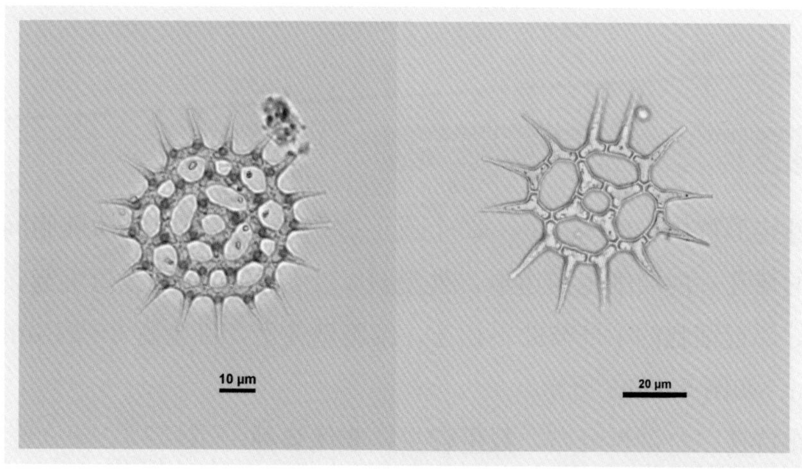

(a)　　(b)

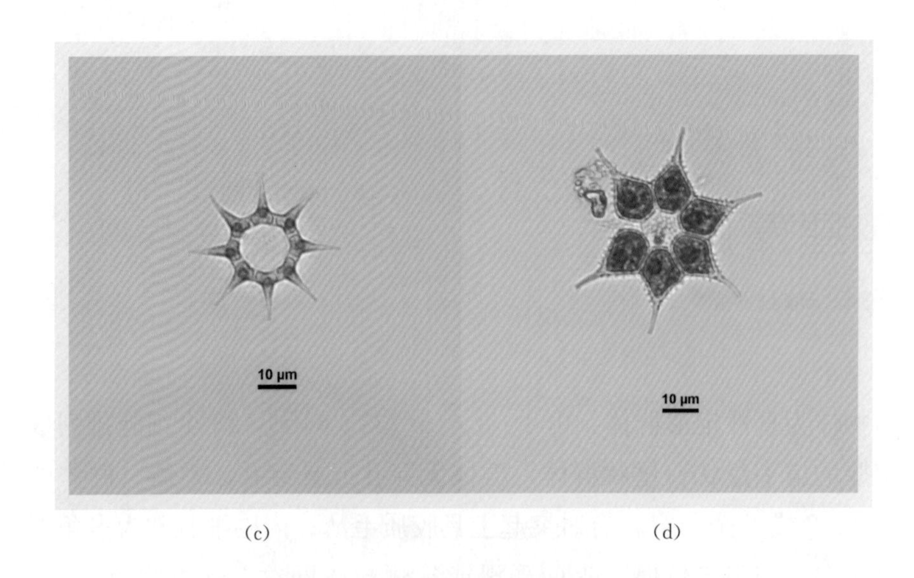

(c) (d)

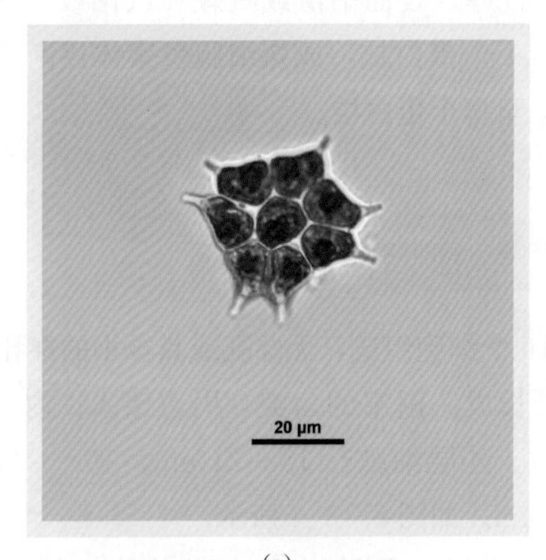

(e)

图 8.13-1 单角盘星藻

二角盘星藻 *Pediastrum duplex*

真性定形群体，由 8、16、32 个或更多个细胞组成，群体细胞间具小的透镜状的穿孔。内层细胞四边形，外壁具 2 个圆锥形的钝顶短突起，侧壁中部凹入，邻近细胞的中部彼此不相连，细胞壁光滑。细胞宽 8～21 μm，长 11～21 μm。如图 8.13-2 所示。

分布特征：全湖性分布，数量较少，非优势种。

(a)

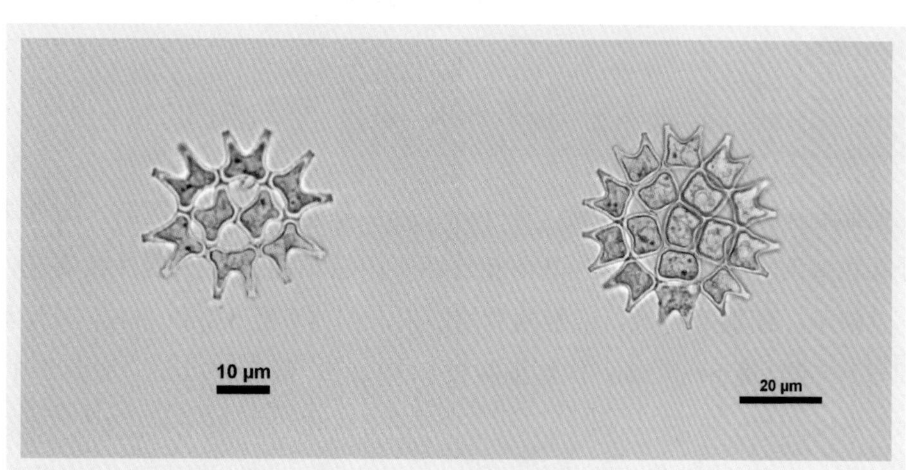

(b) (c)

图 8.13-2 二角盘星藻

具孔盘星藻 *Pediastrum clathratum*

定形群体由 16 或 32 个细胞构成，具穿孔。外层细胞呈等腰三角形，具一个角突，两侧微凹，有时近角处稍膨大，细胞间以其基部相连接。内层细胞多角形。细胞壁光滑。外层细胞长 24～31 μm，宽 13～16 μm；内层细胞长 9～16 μm，宽 11～14 μm。如图 8.13-3 所示。

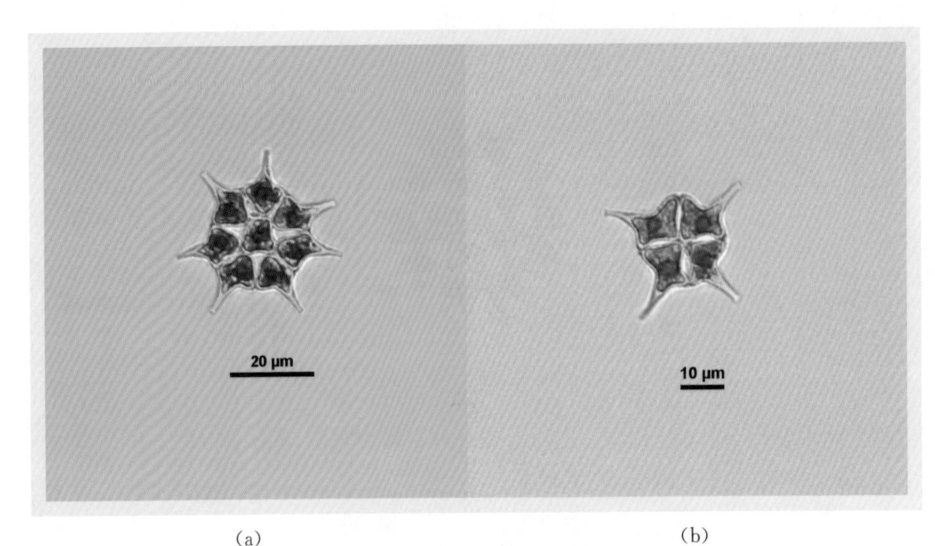

(a) (b)

图 8.13-3 具孔盘星藻

双射盘星藻 *Pediastrum biradiatum*

定形群体由 8 个细胞组成，具穿孔。外层细胞具深裂的两瓣，瓣的末端具分叉状缺刻，细胞之间以其基部相连接。内层细胞具 2 个裂片状突起，末端不具缺刻。细胞壁光滑，细胞两侧均凹入。群体直径 30 μm 左右，外层细胞长 11～14 μm，宽 6～8 μm；内层细胞长 8～9 μm，宽 7～9 μm。如图 8.13-4 所示。

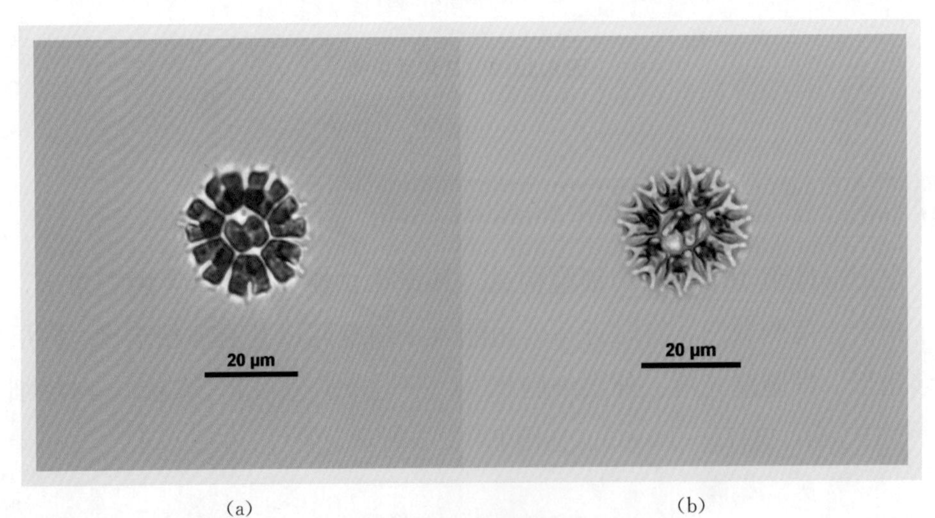

(a) (b)

图 8.13-4 双射盘星藻

> 8.14 栅藻属 *Scenedesmus*

植物体常由 2、4、8、16 或 32 个细胞组成真性定形群体。各个细胞以其长轴互相平行，细胞壁彼此连接在同一平面上，相互平齐或交错，或排成上下两列或多列。细胞呈椭圆形、卵形、纺锤形等等。胞壁平滑或具颗粒、齿状凸起或缺口等。色素体单一，片状，周生；具 1 个蛋白核，细胞成熟则充满整个细胞；核单一。

伯纳德栅藻 *Scenedesmus bernardii*

集结体由 4 或 8 个细胞组成，真性定形群体为屈曲状。群体细胞以其尖细的顶端与邻近细胞中部的侧壁连接，呈爪形，两端渐尖；两排细胞上下交错排列。细胞长 45～60 μm，宽 6～13 μm。如图 8.14-1 所示。

分布特征：常见种，全湖性分布，数量较少，非优势种。

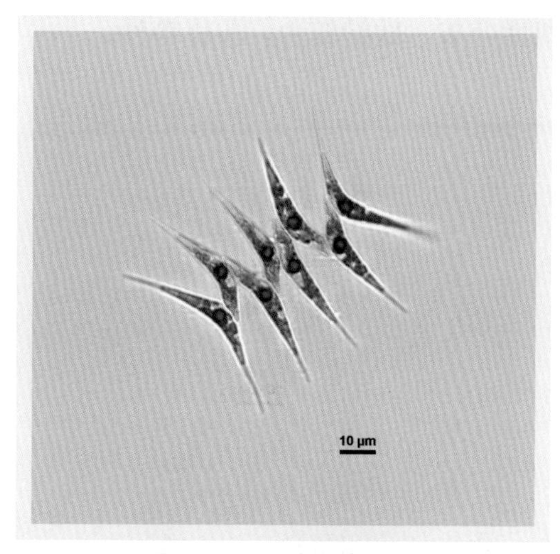

图 8.14-1　伯纳德栅藻

史密斯栅藻 *Scenedesmus smithii*

真性定形群体扁平，常由 4 个细胞组成，细胞略呈船形，两侧细胞的两端各具 2 条短刺；中间细胞只有游离的一端各具 2 条斜生的短刺。细胞直径 4～7 μm，长 9～15 μm，刺长 1～3 μm。如图 8.14-2 所示。

分布特征：全湖性分布，数量较少，非优势种。

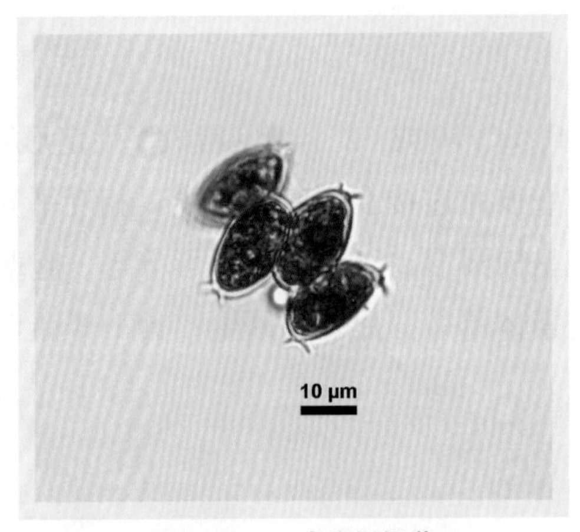

图 8.14-2　史密斯栅藻

光滑栅藻 *Scenedesmus ecornis*

真性定形群体扁平，由 2、4 或 8 个细胞组成，群体细胞直线排列成一行。细胞卵形或长椭圆形，两端宽圆，细胞壁平滑。4 个细胞的群体宽 16～25 μm，细胞长 7～18 μm，宽 4～6 μm。如图 8.14-3 所示。

分布特征：全湖性分布，数量较少，非优势种。

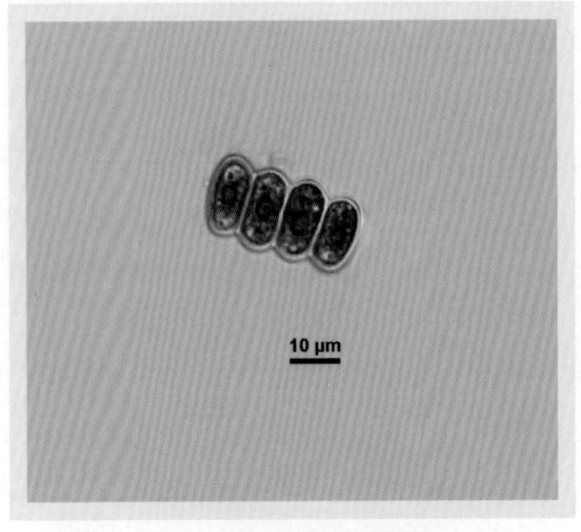

图 8.14-3　光滑栅藻

尖细栅藻 *Scenedsmus acuminatus*

真性定形群体由 4 或 8 个细胞组成，排成一行，平齐或交错。细胞呈纺锤形、镰刀形或新月形，端狭长而尖锐，细胞以中部侧壁相连接；胞壁光滑，两端无刺或齿。细胞宽 2.5～5 μm，长 13～40 μm。如图 8.14-4 所示。

分布特征：全湖性分布，数量较少，非优势种。

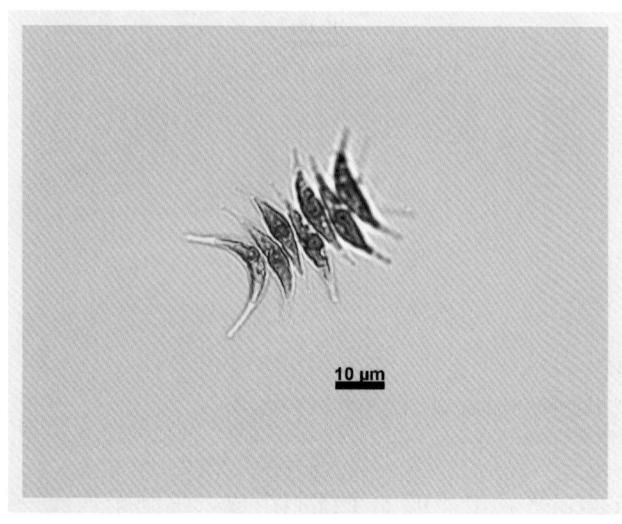

(a)

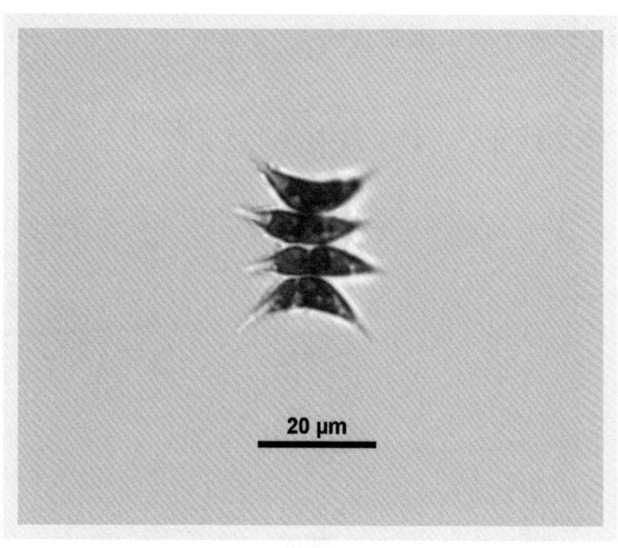

(b)

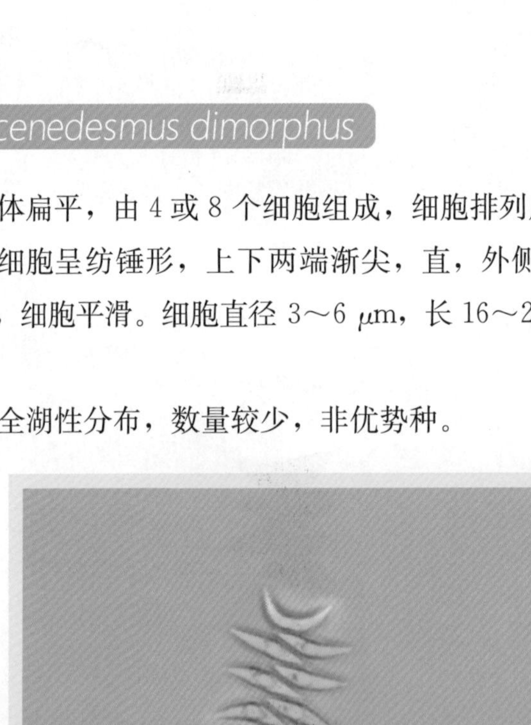

(c)

图 8.14-4　尖细栅藻

二形栅藻 *Scenedesmus dimorphus*

真性定形群体扁平，由 4 或 8 个细胞组成，细胞排列成一行或交错排列。细胞二形，中间细胞呈纺锤形，上下两端渐尖，直，外侧细胞呈新月形或镰刀形，两端渐尖，细胞平滑。细胞直径 3～6 μm，长 16～23 μm。如图 8.14-5 所示。

分布特征：全湖性分布，数量较少，非优势种。

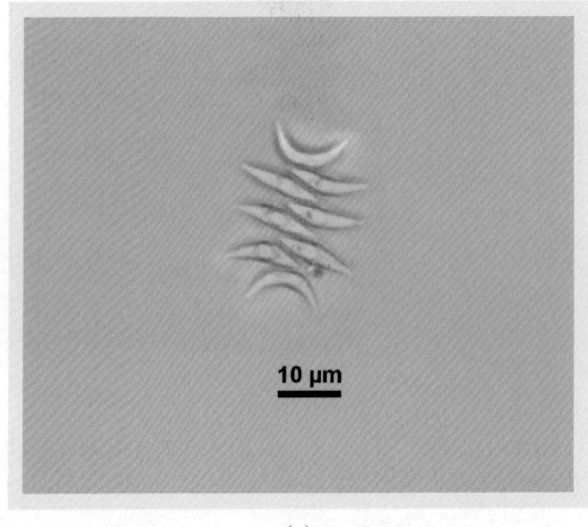

(a)

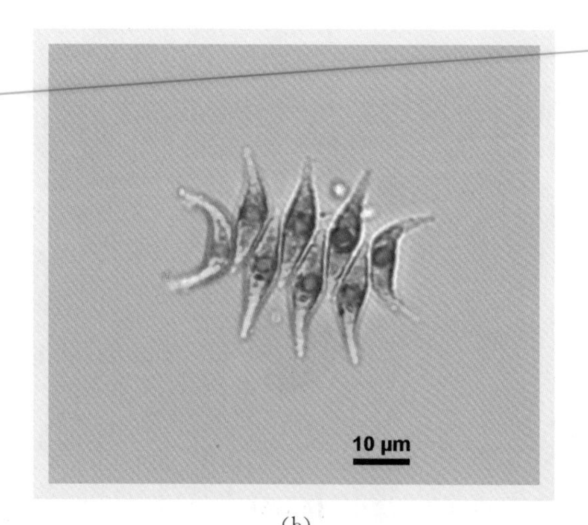

(b)

图 8.14-5　二形栅藻

四尾栅藻 *Scenedesmus quadricauda*

真性定形群体扁平，由 2、4、8 或 16 个细胞组成，常为 4 或 8 个细胞组成的，群体细胞并列直线排成一列。细胞长圆形、圆柱形、卵形，细胞上下两端广圆，群体外侧细胞的上下两端各具一向外斜向的直或略弯曲的刺，细胞壁平滑。4 个细胞的群体宽 14～24 μm，细胞长 8～16 μm，宽 3.5～6 μm。如图 8.14-6 所示。

分布特征：全湖性分布，数量较少，非优势种。

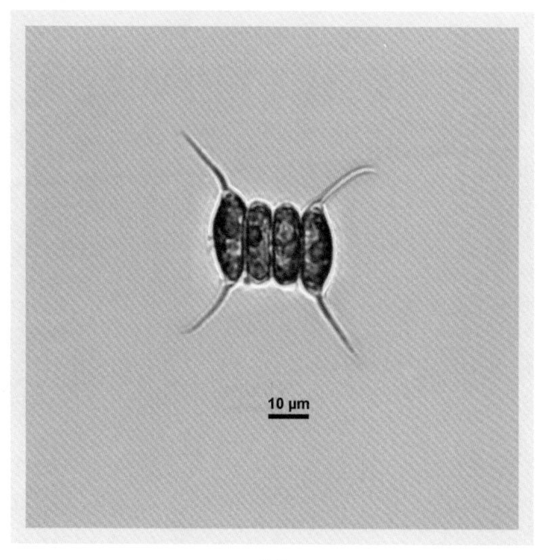

(a)

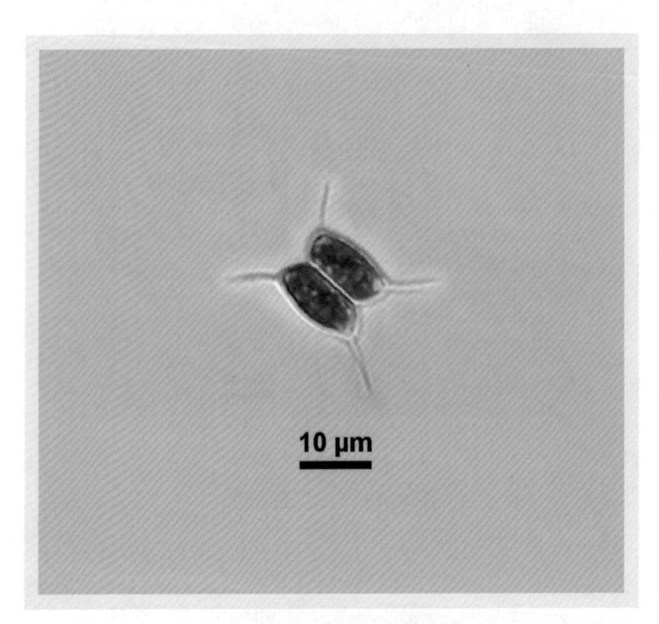

(b)

图 8.14-6 四尾栅藻

双尾栅藻 *Scenedesmus bicaudatus*

集结体由 2、4 或 8 个细胞组成，呈直线排成一行。细胞长圆形，长椭圆形。外侧细胞各仅具 1 根长刺，呈对角线状分布。细胞直径 3～7 μm，长 5～15 μm，刺长 2～10 μm。如图 8.14-7 所示。

分布特征：全湖性分布，数量较少，非优势种。

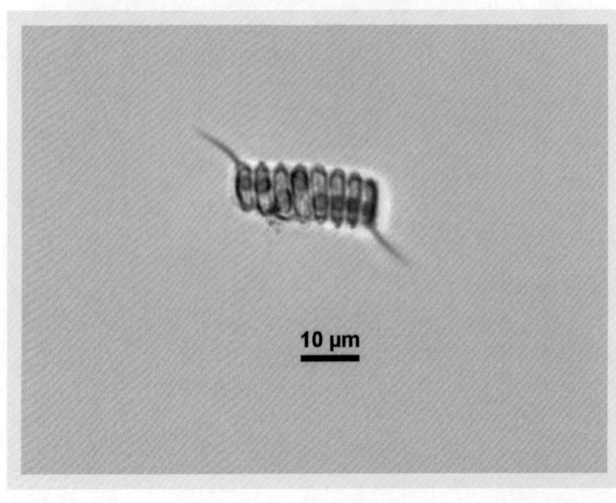

(a)

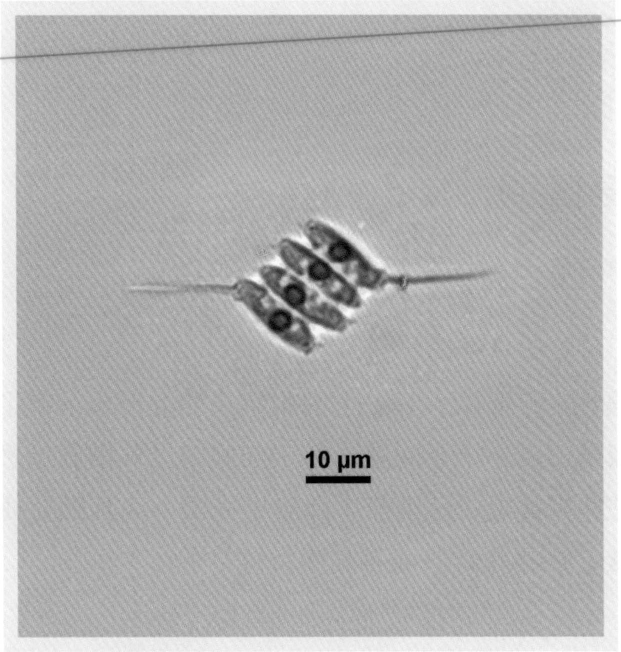

（b）

图 8. 14-7　双尾栅藻

> 8.15 四星藻属 *Tetrastrum*

植物体为真性定形群体，由 4 个细胞组成四方形或十字形，排列在一个平面上，中心具或不具一个小间隙，各个细胞间以其细胞壁紧密相连。细胞球形、卵形、三角形或近三角锥形。细胞壁光滑，或具颗粒或刺。色素体周生，片状、盘状，1～4 个，具或不具蛋白核。

平滑四星藻 *Tetrastrum glabrum*

真性定形群体，由 4 个细胞组成，群体细胞通常呈“十”字形排列。群体中央具或不具小孔，具水化的群体胶被，有时群体间由胶质丝相连形成复合群体。细胞为具角的球形或卵形，外侧游离面圆形，壁光滑。色素体片状，1 个，具 1 个蛋白核。细胞长 4～5 μm，宽 4～5 μm。如图 8.15-1 所示。

分布特征：全湖性分布，数量较少，非优势种。

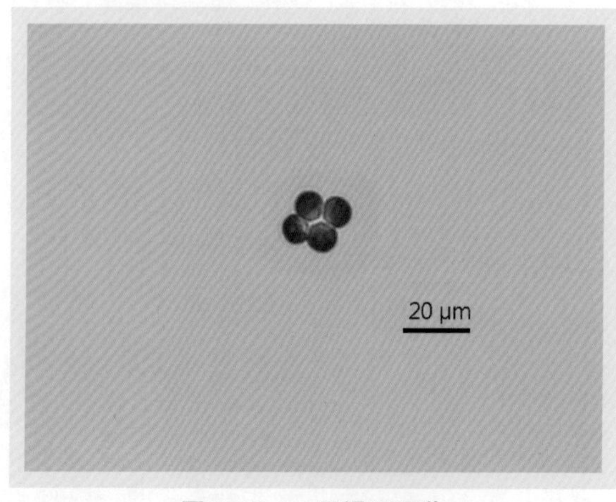

图 8.15-1　平滑四星藻

华丽四星藻 *Tetrastrum elegans*

真性定形群体，由 4 个细胞组成，群体细胞通常呈四方形排列，群体中央具一个小间隙。群体细胞宽三角锥形或卵圆形，外侧游离面略凸出、广圆，其中间具 1 条向外伸出的直粗刺。色素体片状，1 个，具 1 个蛋白核。细胞长 4～5 μm，宽 4～5 μm，刺长 7～8 μm。如图 8.15-2 所示。

分布特征：全湖性分布，数量较少，非优势种。

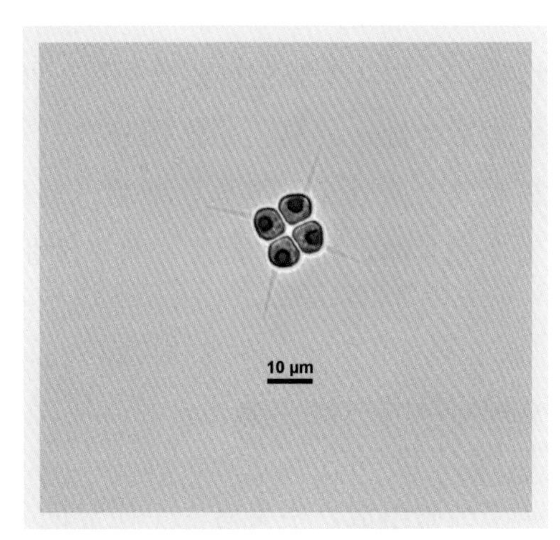

图 8.15-2　华丽四星藻

其他四星藻 *Tetrastrum* sp.

其他四星藻如图 8.15-3 所示。

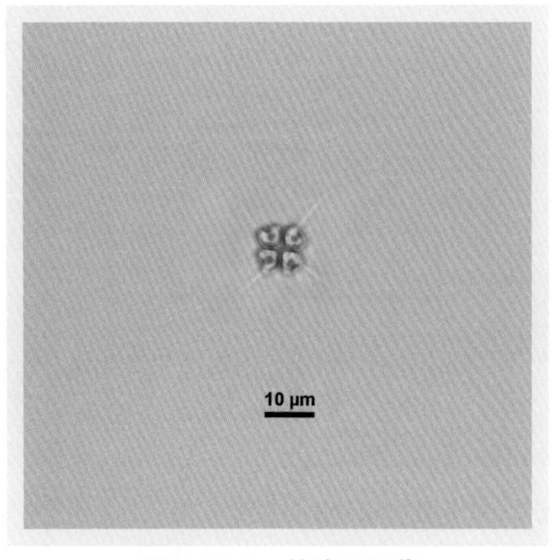

图 8.15-3　其他四星藻

> 8.16 十字藻属 *Crucigenia*

植物体为真性定形群体，由 4 个细胞排成椭圆形、卵形、方形或长方形，群体中央常具或大或小方形空隙，常具不明显的胶被。子群体常被胶被粘连在一个平面上，形成板状复合真性定形群体。细胞三角形、梯形、椭圆形或半圆形。每个细胞具 1 个色素体，片状，周生，具 1 个蛋白核。

多形十字藻 *Crucigenia variabilis*

植物体浮游，由 4 个细胞组成，中央有一个明显的不规则的空隙。群体具有不明显的胶被，子集结体常由胶被粘连在一个平面上，形成板状的复合集结体。细胞形状不规则，常在一个集结体中，呈现多种形状，近长方形、梯形、卵形或三角形，角突钝圆。色素体片状，周生，具 1 个蛋白核。细胞宽 2～4 μm,长 4～6 μm。如图 8.16-1 所示。

分布特征：全湖性分布，数量较少，非优势种。

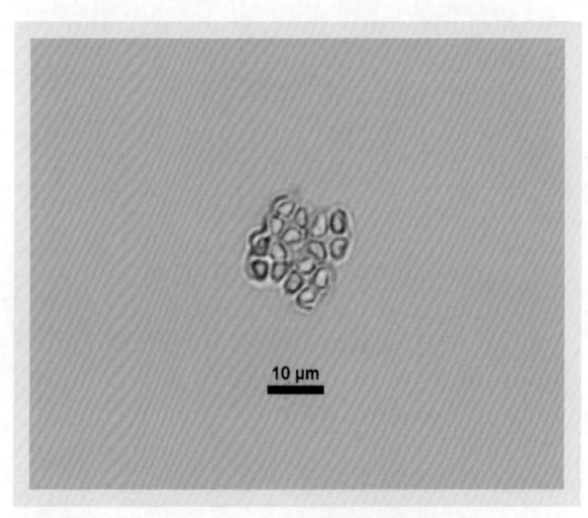

图 8.16-1　多形十字藻

四角十字藻 *Crucigenia quadrata*

植物体浮游，由 4 个细胞组成，十字形排成圆形，群体中心的细胞空隙很小。细胞三角形，细胞外壁游离面显著凸出，群体细胞以其余的两平直的侧壁互相连接，细胞壁有时具有结状凸起。色素体多数，达 4 个，盘状，有或无蛋白核。细胞长 2～6 μm，宽 1.5～6 μm。如图 8.16-2 所示。

分布特征：全湖性分布，数量较少，非优势种。

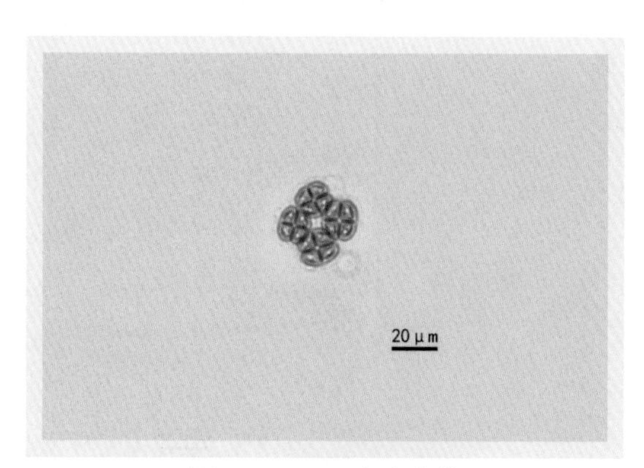

图 8.16-2　四角十字藻

四足十字藻 *Crucigenia tetrapedia*

植物体浮游，由 4 个细胞组成，排成四方形，子群体常由胶被粘连在一个平面上，形成 16 个细胞的板状复合群体。细胞三角形，细胞外壁游离面平直，角尖圆。色素体片状，具 1 个蛋白核。细胞长 3.5～9 μm，宽 5～12 μm。如图 8.16-3 所示。

分布特征：全湖性分布，数量较少，非优势种。

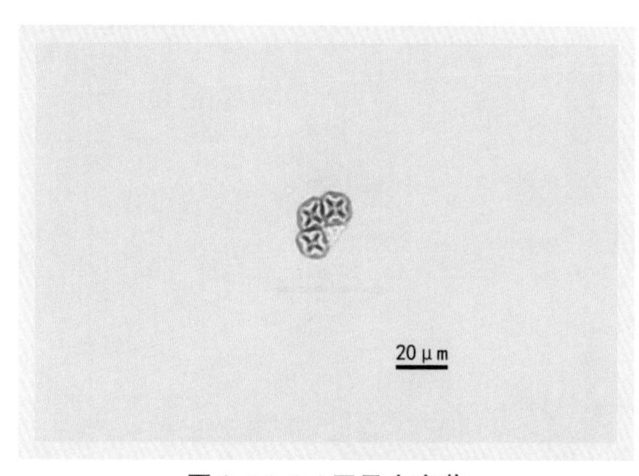

图 8.16-3　四足十字藻

华美十字藻 *Crucigenia lauterbornii*

植物体浮游，由 4 个细胞组成，仅以顶端部分细胞壁连接形成近圆形的群体，其中心具方形的空隙，子群体常为母细胞壁或胶被包被形成 16 个细胞的复合群体。细胞近半球形。色素体位于细胞外侧凸出面，片状，具 1 个蛋白核。细胞长 8～15 μm，宽 5～9 μm。如图 8.16-4 所示。

分布特征：全湖性分布，数量较少，非优势种。

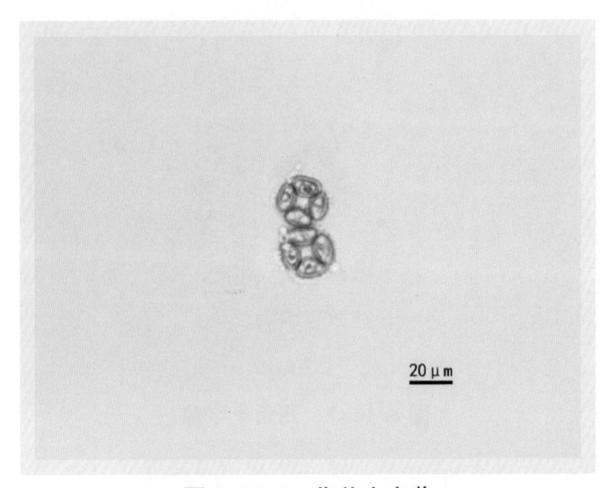

图 8.16-4　华美十字藻

其他十字藻 *Crucigenia* sp.

其他十字藻如图 8.16-5 所示。

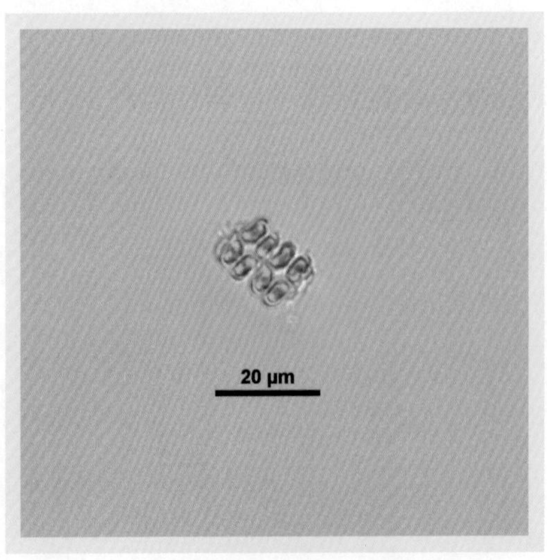

图 8.16-5　其他十字藻

> 8.17 集星藻属 *Actinastrum*

真性定形群体，常由 4、8 或 16 个细胞组成，无群体胶被，群体细胞以一端在群体中心相连接，呈放射状排列，浮游；细胞长纺锤形、长圆柱形，两端逐渐尖细或略狭窄，或一端平截另一端逐渐尖细或狭窄。色素体周生、长片状，1 个，具 1 个蛋白核。

河生集星藻 *Actinastrum fluviatile*

真性定形群体，由 8 个细胞组成；以基部相互连接呈放射状排列。细胞长纺锤形，游离端尖锐，基端微钝。色素体单一，有时为 2 个，周生，片状；具 1 个蛋白核。细胞直径 2～5 μm，长 8～35 μm。如图 8.17-1 所示。

分布特征：全湖性分布，数量较少，非优势种。

图 8.17-1　河生集星藻

＞8.18 空星藻属 *Coelastrum*

植物体为真性定形群体，由 4、8、16、32、64 或 128 个细胞组成中空的球体到多角形体，群体细胞以细胞壁或细胞壁凸起互相连接。细胞球形、卵形或多角形，除连接部分外，细胞壁表面光滑，部分增厚或具管状凸起；具细胞间隙。细胞幼时色素体杯状，成熟后扩散，常充满整个细胞；具 1 个蛋白核。

球形空星藻 *Coelastrum sphaericum*

真性定形群体，卵形到圆锥形，由 8、16、32 或 64 个细胞组成，相邻细胞间以其基部侧壁互相连接，群体中心的空隙等于或略小于细胞的宽度。细胞圆锥形，以狭窄的圆锥端向外，无明显的细胞壁凸起。细胞包括鞘宽 10～18 μm，不包括鞘宽 8～13 μm。如图 8.18-1 所示。

分布特征：全湖性分布，数量较少，非优势种。

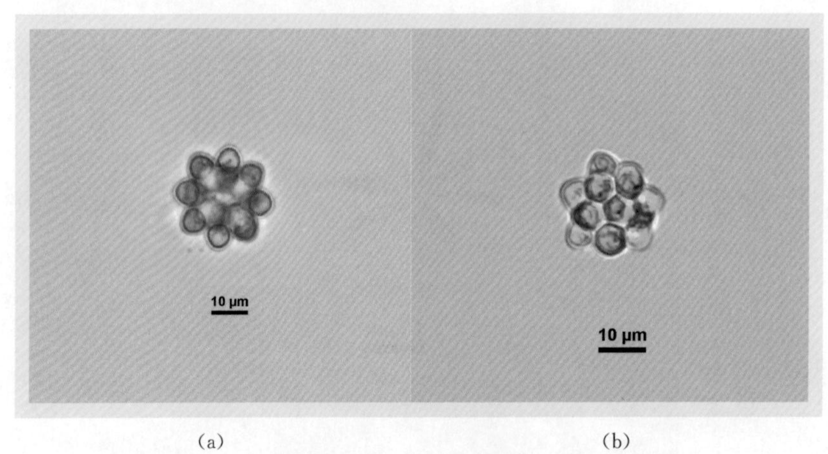

(a) (b)

图 8.18-1 球形空星藻

网状空星藻 *Coelastrum reticulatum*

真性定形群体，球形或卵圆形，由 8、16 或 32 个细胞组成；常多个群体由残留母细胞壁连在一起形成复合群体；细胞球形，细胞壁平滑，但在胞壁的游离面有 5～7 条呈放射状排列的绳索状凸起，相邻细胞以凸起相连接；细胞间隙大，呈三角形至不规则圆形；细胞直径 2～10 μm，集结体直径 40～60 μm。如图 8.18-2 所示。

分布特征：全湖性分布，数量较少，非优势种。

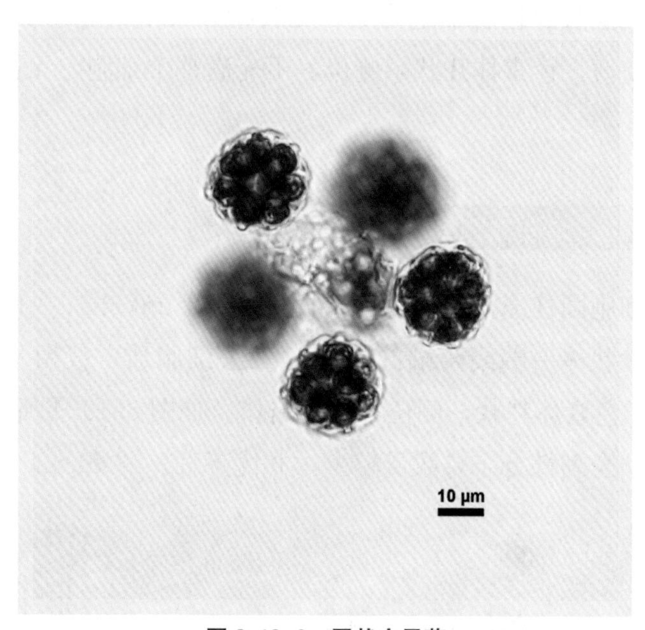

图 8.18-2　网状空星藻

> 8.19 游丝藻属 *Planctonema*

丝状体，由少数圆柱状细胞构成，无胶鞘，两端的胞壁明显加厚，有时形成冒状，侧壁薄。色素体片状，侧位，不充满整个细胞，无蛋白核。

游丝藻 *Planctonema lauterbornii*

丝状体，细胞圆柱形，两端宽圆，宽 2.5～4 μm，长 9～15 μm，细胞壁薄，无胶鞘。丝状体一端或两端的细胞常失去细胞质，仅留下部分细胞壁，类似“H”形。色素体片状，侧位，无蛋白核。如图 8.19-1 所示。

分布特征：全湖性分布，数量较少，非优势种。

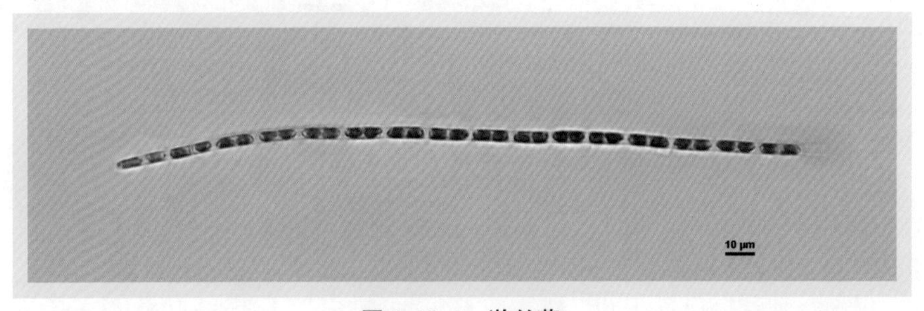

图 8.19-1 游丝藻

> 8.20 转板藻属 *Mougeotia*

丝状体不分枝，有时产生假根。营养细胞圆柱形，其长度比宽度通常大4倍以上；细胞横壁平直。色素体轴生、板状，1个，极少数2个，具多个蛋白核，排列成一行或散生；细胞核位于色素体中间的一侧。如图8.20-1所示。

分布特征：全湖性分布，数量较少，非优势种。

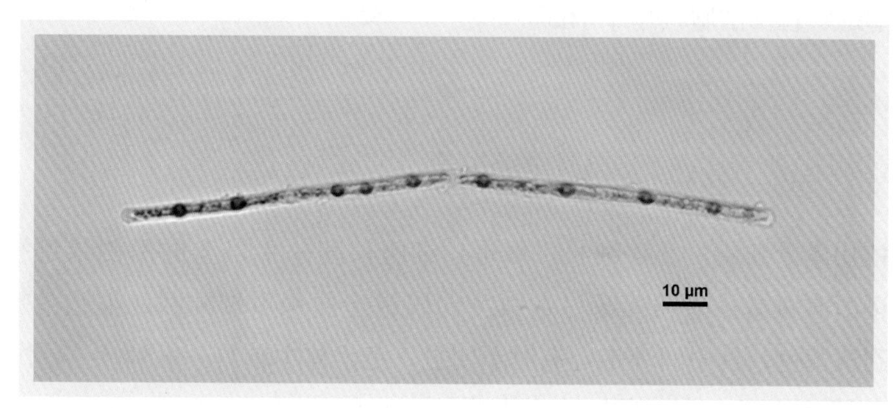

(a)

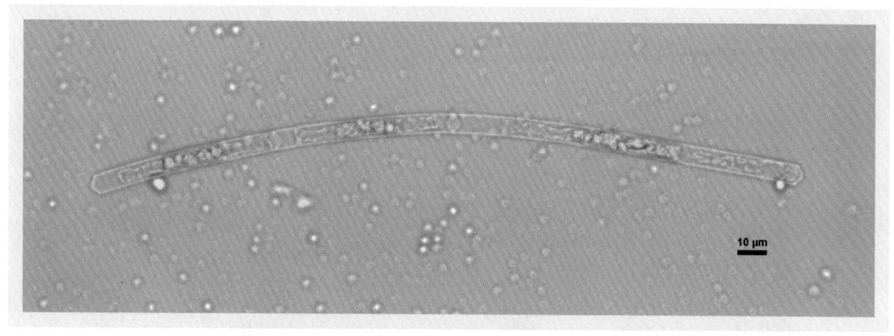

(b)

图 8.20-1 转板藻

> 8.21 新月藻属 *Closterium*

植物体单细胞，新月形，略弯曲或显著弯曲，少数平直，中部不凹入，腹部中间不膨大或膨大，顶部钝圆、平直圆形、喙状或逐渐尖细；横断面圆形。细胞壁平滑，具纵向的线纹、肋纹或纵向的颗粒，无色或淡褐色、褐色；每个半细胞具 1 个色素体，由 1 个或数个纵向脊片组成，蛋白核多数，纵向排列成一列或不规则散生。细胞两端各具 1 个液泡，内含 1 个或多个结晶状体的运动颗粒。细胞核位于中部。

纤细新月藻 *Closterium gracile*

植物体单细胞，小，细长，线形，细胞长度一半以上的两侧缘近平行，其后逐渐向两端狭窄和背缘弓形弧度向腹缘弯曲，顶端钝圆；细胞壁平滑、无色到淡黄色，具中间环带，有时不明显。色素体中轴具一纵列 4～7 个蛋白核。末端液泡具 1 个到数个运动颗粒。细胞长 211～784 μm，宽 6.5～18 μm，顶部宽 2～4 μm。如图 8.21-1 所示。

分布特征：全湖性分布，数量较少，非优势种。

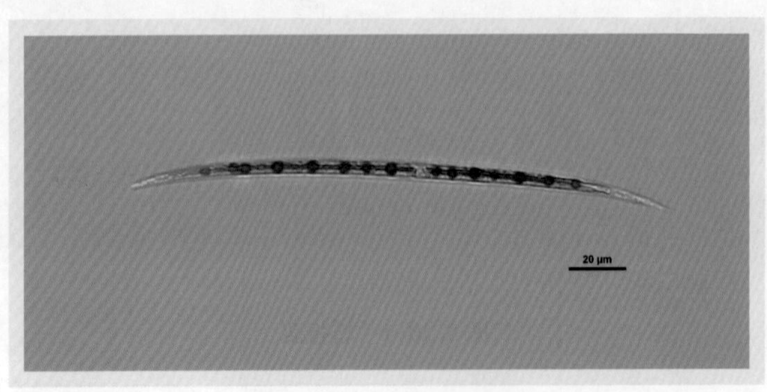

图 8.21-1　纤细新月藻

微小新月藻 *Closterium parvulum*

细胞小，新月形，长为宽的 6.5～15 倍，明显的弯曲，背缘呈 110°～170°弓形弧度，腹缘中部凹入或直，向顶部逐渐变狭，顶端尖圆。细胞壁平滑，无色或少数呈褐色。色素体具 5～6 条纵脊，中轴具一列 2～6 个蛋白核。末端液泡具数个运动颗粒。细胞长 85～210 μm，宽 9～20 μm，顶部宽 1～3 μm如图 8.21-2 所示。

分布特征：全湖性分布，数量较少，非优势种。

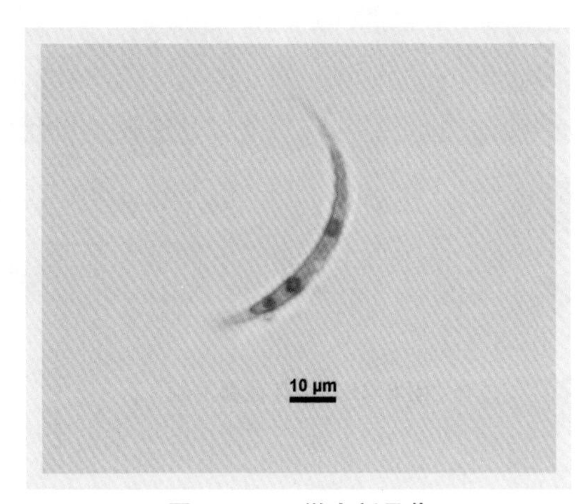

图 8.21-2　微小新月藻

其他新月藻 *Closterium* sp.

其他新月藻如图 8.21-3 所示。

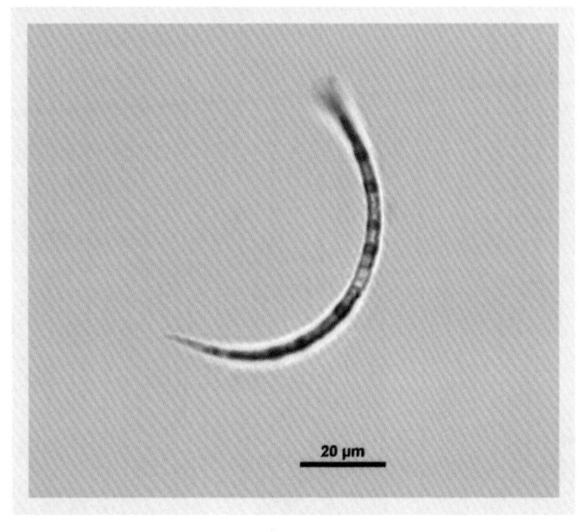

(a)

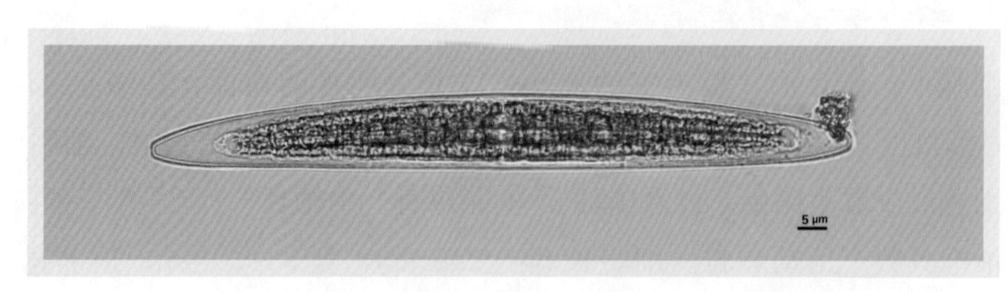

(b)

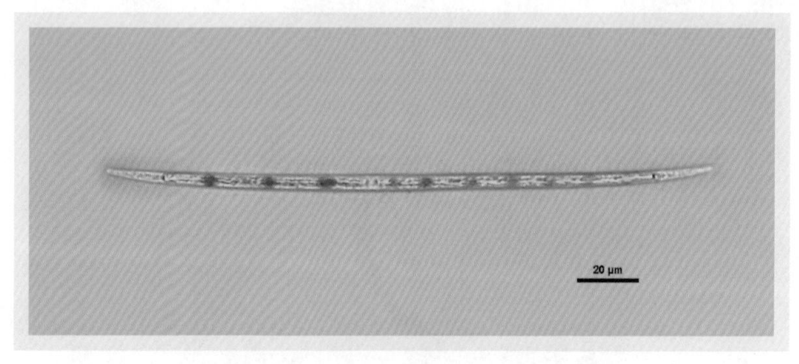

(c)

图 8.21-3　其他新月藻

> 8.22 鼓藻属 *Cosmarium*

植物体单细胞，细胞大小变化很大，侧扁，缢缝常深凹入，狭线形或向外张开。半细胞正面观近圆形、半圆形、椭圆形、卵形，半细胞缘边平滑或具波状、颗粒、齿，半细胞中部有或无膨大、隆起或拱形隆起；半细胞侧面观绝大多数椭圆形或卵形；垂直面观椭圆形、纺锤形等。细胞壁平滑，具穿孔纹、圆孔纹、小孔、齿或具一定方式排列的颗粒、乳突等，色素体轴生或周生，每个半细胞具 1、2 或 4 个色素体，每个色素体具 1 个或数个蛋白核，有的种类具 6～8 条带状色素体，周生，每条色素体具数个蛋白核。细胞核位于 2 个半细胞之间。

着色鼓藻 *Cosmarium tinctum*

细胞小，长略大于于宽或 1.2 倍于宽，缢缝中等深度凹入，从内向外张开呈锥角。半细胞正面观椭圆形；侧面观近圆形；垂直面观椭圆形，厚和宽的比例约为 1∶1.8。细胞壁平滑或具精致的点纹。半细胞具 1 个轴生的色素体，具 1 个中央的蛋白核。细胞长 10～21 μm，宽 7～12 μm，缢部宽 6～8 μm，厚 6～9 μm。如图 8.22-1 所示。

分布特征：全湖性分布，数量较少，非优势种。

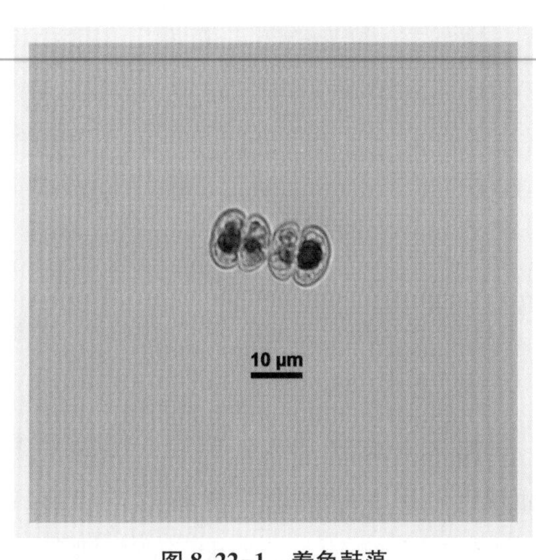

图 8.22-1　着色鼓藻

梅尼鼓藻 *Cosmarium meneghinii*

缝深凹，狭线形。半细胞正面观近六角形，半细胞上部截顶角锥形，侧缘凹入，明显向顶部辐合，顶缘宽，略凹入，顶角和侧角圆，半细胞下部横长方形，两侧缘近平行或略凹入；半细胞侧面观广椭圆形或近圆形；垂直面观椭圆形，厚与宽的比例为 1∶1.5。细胞长 125～24 μm，宽 9.5～17 μm，缢部宽 2～7 μm，厚 6～11 μm。如图 8.22-2 所示。

分布特征：全湖性分布，数量较少，非优势种。

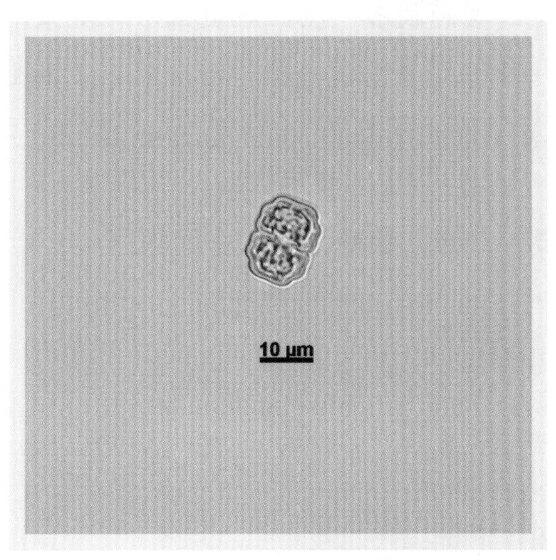

图 8.22-2　梅尼鼓藻

其他鼓藻 *Cosmarium sp.*

其他鼓藻如图 8.22-3 所示。

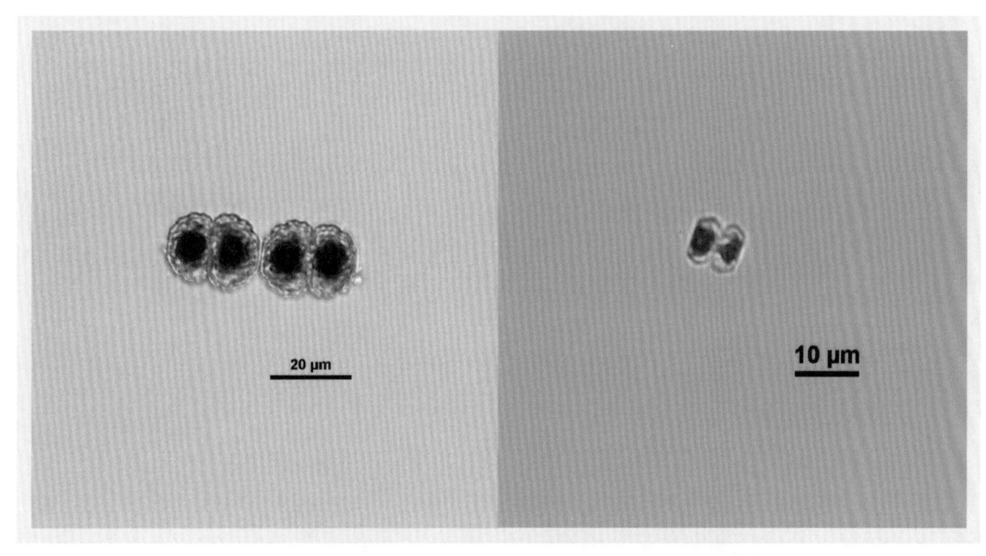

(a)　　　　　　　　(b)

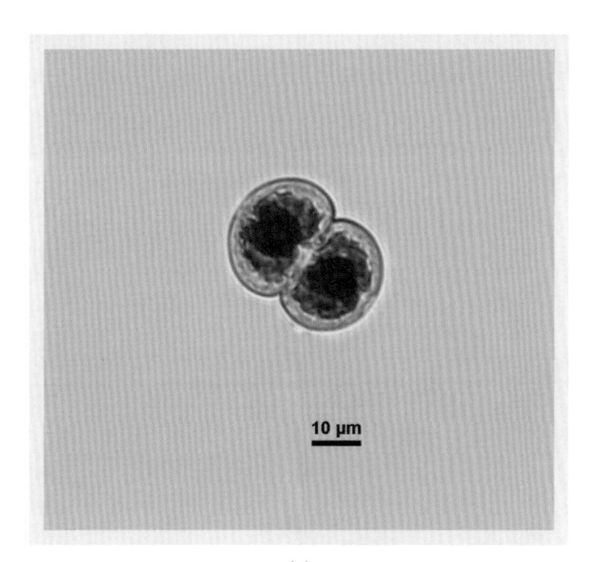

(c)

图 8.22-3　其他鼓藻

流式细胞仪在太湖藻类监测中的应用

流式细胞技术是指对处在快速直线流动状态中的生物单细胞或颗粒进行多参数、快速定量分析和分选的技术。样品中的单细胞或悬浮颗粒在鞘液的包被下呈单行排列，依次流经检测区。在检测区，激光束照射在通过的单细胞或颗粒上。由于颗粒的大小和内部结构等存在差异，其向四周发射的散射光和激发的荧光均不同。这些散射光和荧光均能被不同的检测器检测识别。

散射光主要分为前向角散射光和侧向角散射光。前向角散射光与被测颗粒的直径密切相关，基本上可表征颗粒的大小；而侧向角散射光受颗粒的内部结构如细胞质折射率、细胞器等影响重大，反映的是细胞的复杂程度。发射荧光经一系列双色反射镜和带通滤光片的分离，形成多个不同波长的荧光信号，这些荧光信号的强弱代表了细胞颗粒内含有相关荧光物质的浓度。

流式细胞技术检测原理如图 9-1 所示。

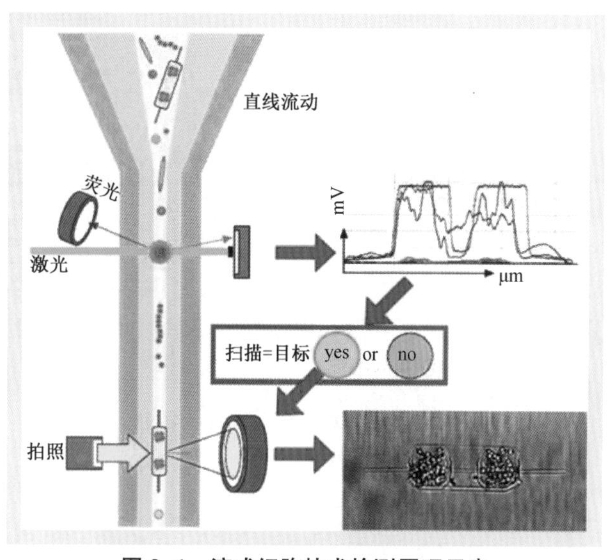

图 9-1　流式细胞技术检测原理示意

基于荷兰 Cytobuoy 公司生产的 CytoSense 流式细胞仪检测得到的藻类波谱图，可同步得到 5 个检测信号。其中，FWS 为前向散射信号（黑色线），表征颗粒的大小；SWS 为侧向散射信号（蓝色线），表征颗粒内部复杂程度；FL Red 为红色荧光信号（红色线），表征颗粒的叶绿素含量；FL Orange 为橙色荧光信号（橙色线），表征颗粒的藻蓝蛋白含量；FL Yellow 为黄色荧光信号（绿色线），表征颗粒的胡萝卜素或类胡萝卜素含量。各检测信号的形状可准确反映藻类的不同形态，如链状藻颗粒，荧光信号在波谱图上常表现为多峰型，且一个峰常代表一个细胞；气泡、异形胞等，由于折射率高，常表现为前向散射信号高值。目前所使用的流式细胞仪色素荧光信号检测器的最大量程为 5 000 mV，部分体积较大、荧光强度较高的藻类颗粒的色素荧光值会高于此限值，所以其荧光值在波谱图上表现为横线。根据 5 个检测信号，应用 EasyClus 数据分析软件，可实现不同藻类的快速检测和分类（如图 9-2、图 9-3 所示）。

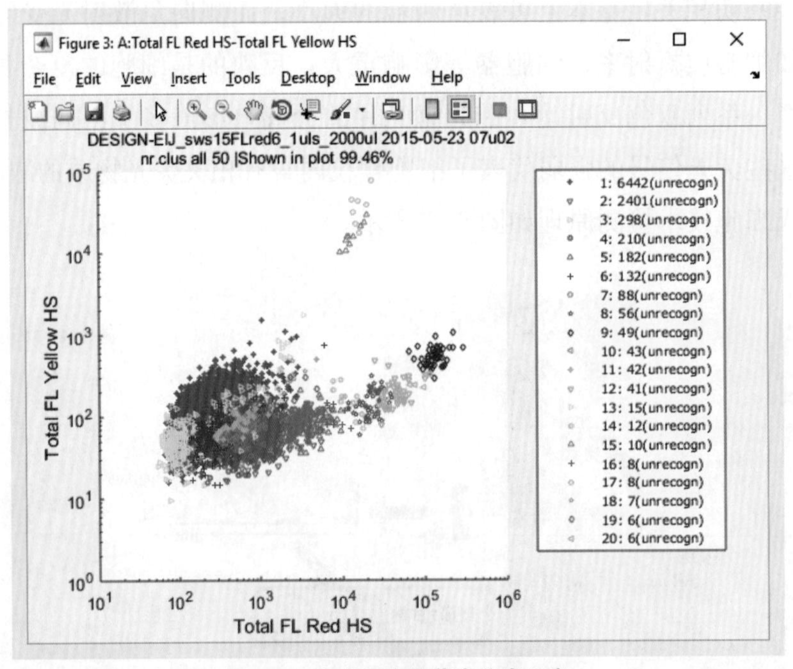

图 9-2 流式细胞仪藻类分类示意

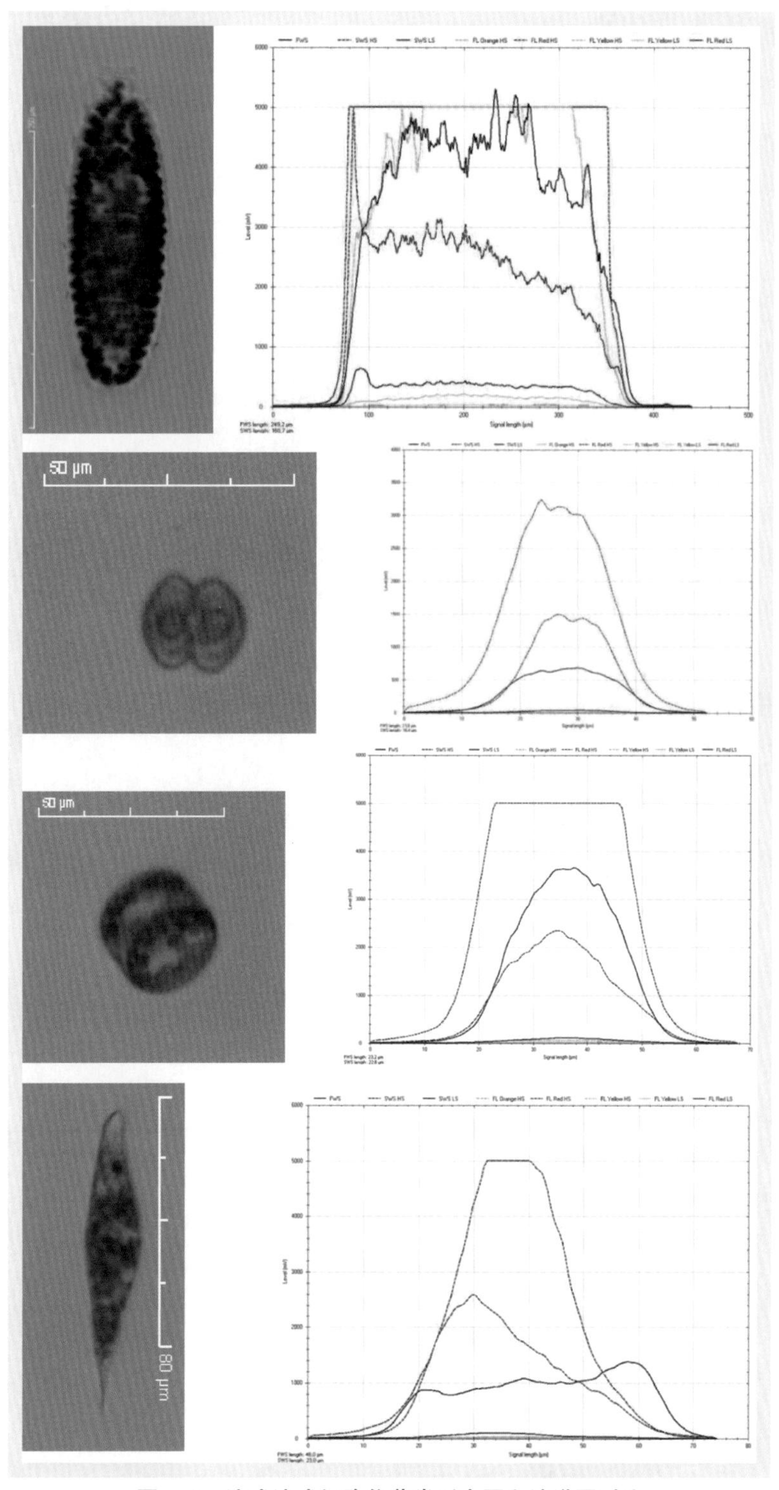

图 9-3 流式流式细胞仪藻类形态图和波谱图对比

10

太湖蓝藻水华防控对策措施研究

> 10.1 湖泊富营养化与蓝藻水华

10.1.1 湖泊富营养化

湖泊富营养化是指由于水体中氮磷等营养盐浓度的增加而导致藻类和水生植物生产力增加、水质下降等一系列变化，进而影响水体用途的现象。经济合作与发展组织（OECD）在1982年提出，平均总磷浓度大于0.035 mg/L、平均叶绿素浓度大于0.008 mg/L即为富营养化的标准。就国内而言，湖泊富营养化评价一般包括透明度、高锰酸盐指数、总磷、总氮和叶绿素a等5个指标。国际上一般认为总磷是湖泊富营养化的限制性营养元素，即随着总磷浓度的上升，湖泊富营养化水平也逐渐上升，叶绿素a浓度也随之上升。

1997年以来，太湖叶绿素a浓度总体呈现明显上升趋势，1997年的叶绿素a浓度最低，仅为4.9 μg/L；2019年达到最大，高达49.1 μg/L，是1997年的10.0倍，如图10.1-1所示。

湖泊富营养化主要有两种表现形式：一种是以蓝藻水华为主导的藻型生境，该生境条件下水质较差、水体浑浊，高温时段常伴有大量蓝藻生长，如太湖西部沿岸区；另一种是以少数几种沉水植物过量生长为主导的草型生境，该生境条件下水质较好、水质清澈，高温时段伴有大量水生植物疯长，如东太湖。

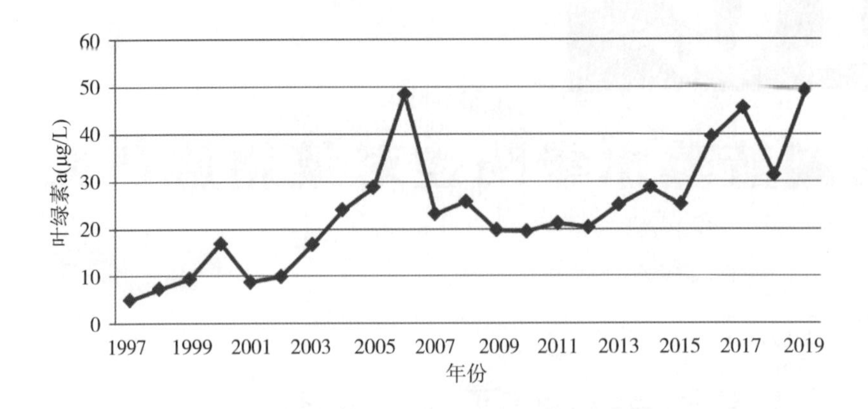

图 10.1-1　1997 年以来太湖叶绿素 a 浓度变化

10.1.2　蓝藻及蓝藻水华

蓝藻又名蓝绿藻（blue-green algae），是一类进化历史悠久、革兰氏染色阴性、无鞭毛、含叶绿素 a，但不含叶绿体（区别于真核生物的藻类）、能进行生氧性光合作用的大型单细胞原核生物。蓝藻在地球上大约出现在距今 35 亿～33 亿年前，已知蓝藻约 2 000 种，中国已有记录的约 900 种。蓝藻的繁殖方式有两类，一种为营养繁殖，包括细胞直接分裂（即裂殖）、群体破裂和丝状体产生藻殖段等几种方式；另一种为某些蓝藻可产生内生孢子或外生孢子等，以进行无性生殖。

太湖常见蓝藻类群有微囊藻、鱼腥藻、束丝藻、颤藻等，其中微囊藻为绝对优势种，鱼腥藻、束丝藻为常见类群，但数量占比低。

蓝藻水华通常指水体中藻类的生物量明显高于一般水体，在水体表面大量聚集，形成肉眼可见的“浮膜”，如图 10.1-2(a)所示。现阶段太湖蓝藻水华主要优势种为微囊藻，数量占比高达 95%以上，如图 10.1-3 所示。

(a)

(b)

图 10.1-2　太湖富营养化表征

微囊藻是一种光合细菌，适应环境能力强，能在低光强、缺氧状态下生长，其对高温的耐受性要强于其他藻类；微囊藻个体细胞呈球形，直径仅几微米，其表面有多糖类胶质可聚集成团，细胞内具有气泡（伪空胞），可在水体中垂直迁移，以获取适宜的光照和营养，快速生长占据优势地位；微囊藻能与附生细菌协同作用，具有很强的吸收和储存磷的能力。

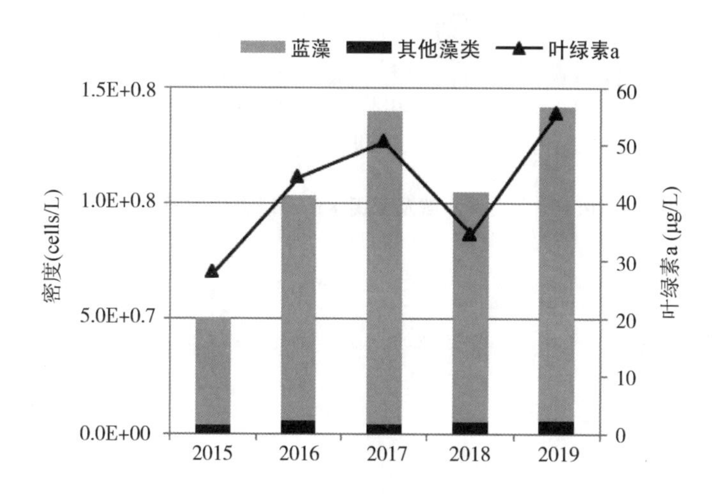

图 10.1-3　近几年太湖藻型湖区藻类数量及蓝藻数量变化

10.1.3　湖泛

湖泛，亦称黑水团或污水团，是指富营养化湖泊水体中，在藻类或水草大量暴发、积聚和死亡后，在适宜的气象和水文条件下，伴随底泥中的有机物在缺氧和厌氧条件下产生生化反应，释放硫化物、甲烷和二甲基三硫等硫醚类物质，形成褐黑色伴有恶臭的“黑水团”，从而导致水体水质迅速恶化、生态系统受到严重破坏的现象。湖泛现象对湖泊的供水功能、旅游功能、渔业功能等危害极大，是引发 2007 年 5 月太湖无锡供水危机的元凶，也成为太湖等蓝藻水华肆虐的湖库中水质安全保障与治理的重点对象。自 2009 年起，江苏省水文水资源勘测局启动每年 4—10 月的太湖湖泛易发区逐日巡查监测和日报工作，基本掌握了太湖重点水域湖泛发生情况（见图 10.1-4）。

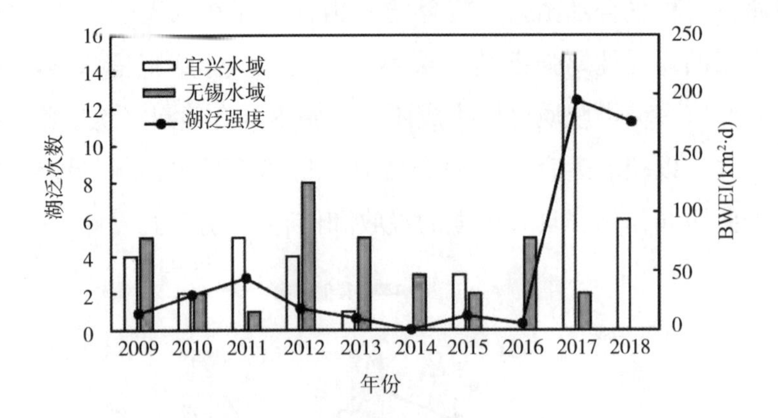

图 10.1-4　宜兴水域及无锡水域湖泛发生次数及强度

10.2 近年来太湖水质及蓝藻水华变化特征

10.2.1 监测站点布设及检测方法

10.2.1.1 监测站点布设

充分考虑太湖的形态、出入湖河流、水环境空间差异等情况，将太湖分为 9 个湖区，布设 33 个水质、藻类监测站点，每月监测一次，如图1.1-1。

10.2.1.2 检测方法

在水下 0.5 m 采集水样，用于主要水质指标及浮游植物和叶绿素 a 浓度的分析。主要水质指标的检测应严格按照《国家地表水环境质量标准》（GB 3838—2002）的相关要求，将水样送至实验室自然沉降 30 min 后，用虹吸管吸取上层非沉降部分进行检测。

采集浮游植物样品水样 1 000 mL，现场加入 15 mL 鲁哥试剂并摇匀。带回实验室静置沉淀 48 h 后浓缩并定容至 50 mL 供镜检。镜检前先将浓缩沉淀后水样充分摇匀，然后立即准确吸取 0.1 mL 样品注入 0.1 mL 计数框内（20 mm×20 mm），在盖盖玻片时，要求计数框内没有气泡，样品不溢出计数框。人工镜检在 400（10×40）倍显微镜下进行。每个样本计数两片取其平均值，同一样品的两片计算结果和平均数之差如不大于其均数±15%，其均数视为有效结果，否则还必须再取样测定，直至三片平均数与相近两数之差不超过均数 15% 为止，取这两个相近值的平均数，为最终计算结果（SL 733—2016 ）。

采集叶绿素 a 样品水样 1 000 mL，并加入 1 mL1%的碳酸镁悬浊液，防治酸化引起的色素溶解。实验室内叶绿素 a 指标的测定采用紫外分光光度法（SL 88—2012）。

蓝藻水华暴发，水体中叶绿素含量显著升高，导致水体光谱特征发生变化：蓝、红光反射率降低；近红外波段具有明显的植被特征——“陡坡效应”，反射率升高；同时荧光峰位置向长波方向移动，导致蓝藻覆盖区域光谱特征与无藻湖面有较为明显差异，这是卫星监测蓝藻水华的主要依据。采用2000年以来的太湖MODIS卫星影像数据，进行辐射校正、几何校正和瑞利校正等预处理后建立识别指数，得到蓝藻水华面积分布。

基于环境小卫星HJ-1A/B CCD影像（见图10.2-1）进行太湖水生植物分布现状解析，对遥感影像进行大气校正与几何校正处理，计算归一化植被指数NDVI（normalized difference vegetation index），采用决策树分类法，对近年来典型月份的太湖沉水植物、挺水植物、湖泊水面进行遥感初分类，结合野外实地调查数据对解译数据进行校准，应用ArcGIS绘制太湖水生植物分布图并统计不同类型水生植物分布面积。

图10.2-1　太湖水生植物卫星遥感影像

10.2.1.3　数据处理

采用Mann-Kendall非参数检验（M-K检验），分析太湖总磷浓度和叶绿素a浓度的突变情况。M-K检验最初由Mann提出，后经Kendall修改，是广泛使用的一种非参数检验方法，它适用于长时间序列的气象及水文数据的突变特征和变化趋势的显著性检验。定义连续5 d最大降雨量（P_{5day}），用于反映湖西区极端降雨变化情况。

数据统计及分析在Excel2010、Spss20.0和MATLAB中完成，部分绘图在 Origin 9.0 中完成。

10.2.2 太湖水质状况

2020 年，太湖水质总体评价为Ⅳ类，主要水质指标平均浓度高锰酸盐指数为 4.24 mg/L（Ⅲ类），氨氮为 0.08 mg/L（Ⅰ类），总磷为 0.073 mg/L（Ⅳ类），总氮为 1.45 mg/L（Ⅳ类）。其中，氨氮和总氮达到 2020 年目标，高锰酸盐指数和总磷未达到 2020 年目标。

2010—2020 年太湖水质总体呈改善趋势。2020 年水质较 2010 年好转两个水质类别，在 4 项主要水质指标中，氨氮和总氮浓度明显下降，降幅分别为 66.2%和 41.7%，而总磷和高锰酸盐指数略有升高，升幅分别为 2.9%和 4.0%，如图 10.2-2、表 10.2-1 所示。

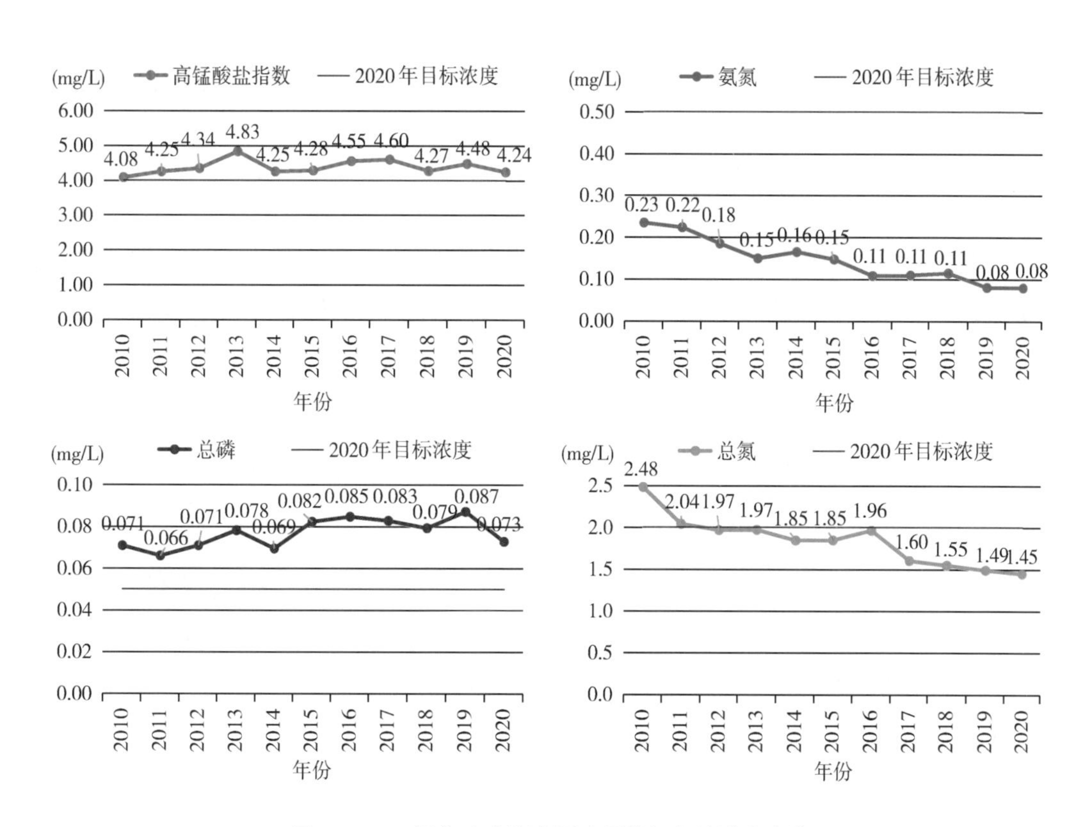

图 10.2-2　近年来太湖主要水质指标年均浓度变化

表 10.2-1　太湖主要水质指标年均浓度　　单位：mg/L

年份	高锰酸盐指数	氨氮	总磷	总氮
2010 年	4.08（Ⅲ）	0.23（Ⅱ）	0.071（Ⅳ）	2.48（劣Ⅴ）
2011 年	4.25（Ⅲ）	0.22（Ⅱ）	0.066（Ⅳ）	2.04（劣Ⅴ）
2012 年	4.34（Ⅲ）	0.18（Ⅱ）	0.071（Ⅳ）	1.97（Ⅴ）
2013 年	4.83（Ⅲ）	0.15（Ⅰ）	0.078（Ⅳ）	1.97（Ⅴ）
2014 年	4.25（Ⅲ）	0.16（Ⅱ）	0.069（Ⅳ）	1.85（Ⅴ）
2015 年	4.28（Ⅲ）	0.15（Ⅰ）	0.082（Ⅳ）	1.85（Ⅴ）
2016 年	4.55（Ⅲ）	0.11（Ⅰ）	0.084（Ⅳ）	1.96（Ⅴ）
2017 年	4.60（Ⅲ）	0.11（Ⅰ）	0.083（Ⅳ）	1.60（Ⅴ）
2018 年	4.27（Ⅲ）	0.11（Ⅰ）	0.079（Ⅳ）	1.55（Ⅴ）
2019 年	4.48（Ⅲ）	0.08（Ⅰ）	0.087（Ⅳ）	1.49（Ⅳ）
2010—2019 年平均	4.39（Ⅲ）	0.15（Ⅰ）	0.077（Ⅳ）	1.88（Ⅴ）
2020 年	4.24（Ⅲ）	0.08（Ⅰ）	0.073（Ⅳ）	1.45（Ⅳ）

10.2.2.1　太湖各湖区水质状况

在 2020 年太湖各湖区中，竺山湖和西部沿岸区主要水质指标平均浓度较高，水质较差；东太湖、东部沿岸区主要水质指标平均浓度较低，水质较好。决定各湖区水质类别的指标主要为总氮，其中竺山湖总氮浓度在 2.0 mg/L 以上，为劣Ⅴ类。

在 2010—2020 年太湖各湖区中，竺山湖和西部沿岸区主要水质指标平均浓度较高，东太湖和东部沿岸区主要水质指标平均浓度较低。各湖区高锰酸盐指数均为波动变化中略有上升，东太湖于 2014 年起呈稳步上升趋势，竺山湖高锰酸盐指数在 2012、2013、2016 和 2020 年劣于Ⅲ类，其他湖区 2010—2020 年高锰酸盐指数均优于Ⅲ类，如图 10.2-3（a）所示。各湖区氨氮总体呈明显下降趋势，竺山湖和西部沿岸区氨氮 2015 年后降幅明显，如图 10.2-3（b）所示。各湖区总磷呈波动变化，竺山湖和西部沿岸区总磷总体较高，梅梁湖和西部沿岸区总磷呈先下降后上升趋势，分别在 2019 和 2018 年最高，如图 10.2-3（c）所示。各湖区总氮呈下降趋势，2016 年后下降明显，如图 10.2-3（d）所示。

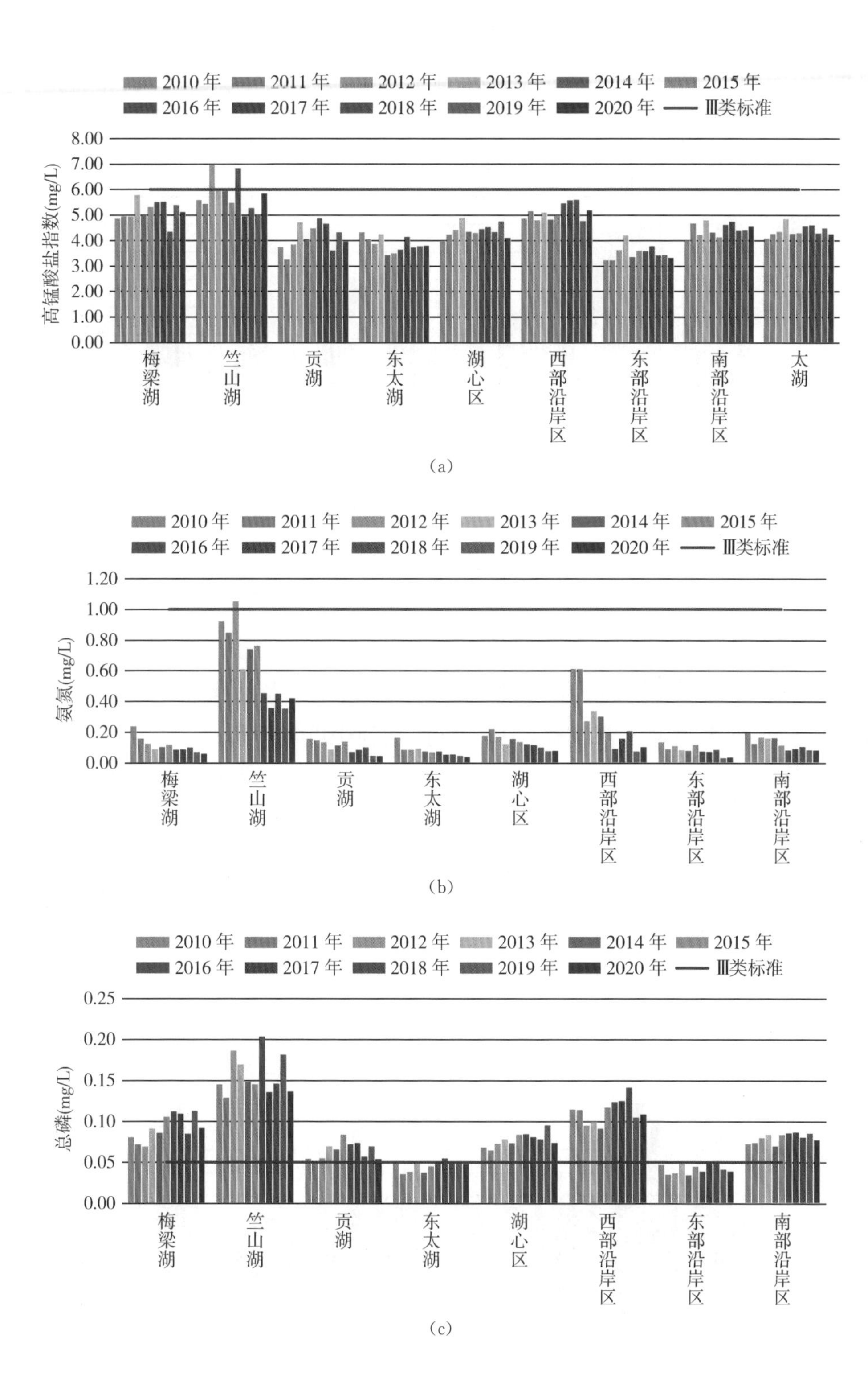

2010年 2011年 2012年 2013年 2014年 2015年
2016年 2017年 2018年 2019年 2020年 Ⅲ类标准
高锰酸盐指数(mg/L)
8.00
7.00
6.00
5.00
4.00
3.00
2.00
1.00
0.00
梅梁湖
竺山湖
贡湖
东太湖
湖心区
西部沿岸区
东部沿岸区
南部沿岸区
太湖

(a)

2010年 2011年 2012年 2013年 2014年 2015年
2016年 2017年 2018年 2019年 2020年 Ⅲ类标准
氨氮(mg/L)
1.20
1.00
0.80
0.60
0.40
0.20
0.00
梅梁湖
竺山湖
贡湖
东太湖
湖心区
西部沿岸区
东部沿岸区
南部沿岸区

(b)

2010年 2011年 2012年 2013年 2014年 2015年
2016年 2017年 2018年 2019年 2020年 Ⅲ类标准
总磷(mg/L)
0.25
0.20
0.15
0.10
0.05
0.00
梅梁湖
竺山湖
贡湖
东太湖
湖心区
西部沿岸区
东部沿岸区
南部沿岸区

(c)

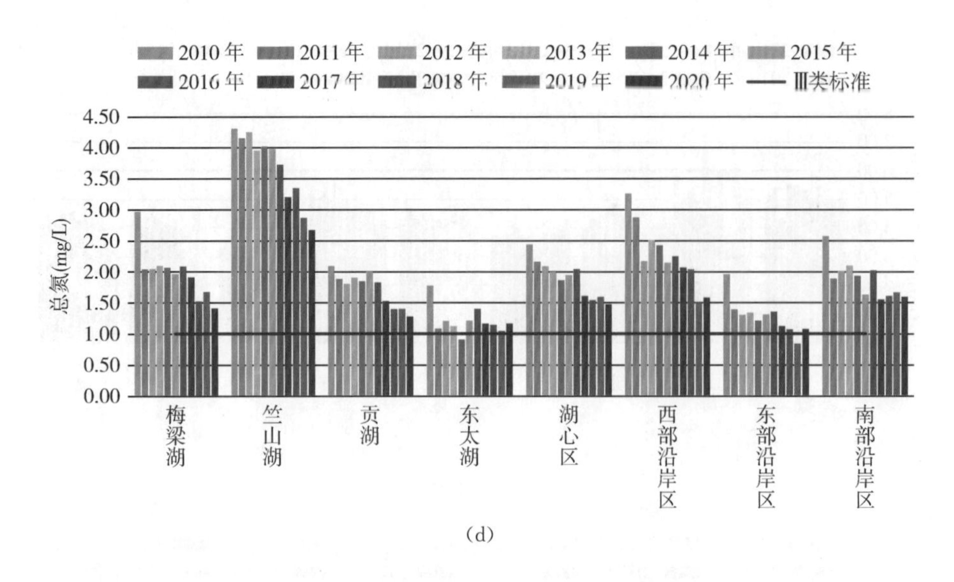

(d)

图 10.2-3　近年来太湖各湖区主要水质指标年均浓度变化

10.2.2.2　太湖营养状况

2020年太湖总体营养状态评价为中度富营养，其中贡湖、东太湖和东部沿岸区营养状态为轻度富营养，其他湖区均为中度富营养。

2010—2020年太湖营养状态均为中度富营养，营养状态指数呈波动状变化，2018年最低，为60.3；2016年最高，为62.3。太湖各湖区中，东部沿岸区和东太湖营养状态指数较低，2010—2020年东部沿岸区均为轻度富营养；竺山湖、西部沿岸区、梅梁湖营养状态指数较高，2010—2020年均为中度富营养，2016年后呈下降趋势，如图10.2-4所示。

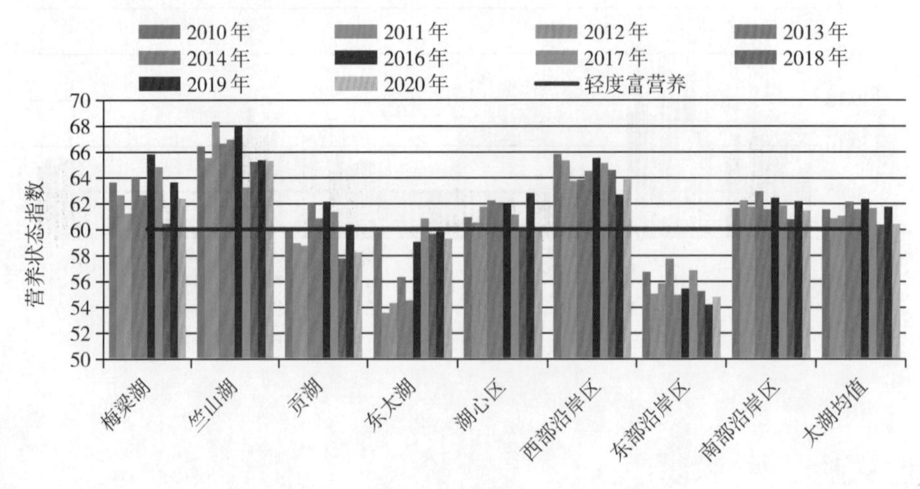

图 10.2-4　近年来太湖各湖区营养状态指数变化

10.2.3 蓝藻水华变化

10.2.3.1 蓝藻数量

2020 年太湖平均蓝藻数量和叶绿素 a 浓度分别为 8 640 万个/L 和 37.7 mg/m³，较 2019 年有所降低（2019 年平均蓝藻数量为 11 717 万个/L，叶绿素 a 浓度为 49.1 mg/m³）；较 2010—2019 年平均值有所升高（2010—2019 年平均蓝藻数量为 5 914 万个/L，叶绿素 a 浓度为 30.5 g/m³）。

2010—2020 年，太湖年均蓝藻数量呈明显上升趋势，总体可分两个阶段。其中，第一阶段（2010—2015 年）的蓝藻平均数量为 3 124 万个/L；第二阶段（2016—2020 年）的蓝藻平均数量为 9 910 万个/L，水华强度较第一阶段明显上升，如图 10.2-5 所示。2017 年全湖蓝藻数量达到最大值 11 766 万个/L，2019 年达到次大值 11 717 万个/L；2019 年全湖叶绿素 a 浓度达到最大值 49.1 mg/m³，2017 年达到次大值 45.5 mg/m³。

2020 年 4 月蓝藻数量开始升高，5—10 月期间保持高位变动，均在 8 000 万个/L 以上，其中 8 月达到最大值，为 20 098 万个/L。从 2010—2020 年太湖逐月蓝藻数量月均值变化过程看，2—3 月是全年中蓝藻数量最低的月份，4—5 月蓝藻数量度逐步升高，6—11 月份明显升高，12 月—次年 1 月逐步回落；且近年来太湖蓝藻水华高发期从 6—8 月扩展至 5—9 月，如图 10.2-6 所示。

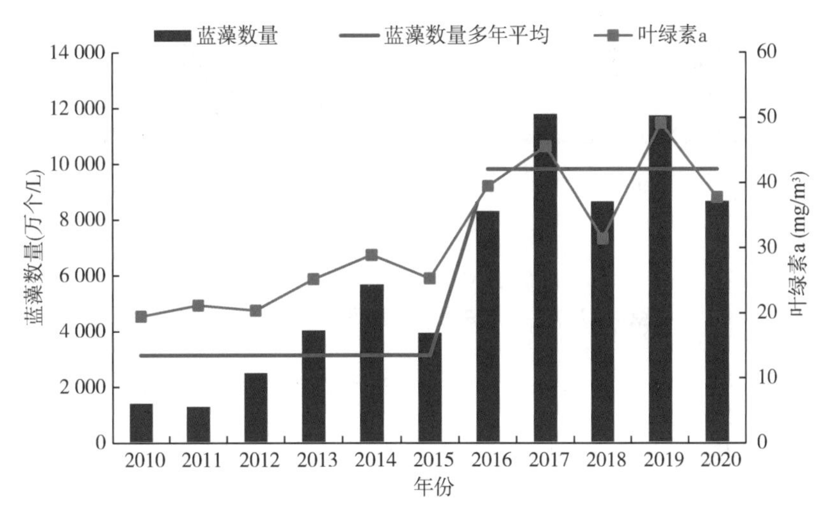

图 10.2-5 近年来太湖年均蓝藻数量和叶绿素 a 浓度变化

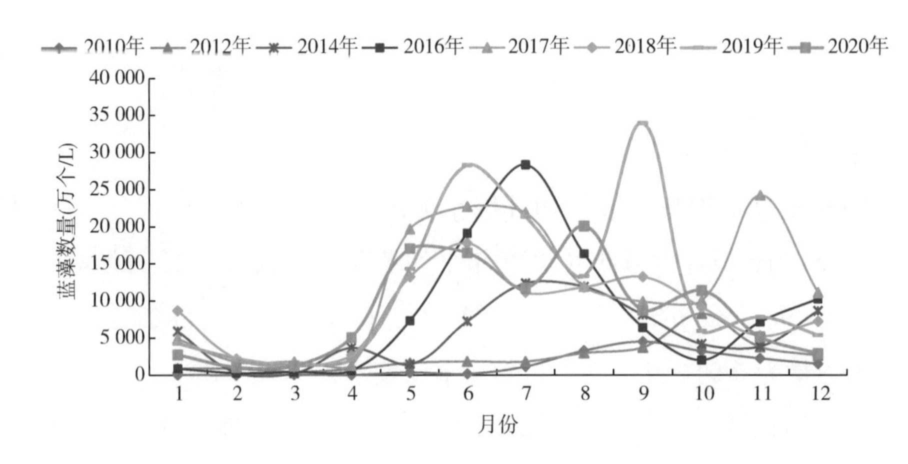

图 10.2-6　近年来太湖逐月蓝藻数量月均值变化图

从太湖各湖区蓝藻数量分布来看，2020 年竺山湖、梅梁湖和西部沿岸区蓝藻数量较高，均达到 13 000 万个/L 以上；东太湖和东部沿岸区数量较低。

2010—2020 年太湖各湖区蓝藻数量总体均呈逐年上升趋势，其中 2016 和 2017 年增幅明显。各湖区中，梅梁湖、贡湖和西部沿岸区蓝藻数量一直处于较高水平，并于 2017 年达到最高值，2017 年后呈总体下降的趋势；东太湖和东部沿岸区蓝藻数量总体处于较低水平，但近几年上升趋势明显，如图 10.2-7 所示。

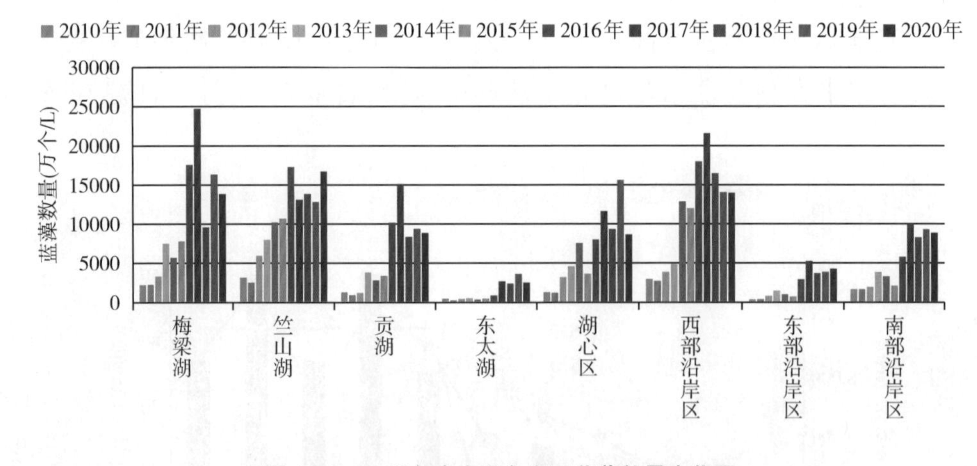

图 10.2-7　近年来太湖各湖区蓝藻数量变化图

对比第一阶段（2010—2015 年）和第二阶段（2016—2020 年）太湖各湖区蓝藻数量变化，可以看出，太湖草型湖区（东太湖和东部沿岸区）蓝藻数量上升幅度分别高达 521%和 421%，明显高于藻型湖区，需要进一步加强关注，见表 10.2-2。

表 10.2-2　太湖不同湖区不同阶段蓝藻数量对比

分湖区	2010—2015 年（万个/L）	2016—2020 年（万个/L）	上升幅度（%）
梅梁湖	4 761	16 364	244
竺山湖	6 701	14 722	120
贡湖	2 190	10 329	372
东太湖	382	2 376	521
湖心区	3 538	10 595	199
西部沿岸区	6 507	16 772	158
东部沿岸区	757	3 948	421
南部沿岸区	2 385	8 406	253

10.2.3.2　蓝藻水华遥感面积

根据遥感解析计算蓝藻水华面积，结果显示，2020 年最大面积发生在 5 月 11 日，为 823 km^2；从年内月均面积变化来看，1—3 月是全年中蓝藻水华面积最低的月份，4 月开始升高，5—7 月明显升高，7 月之后面积开始下降并总体保持较低水平，如图 10.2-8 所示。

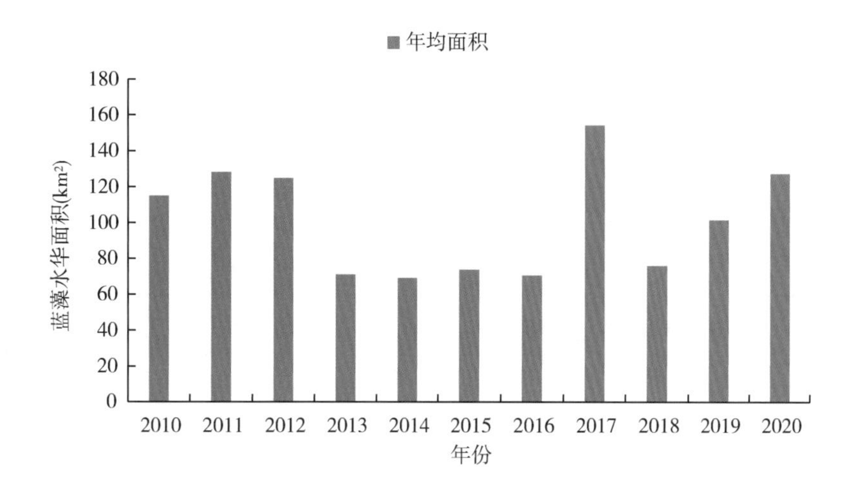

图 10.2-8　近年来太湖蓝藻水华面积统计

从 2010—2020 年太湖年均蓝藻水华面积来看，2010—2012 年面积变动不大，2013—2016 年明显降低，2017 年面积上升到最大值 154 km^2，2018—2020 年面积逐步增加，如图 10.2-8 所示。

2010—2020 年单次最大面积呈现“降—升—降—升”的变化特征。单次最小水华面积出现在 2018 年，为 381 km^2；最大水华面积出现在 2017 年，达到 1 346 km^2，如图 10.2-9 所示。

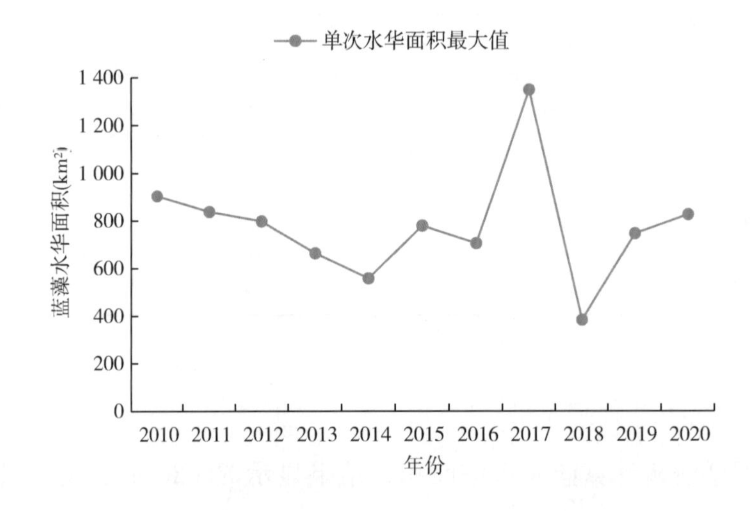

图 10.2-9　近年来太湖单次蓝藻水华面积最大值变化趋势

根据湖区蓝藻生长程度评价标准，将太湖蓝藻水华面积小于 240 km^2 的水域暴发描述为零星湖区水华暴发，240～600 km^2 的描述为局部湖区水华暴发，600～1 000 km^2 的描述为区域水华暴发，大于 1 000 km^2 的描述为大范围水华暴发。2010—2020 年每年获得的遥感解析报告在 109～169 份之间，每年零星湖区水华暴发的频率最高，局部湖区水华暴发频率在 2010、2017 和 2019 年较高，仅 2017 年有大范围水华暴发，如表 10.2-3 和图 10.2-10 所示。

表 10.2-3　近年来太湖蓝藻水华不同暴发程度发生频次

水华面积（km^2）	2010 年	2011 年	2012 年	2013 年	2014 年	2015 年	2016 年	2017 年	2018 年	2019 年	2020 年
＜240	103	117	103	129	123	131	128	132	126	102	113
240～600	23	11	11	12	10	11	14	28	10	17	9
600～1 000	4	7	5	3	0	2	2	6	0	2	3

续表

水华面积（km^2）	2010 年	2011 年	2012 年	2013 年	2014 年	2015 年	2016 年	2017 年	2018 年	2019 年	2020 年
>1 000	0	0	0	0	0	0	0	3	0	0	0
合计	130	135	119	144	133	144	144	169	136	121	125

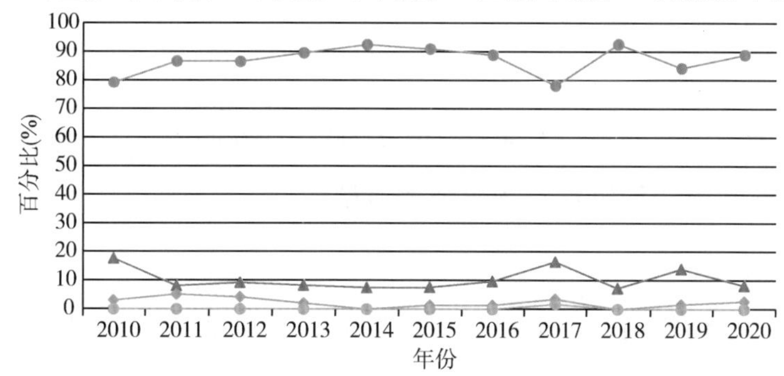

图 10.2-10　近年来太湖蓝藻水华不同暴发程度占比变化趋势

10.3 太湖水生植物变化特征

10.3.1 水生植物分类

水生植物生活型分类以Cook的定义为准（Cook 1990），包括挺水植物、漂浮植物、浮叶植物和沉水植物4种生活型。

10.3.1.1 挺水植物

挺水型水生植物植株高大，绝大多数有根、叶之分，根或地下茎扎入底泥中生长，植株下部分沉于水中，上部分露出水面。挺水型植物种类繁多，常分布于小于1.5 m的浅水处或是潮湿的岸边，兼具陆生植物与水生植物的双重特征。常见的挺水植物主要有狭叶香蒲、莲、菖蒲、菰等，如图10.3-1所示。

图 10.3-1 太湖部分常见挺水植物

10.3.1.2 浮叶植物

浮叶型水生植物无明显地上基，但具有发达的根状莲，叶片漂浮于水面上，叶外表面有气孔，蒸腾作用十分强烈，叶柄能够适应水深，可伸长给叶供给氧气，但根一般会因为缺氧进行无氧呼吸而产生醇类物质。常见的浮叶植物有菱、芡实、睡莲、萍蓬草和荇菜等，如图10.3-2所示。适合深水的浮叶植物如萍蓬草属和睡莲属水生植物的根扎在湖泊深水带底部，花和叶飘浮于水面，为湖中水生生物提供庇荫场所，而且在一定程度上还可以起到限制水藻疯狂生长的作用。适合浅水的浮叶植物如菱属的叶浮于水面，根生长在浅水带或沿岸带的水底淤泥之中。

图 10.3-2　太湖部分常见浮叶植物

10.3.1.3　漂浮植物

漂浮型水生植物种类不多，它们并不扎根于底泥里，植株漂浮在水面上，会随水流、风浪在湖中随处漂泊。漂浮植物生长速度极快，短期内能迅速遮盖湖面，它们的根通常不发达，但体内具有发达的通气组织或具有膨大的叶柄（气囊），以保证与周围环境顺利进行气体交换；它们既能吸收水里的营养物质，又能遮蔽射入水中的阳光，抑制水体中藻类的生长。常见的漂浮植物有槐叶萍、浮萍、大藻、凤眼莲和满江红等，如图 10.3-3 所示。

图 10.3-3　太湖部分常见漂浮植物

10.3.1.4　沉水植物

沉水型水生植物整个植株长期沉入水中，仅在开花时花柄及花朵才露出水面，根莲固着于泥土中，叶多为窄叶丝状，利于吸收水中的营养物质，具发达的通气组织，易与外界进行气体交换。沉水植物在湖泊中担当着“造氧机”的角色，为湖泊生态系统中其他生物提供生长必需的溶解氧，滤除水中过剩的养分，通过控制水藻生长而保持水体的清澈，湖水浑池和透明度低会影响这类植物正常进行光合作用。常见的沉水植物主要有轮叶黑藻、金鱼藻、密齿苦草、黄花狸藻、菹草、马来眼子菜等，如图 10.3-4 所示。

图 10.3-4　太湖部分常见沉水植物

10.3.2　太湖水生植物分布现状

10.3.2.1　分布面积变化

遥感监测结果显示，2020 年 5 月，太湖沉水植物主要分布在东太湖、胥湖；浮叶植物主要分布在东太湖；挺水植物主要分布在太湖大堤沿岸内侧，主要包括太湖西南部沿岸、东太湖北部与南部沿岸、太湖东部沿岸、贡湖北部和南部沿岸、竺山湖和梅梁湖部分沿岸。沉水植物分布面积为 59.68 km^2，浮叶植物分布面积为 35.19 km^2，挺水植物分布面积为 32.68 km^2，如图 10.3-5 所示。

2020 年 8 月，太湖水生植物空间分布基本与 5 月保持一致，分布面积明显大于 5 月份。其中，沉水植物分布面积较 5 月份明显增加，达到 117.69 km^2，主要分布在东太湖、胥湖和贡湖南岸；浮游植物分布面积也有所增加，为 52.11 km^2；挺水植物分布面积略有增加，为 40.83 km^2，如图 10.3-6 所示。

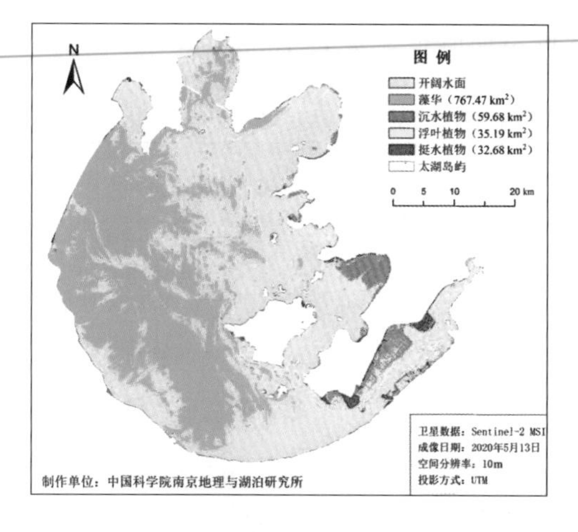

图 10.3-5　2020 年 5 月太湖水生植物分布

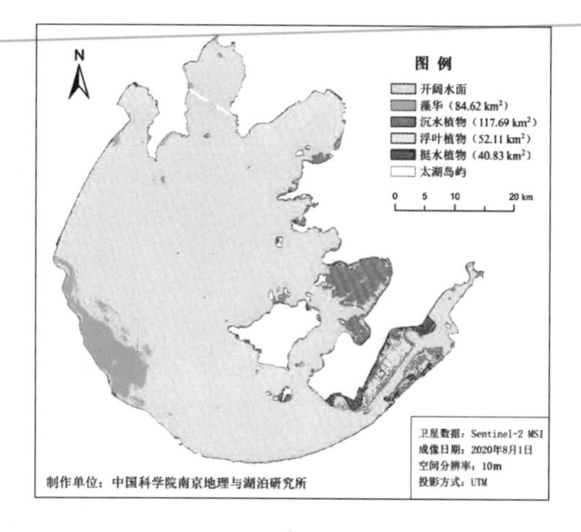

图 10.3-6　2020 年 8 月太湖水生植物分布

2020 年 5 月人工现场调查结果显示，梅梁湖、贡湖以及竺山湖北部水域均有一定面积的菹草分布，如图 10.3-7 所示，但由于其盖度较低，卫星遥感解析无法得到相关数据。

图 10.3-7　2020 年 5 月梅梁湖菹草分布

10.3.2.2　群落结构变化

近 5 年来，春季太湖水生植物优势种更替程度低，优势种排序相对稳定，早期菹草占绝对优势，2018 年穗状狐尾藻优势度超过苦草；菱的优势度呈缓慢上升的态势，而苦草的优势度有所降低，微齿眼子菜已从主要优势种序列中消失，间接表明太湖全湖水质没有出现显著改善。夏季大型水生植物优势种更替程度偏高，2017 年以前，苦草和金鱼藻占主要优势，随后穗状狐尾藻的优势度呈缓慢上升的态势，而黑藻的优势度有所降低，见表 10.3-1。

表 10.3-1　近年来太湖不同季节水生植物优势种年际变化

季节	出现频次排序	2016 年	2017 年	2018 年	2019 年	2020 年
春季	1	菹草	菹草	菹草	菹草	菹草
	2	菱	菱	穗状狐尾藻	穗状狐尾藻	穗状狐尾藻
	3	穗状狐尾藻	穗状狐尾藻	苦草	苦草	竹叶眼子菜
	4	苦草	苦草	菱	竹叶眼子菜	黑藻
	5	微齿眼子菜	轮藻	竹叶眼子菜	菱	菱
夏季	1	金鱼藻	苦草	穗状狐尾藻	穗状狐尾藻	穗状狐尾藻
	2	苦草	大茨藻	苦草	金鱼藻	竹叶眼子菜
	3	黑藻	穗状狐尾藻	菱	苦草	菱
	4	穗状狐尾藻	金鱼藻	金鱼藻	菱	金鱼藻
	5	菱	黑藻	大茨藻	黑藻	黑藻

进一步分析东太湖典型草型湖区的水生植物优势种变化（见表 10.3-2），近五年来，春季东太湖物种组成变化较大，早期金鱼藻占绝对优势，其次是穗状狐尾藻和菱，随后荇菜频度有所上升；夏季水生植物优势种更替程度较低，菱和金鱼藻频度基本处于高位。近五年监测资料显示，东太湖浮叶植物占绝对优势，沉水植物的发育弱于浮叶植物。

表 10.3-2　近年来东太湖不同季节水生植物优势种年际变化

季节	出现频次排序	2016 年	2017 年	2018 年	2019 年	2020 年
春季	1	金鱼藻	菱	穗状狐尾藻	金鱼藻	菱
	2	穗状狐尾藻	菹草	菹草	穗状狐尾藻	荇菜
	3	菱	伊乐藻	菱	菹草	金鱼藻
	4	菹草	穗状狐尾藻	金鱼藻	荇菜	穗状狐尾藻
	5	荇菜	金鱼藻	荇菜	菱	菹草
夏季	1	金鱼藻	菱	菱	金鱼藻	菱
	2	菱	金鱼藻	金鱼藻	菱	金鱼藻
	3	穗状狐尾藻	水鳖	穗状狐尾藻	芡	穗状狐尾藻
	4	水鳖	苦草	苦草	黑藻	芡
	5	荇菜	凤眼蓝	芡	苦草	金银莲花

近年来，在空间分布上，太湖水生植物分布范围显著增加的区域分别为贡湖南部、胥口湾、东太湖及西洞庭山和东洞庭山之间水域。其中，胥口湾、西洞庭山和东洞庭山之间水域恢复的植物群落主要是苦草和穗状狐尾藻群落；东太湖恢复的群落主要是菱、穗状狐尾藻和荇。年际波动方面，与往年同期相比，东太湖植物分布面积基本持平，东部沿岸区和贡湖略有降低。

10.3.3 太湖水生植物变化及原因分析

10.3.3.1 太湖水生植物变化特征

(1) 分布面积年际变化

Wang 等的长系列遥感解析结果显示，1980 年以来太湖水生植物面积（主要为沉水植物和浮叶植物）变化分为三个阶段[1]：第一阶段为 1980—2005 年，该阶段面积稳步上升；第二阶段为 2006—2014 年，该阶段面积达到最大并总体保持稳定；第三阶段为 2015—2017，该阶段面积迅速降至 1980 年水平，如图 10.3-8 所示。

1980—2005 年，太湖水生植物分布面积变化较为剧烈。首先，分布面积大幅上升，由 1980 年的约 20 km^2 上升至 230 km^2；其次，水生植物空间分布发生巨大变化，竺山湖水生植物消失，贡湖南部、胥湖、箭湖、东交咀水域水生植物面积显著增加。2006—2014 年，太湖水生植物分布面积总体稳定，东太湖面积略有增加。2015—2017 年，太湖水生植物分布面积骤减，仅有胥湖和东太湖保留少量水生植物，如图 10.3-9 所示。

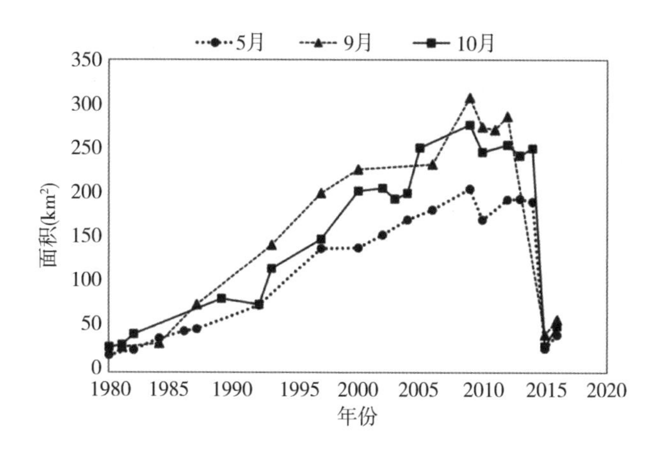

图 10.3-8 1980—2017 年太湖沉水植物和浮叶植物面积变化[1]

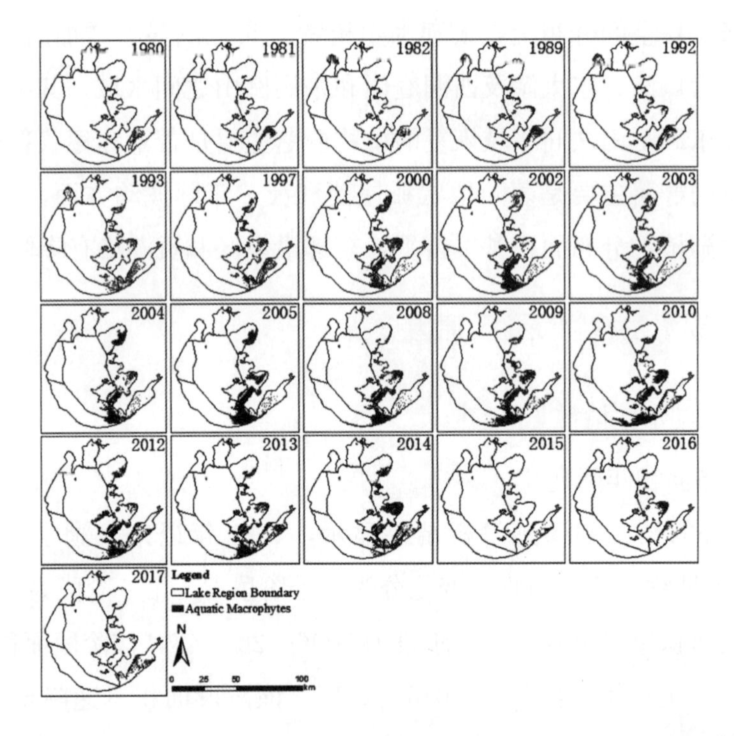

图 10.3-9 1980—2017 年 10 月太湖沉水植物和浮叶植物空间分布变化[1]

(2) 优势类群年际变化

在 Wang 等的研究基础上，Zhao 等进一步分析研究了太湖不同类群水生植物变化[2]。总体来看，Zhao 等关于太湖水生植物分布面积变化的研究成果与 Wang 等的基本一致，即 1989—2005 年，太湖水生植物分布由北部湖区向东部湖区转移；2006—2010 年水生植物分布面积总体保持稳定。从不同类群水生植物分布面积来看，1989—1998 年太湖鲜有浮叶植物分布，2000 年浮叶植物（主要为荇菜）分布面积明显上升，并从 2003 年起在东部局部水域成为绝对优势种，如图 10.3-10 所示。

对比最新的遥感解析结果发现，与 2010 年相比，2020 年太湖的浮叶植物分布发生了剧烈变化，东西山之间、东交咀附近水域浮叶植物基本消失，东太湖北部围网拆除后的水域浮叶植物成为绝对优势种，如图 10.3-11 所示。

图 10.3-10　1989—2010 年太湖沉水植物（蓝色）和其他类型水生植物空间分布变化[2]

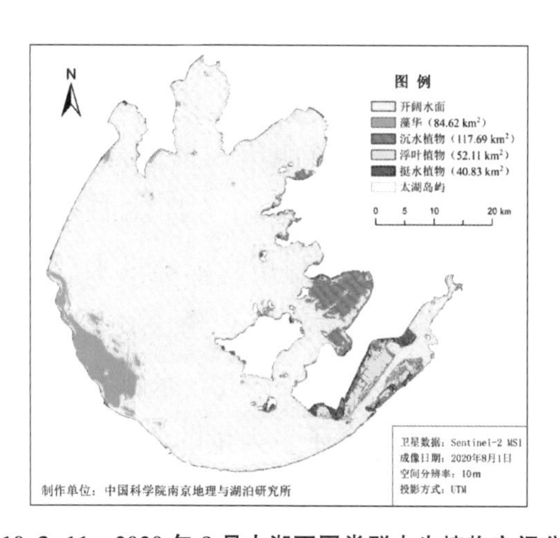

图 10.3-11　2020 年 8 月太湖不同类群水生植物空间分布

10.3.3.2　太湖水生植物变化原因分析

1.　水生植物分布面积变化原因

2020 年调查结果表明，太湖现有沉水植物 12 种，优势种为穗状狐尾藻、菹草等耐污种类。与 1960 年相比，水车前、细狸藻等多种沉水植物已消失[3]。选取监测数据较为完整的东太湖，分析其沉水植物和浮叶植物优势种变化，可以看出目前太湖沉水植物组成较1960年发生了明显变化，见表10.3-3。

表10.3-3　东太湖沉水植物和浮叶植物优势种变化[3]

年份	主要优势种名称
1960	马来眼子菜、苦草
1981	马来眼子菜、苦草
1987—1988	苦草、马来眼子菜
1997	微齿眼子菜
2002	荇菜、伊乐藻、马来眼子菜
2014	马来眼子菜、荇菜
2020	菱、穗状狐尾藻、金鱼藻

富营养化是水体初级生产者的生物量从低到高的演变过程，依据初级生产者的类型，富营养化可分为藻型（蓝藻水华）和草型（水草疯长）。一般认为，总磷是湖泊富营养化的关键限制因子。与1980年相比，现阶段太湖总磷浓度上升明显，为耐污能力较强的沉水植物生长创造了有利条件，水车前等耐污能力较弱的沉水植物逐步消失。

2014年以前，太湖沉水植物分布面积总体稳定，5月份面积为250 km^2左右，2015年5月份骤降至28 km^2，降幅达81%。2020年太湖流域遭遇超标准洪水，7月21日，太湖最高水位达4.79 m，6月28日至8月13日（持续47 d）太湖水位高于3.80 m的警戒水位。经历超标准洪水后，卫星遥感解析2020年8月份太湖沉水植物和浮叶植物总面积约170 km^2，较未发生大洪水的2019年同期（约140 km^2）明显上升。因此，水位上升并不是导致2015年太湖水生植物分布面积骤降的决定因子。大量的调查研究表明，导致太湖沉水植物大幅度减少的主要原因是2014年后一段时期内水草收割方法不当，人为收割过度所致。

2. 不同类群水生植物分布面积变化原因

水深对水生植物种群演替具有重要影响。1980年至今，太湖年最低水位及年平均水位均呈缓慢上升趋势，如图10.3-12所示。与沉水植物相比，浮叶植物对光的竞争能力更强，更能适应高水位胁迫。因此，在太湖富营养化过程中，随着水位的上升，浮叶植物会在部分水域成为绝对优势种。

2000 年以来，东太湖总磷浓度呈明显上升趋势，且 2016—2019 年处于高位波动，平均浓度达到 0.052 mg/L，较 2007 年上升了约 40%，如图 10.3-13 所示。由于总磷浓度明显升高，水体富营养化程度进一步加剧，水体透明度进一步降低，如图 10.3-14 所示，所以东太湖围网拆除后，对光照竞争能力更强的浮叶植物迅速生长并占据优势地位，成为东太湖绝对优势种。

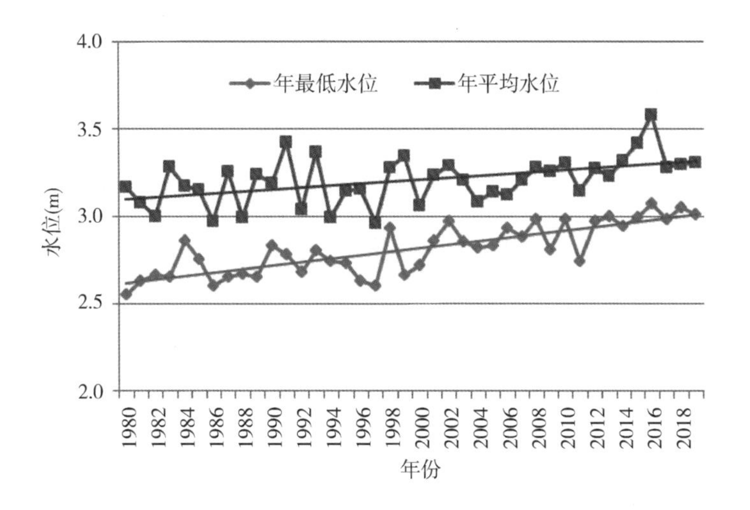

图 10.3-12　1980 年至今太湖年最低水位及年平均水位变化

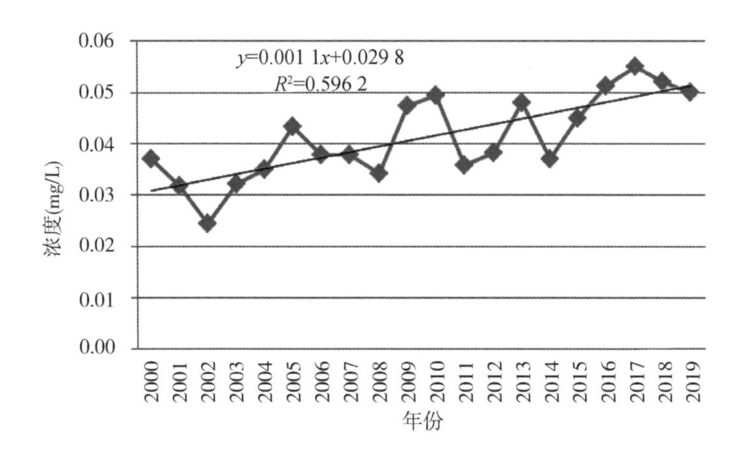

图 10.3-13　2000 年以来东太湖总磷浓度变化

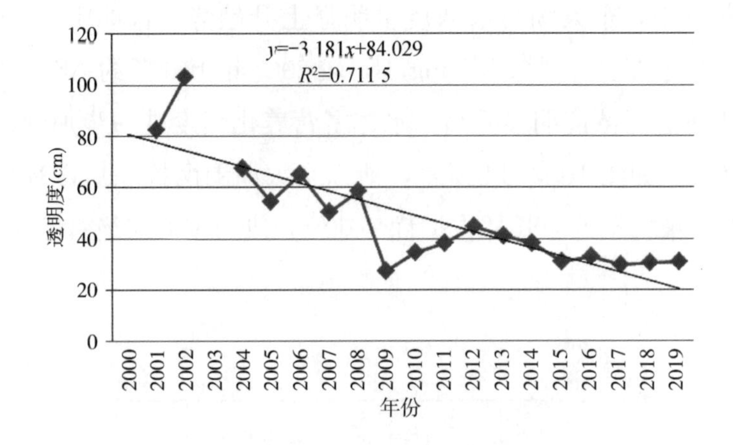

图 10.3-14　2000 年以来东太湖透明度变化

> 10.4 近年来太湖主要来水区入湖污染物通量变化

统计结果表明，湖西区入湖水量占总入湖水量的60%以上，同时武澄锡虞区部分水源也会倒流进入湖西区后再进入太湖。湖西区及武澄锡虞区作为太湖主要来水区（以下简称“来水区”），入湖水量占比高，带入的污染物通量多，对太湖水生态状况具有重要影响，因此，本节重点分析该区域用水量变化。

10.4.1 2019 年用水现状

用水量指各类河道外取用水户取用的包括输水损失在内的水量之和。一般分为工业用水、生活用水、农业用水和人工生态环境补水。其中人工生态环境补水主要指人工措施供给的绿地灌溉和环境清洁卫生等城镇环境用水，以及湖泊、洼淀、沼泽等封闭河湖补水。

10.4.1.1 总体情况

2019 年，太湖主要来水区用水总量为 202.3 亿 m^3。其中工业用水为流域第一用水大户，用水量为 138.45 亿 m^3；农业用水为第二用水大户，用水量为 41.54 亿 m^3；生活用水量为 21.40 亿 m^3；人工生态环境补水量最少，仅为 0.90 亿 m^3，如图 10.4-1 所示。

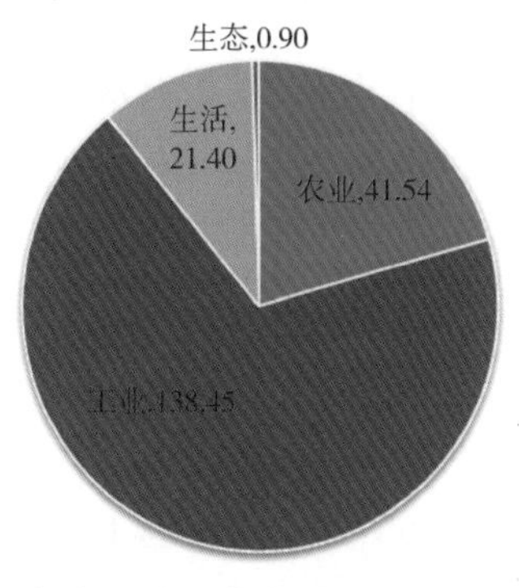

图 10.4-1 2019 年太湖主要来水区用水组成图（单位：亿 m^3）

10.4.1.2 分行业情况

生活用水指城镇生活用水和农村生活用水。其中城镇生活用水包括城镇居民生活用水和公共用水（含服务业、建筑业等用水）。农村生活用水主要指农村居民生活用水，用水量与当地农村居民的生活水平、水源条件和生活习惯相关。2019 年，来水区城镇生活用水量为 19.1 亿 m^3，占流域生活用水总量的 88.9%。其中城镇居民生活用水量为 11.3 亿 m^3，城镇公共用水量为 7.8 亿 m^3。城镇居民生活用水量与城镇公共用水量的比值已达 15∶10。随着城镇化水平的不断提高和第三产业的快速发展，城镇公共用水的比重可能将进一步提高。2019 年，来水区农村生活用水量为 2.4 亿 m^3，占流域生活用水量的 11.1%，见表 10.4-1。

工业用水指工矿企业在生产过程中用于制造、加工、冷却、净化、洗涤等方面的用水，按新水取水量计，包括火（核）电用水和非火（核）电用水，不包括企业内部的重复利用水量。水力发电等河道内用水不计入用水量。2019 年，来水区工业用水量为 138.5 亿 m^3，其中火（核）电用水量为 120.0 亿 m^3，占比 86.6%，见表 10.4-1。

农业用水指耕地灌溉用水、林果地灌溉用水、草地灌溉用水、鱼塘补水和牲畜用水。2019 年，来水区农业用水总量为 41.6 亿 m^3，其中耕地灌溉用水量 32.8 亿 m^3，林果地灌溉用水量 0.5 亿 m^3，鱼塘补水 8.2 亿 m^3，牲畜用水 0.1 亿 m^3，见表 10.4-1。

生态用水包括人工措施供给的城镇环境用水和部分河湖、湿地补水，不包括降水、地面径流自然满足的水量。按照城镇环境用水和河湖补水两大类进行统计。城镇环境用水包括绿地灌溉用水和环境卫生清洁用水两部分，其中城镇绿地灌溉用水指在城区和镇区内用于绿化灌溉的水量；环卫清洁用水是指在城区和镇区内用于环境卫生清洁（洒水、冲洗等）的水量。河湖补水量是指以生态保护、修复和建设为目标，通过水利工程补给河流、湖泊、沼泽及湿地等的水量，仅统计人工补水量中消耗于蒸发和渗漏的水量部分。2019 年，来水区生态用水量为 0.9 亿 m^3，全部为城镇环境用水量，见表 10.4-1。

表 10.4-1　2019 年太湖主要来水区用水量汇总表　　单位：亿 m^3

农业用水量	耕地灌溉	林果地灌溉	鱼塘补水	牲畜用水
	32.78	0.48	8.16	0.12
生活用水量	城镇居民	农村居民	建筑业	服务业
	11.25	2.37	1.08	6.69
工业用水量	火（核）电		非火（核）电	
	直流式	循环式		
	118.98	1.00	18.48	
人工生态与环境补水量	城镇环境	河湖补水		
	0.90	0.00		

10.4.2　近年来用水量变化趋势

10.4.2.1　用水总量

自 1980 年以来，来水区用水总量由 130.3 亿 m^3 增加到 202.3 亿 m^3，增加了 71.9 亿 m^3，年均增长率为 1.2%。来水区用水总量的变化总体可分为三个阶段：1980—2000 年缓慢增长期，用水量由 1980 年的 130.3 亿 m^3 增加到 2000 年的 142.0 亿 m^3，年均增长率为 0.43%；2001—2007 年快速增长期，随着经济的快速发展，来水区用水总量净增 66.4 亿 m^3，年均增长率为 6.9%；2008—2019 年稳定期，其中 2007 年来水区用水量达到峰值（202.4 亿 m^3）以后，受 2008 年全球金融危机影响，来水区用水量净减 13.8 亿 m^3，之后略有增长并于 2019 年达到最大，为 202.3 亿 m^3，如图 10.4-2 所示。

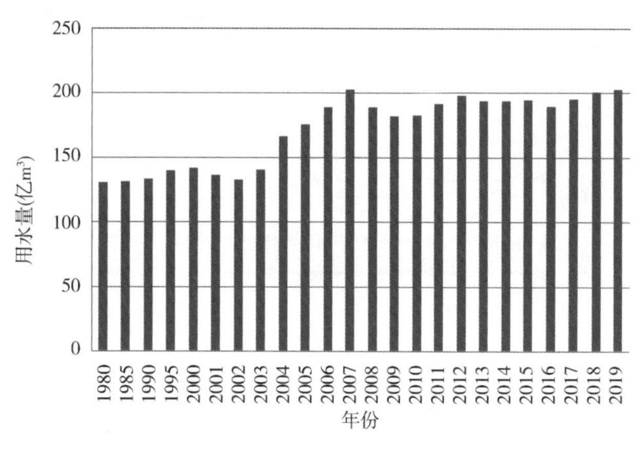

图 10.4-2　近年来太湖主要来水区用水量变化趋势

2008 年以后，来水区用水总量总体保持稳定，除节水因素外，与产业结构调整、生产工艺提高，以及国家实行最严格水资源管理制度等相关。

10.4.2.2 分行业用水量

从用水结构变化趋势来看，来水区工业和生活用水量呈稳步增加态势，其所占总用水量的比重也不断加大。

来水区生活用水量增长速度最快，由 1980 年的 3.7 亿 m^3 增加到 2019 年的 21.4 亿 m^3，年均增长率达 4.7%；占用水总量的比例由 1980 年的 2.8%提高到 2019 年的 10.6%，如图 10.4-4 所示。自 2010 年以来，来水区生活用水增长速度明显降低，年均增长率降至 2.9%。近 10 年来，水区农村居民生活用水稳中有降，用水量由 2010 年的 2.7 亿 m^3稳步降至 2019 年的 2.4 亿 m^3。随着来水区“三二一”产业结构的实现，城镇居民用水稳中有升，由 2010 年的 8.6 亿 m^3稳步升至 2019 年的 11.3 亿 m^3，如图 10.4-3 所示。

随着工业的快速发展，来水区工业用水量由 1980 年的 32.1 亿 m^3 增加到 2019 年的 138.5 亿 m^3，年均增长率为 3.9%，工业用水占用水总量的比例由 24.6%提高到 68.4%。自 2010 年以来，来水区工业用水增长速度也明显降低，年均增长率降至 2.1%，如图 10.4-4 所示。近 10 年来，来水区火电用水量稳中有升，由 2010 年的 92.3 亿 m^3稳步升至 2019 年的 120.0 亿 m^3；而一般工业用水量呈稳定下降趋势，由 2010 年的 22.1 亿 m^3降至 2019 年的 18.5 亿 m^3，如图 10.4-3 所示。

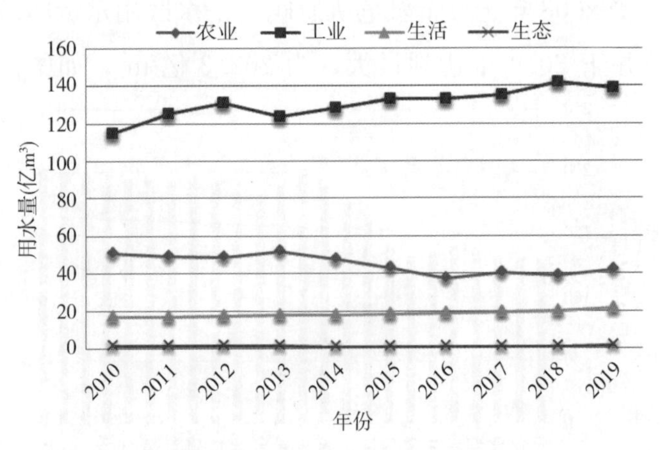

图 10.4-3 太湖主要来水区分行业用水量历年变化趋势

1980—2016年间，受降水和径流丰枯变化，以及作物种植结构和节水水平等多种因素的影响，来水区农业用水量呈现一定的波动，总体趋势是稳中有降，由94.5亿m^3下降至41.5亿m^3，年均递减率为2.1%；农业用水占用水总量的比重由72.5%下降到20.5%，如图10.4-4所示。自2010年以来，农田灌溉用水量随着来水区经济的快速发展、城市建设用地的增加、耕地面积和农田灌溉面积的减少及作物种植结构的调整，由2010年的41.8亿m^3降至2019年的32.8亿m^3，如图10.4-3所示。

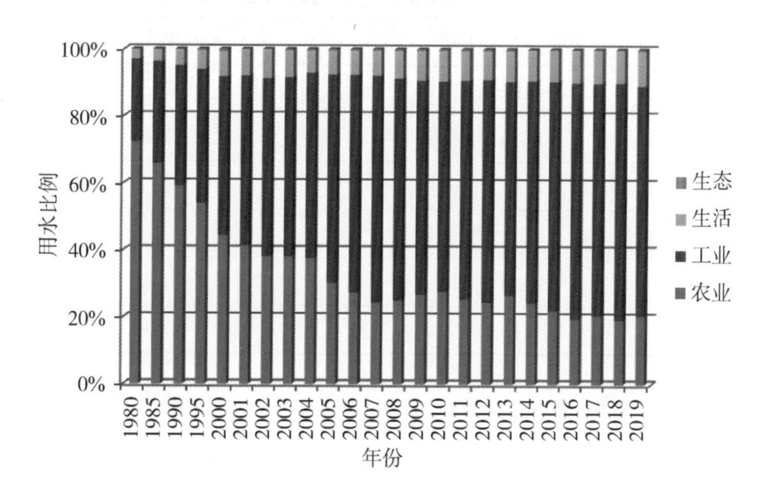

图10.4-4　太湖主要来水区历年用水结构变化图

10.4.2.3　用水结构

改革开放以来，随着来水区经济的快速增长以及产业结构的调整，来水区用水结构也发生了较大变化。农业用水占用水总量的比例随着城镇化进程的推进，总体呈现明显下降趋势，用水占比由1980年的72.5%下降到2019年的20.5%。工业用水占用水总量的比例随着工业化进程的加速，总体呈现明显增长趋势，由1980年的34.6%提高到2019年的68.4%。生活用水占用水总量的比例随着城市化进程的快速发展以及产业结构逐步向“三二一”的转变，总体呈快速增长趋势，由1980年的2.8%提高到2019年的10.6%。总体来看，来水区各行业用水总体呈现农业用水占比逐年下降、工业用水和生活用水占比稳中有升态势。

10.4.3 近年来入湖污染负荷变化趋势

统计结果表明，不同水资源分区入湖污染物通量存在较大差异，太湖主要来水区是入湖污染物的主要来源，以总磷为例，2008—2019 年环太湖总磷入湖通量合计 25 915 t，主要来水区总磷入湖通量高达 19 658 t，占比高达 75.8%；浙西区占比仅为 14.0%。见表 10.4-2。

表 10.4-2 2008—2019 年分区总磷入湖污染物通量

分区	入湖总量（t）	占总入湖量的比例（%）
湖西区	19 317	74.5
浙西区	3 619	14.0
杭嘉湖区	509	2.0
阳澄淀泖区	341	1.3
武澄锡虞区	2 129	8.2
累计	25 915	100.0

2008 年以来，主要来水区用水量处于较高水平且保持稳定，导致入湖污染物通量居高不下。以总磷为例，2008 年以来，总磷入湖污染物通量均处于较高水平，平均入湖通量为 2 160 t，如图 10.4-5 所示。

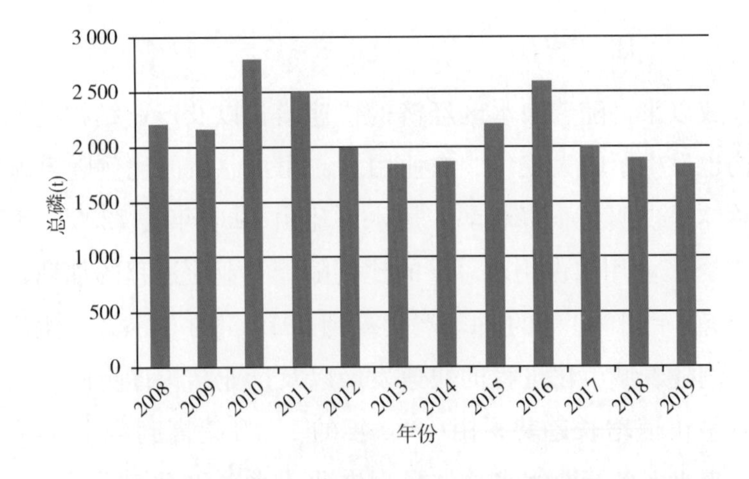

图 10.4-5 2007—2019 年环太湖河流总磷入湖污染物通量变化情况

> 10.5 太湖蓝藻水华发生关键影响因子分析

10.5.1 关键影响因子

蓝藻水华的发生是水质、水文气象、生态系统结构和人为干预措施等多方面因素共同影响的结果，是一个复杂的系统过程，本报告对其中几项主要影响因子进行分析。

10.5.1.1 营养盐

较高的营养盐浓度是蓝藻水华发生的基础条件。近年来，太湖水质总体好转，2020 年太湖总氮为 1.49 mg/L，较 2010 年下降了 39.9%，但总磷浓度仍处于较高水平，达到 0.074 mg/L。太湖总氮和总磷浓度均高于蓝藻水华暴发的浓度阈值（总氮 1.0 mg/L、总磷 0.05 mg/L），营养盐浓度仍处于适宜蓝藻生长的水平。太湖湖体营养盐浓度仍处于高位，是湖泊外源和内源共同作用的结果。

（1）外源

根据国务院 2008 年批复的《太湖流域水环境综合治理总体方案》（以下简称《总体方案》），高锰酸盐指数（COD_{Mn}）、氨氮（NH_3-N）、总磷（TP）和总氮（TN）为流域污染物控制指标。

根据水利部太湖流域管理局对主要入湖河道水质、水量的同步监测数据，分析计算求得入太湖污染物总量。结果表明：2008—2019 年入湖污染物总量年均值与基准年 2007 年相比，高锰酸盐指数增加 4 190.7 t，增幅 7.7%；氨氮减少 5 284.6 t，减幅 30.0%；总磷增加 324.8 t，增幅 17.7%；总氮增加 3 116.5 t，增幅 7.3%（详见表 10.5-1）。《总体方案》中明确，总磷、总氮的纳污能力分别为 514 t/年和 8 509 t/年，2008—2019 年总磷、总氮的入湖污染负荷平均值分别是2 160 t和 45 763 t，是相应纳污能力的 4.2 倍和 5.4 倍，说明入湖污染物总量已远超太湖纳污能力，见表 10.5-1。

表 10.5-1　环太湖河流入湖污染负荷量和水量

年 份	高锰酸盐指数（t）	氨氮（t）	总磷（t）	总氮（t）	水量（亿 m^3）
2007 年	54 114	17 766	1 835	42 646	89
2008 年	54 125	17 472	2 209	47 363	98
2009 年	60 185	17 160	2 162	49 383	108
2010 年	64 776	18 293	2 799	56 443	119
2011 年	58 261	15 523	2 503	47 702	109
2012 年	58 395	13 980	1 993	47 296	109
2013 年	52 946	9 435	1 842	37 815	89
2014 年	56 353	12 937	1 866	44 741	106
2015 年	57 796	12 477	2 209	48 874	119
2016 年	74 783	11 086	2 594	54 136	160
2017 年	54 917	8 807	2 006	39 425	111
2018 年	52 643	7 497	1 896	39 565	114
2019 年	54 475	5 109	1 838	36 407	126
2008—2019 年平均值	58 305	12 481	2 160	45 763	114

对 2007—2019 年环太湖河流入湖污染负荷量（总磷、总氮）和下一年度太湖叶绿素 a 浓度进行相关性分析，如图 10.5-1 所示，发现环太湖河流总磷、总氮入湖污染负荷量和下年度叶绿素 a 浓度呈负相关。这说明太湖污染负荷量与蓝藻水华之间并非简单的线性响应关系，蓝藻水华的发生是多方面因素共同影响的结果。

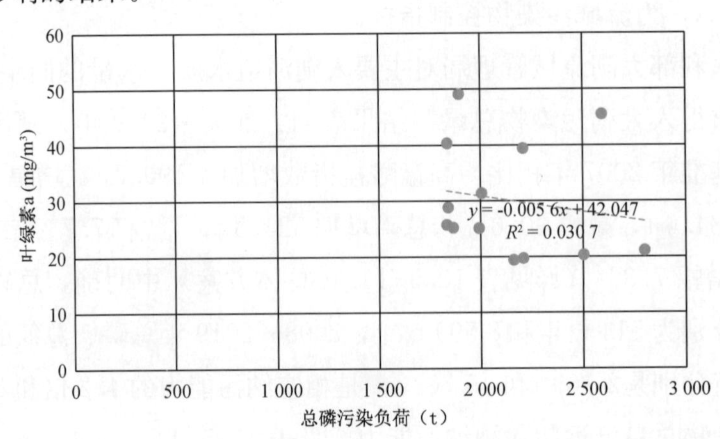

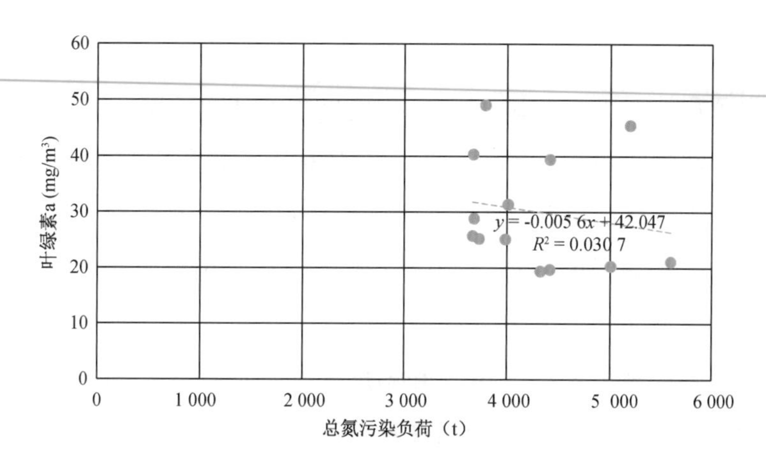

图 10.5-1　总磷（上）和总氮（下）入湖污染负荷量与下一年度叶绿素 a 浓度关系

中国环境科学研究院研究结果表明，太湖流域总磷和总氮入河总量呈现明显下降的趋势，其中，总磷从 2007 年的 1.41 万 t 下降到 2018 年的 0.77 万 t,下降幅度达到 45%；总氮量从 2007 年的 16.3 万 t 下降到 2018 年的 9.3 万 t，下降幅度达到 43%，如图 10.5-2 所示。从不同污染源占比来看，总磷和总氮入河量工业点源和养殖源所占的比例均明显下降；城镇生活、种植业和农村生活比例均有不同程度的提高。

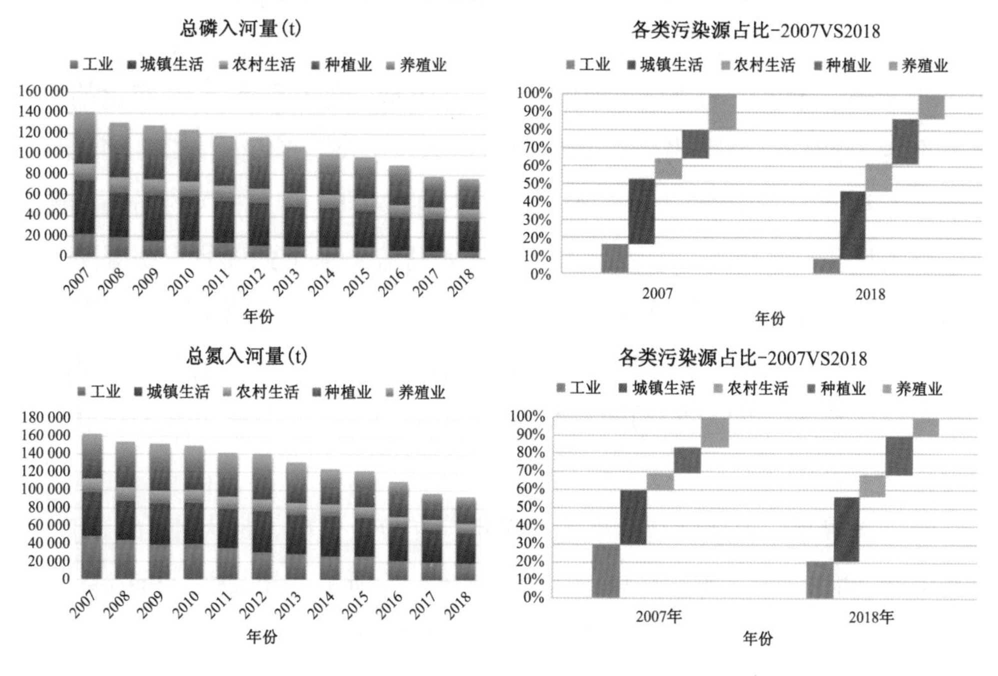

图 10.5-2　2007 年以来太湖流域污染物入河量变化特征

（2）内源

底泥内源释放对太湖氮磷营养盐浓度增加有小部分贡献。经勘测，营养盐含量较高的浮泥和流泥在太湖全湖均有分布，总淤积量为37 623万m^3，平均淤积厚度为16 cm，约占全湖底泥淤积量的20%。受外源输入、湖流以及蓝藻聚集等因素影响，太湖浮泥和流泥更易于在竺山湖、梅梁湖、西部沿岸区及南部沿岸区淤积。

太湖底泥磷的释放速率随风浪和温度的增加而增大；氮的释放速率随风浪强度增大而增大，但随温度升高递增性不明显。现阶段，一般情况下太湖底泥吸附作用大于释放作用，从而使太湖水质得到净化。太湖水体自净过程中，湖体中的氮磷元素大部分沉积在湖底或吸附在底泥中，在波浪、湖流、生物扰动以及适宜的温度下，可能发生再悬浮而进入湖水中，成为"内源"。据公益性项目研究成果，太湖底泥释放的总磷、总氮量分别为太湖总污染负荷的15%和11%左右，远少于外源带入的营养盐。

10.5.1.2 温度

2007年以来，太湖最低月平均水温呈现"V"形变化，2007年为6.27 ℃，之后逐渐降低，并于2011年达到最低（2.65 ℃），之后呈明显上升趋势，于2019年达到最大（8.60 ℃），如图10.5-3所示。与月最低水温变化趋势相似，前冬（上年12月至当年2月）积温也呈现"V"形变化，2011年最低，仅为511.40 ℃，2019年为近年来最大，达到859.80 ℃。相关性分析结果表明，最低月平均水温及前冬积温的高低对太湖蓝藻水华强度具有极显著影响（如图10.5-4所示，R分别为0.77和0.74，$p<0.01$），与朱广伟等的研究结论一致[4]。根据蓝藻水华"四阶段理论"，春季蓝藻复苏量与有效生理积温呈正相关，冬季最低温度的上升有利于底泥中的蓝藻更早复苏和生长，更快形成生长竞争优势[5]。

2007年以来，太湖最高月平均水温也存在较大差异，最大值为31.39 ℃，最小值为28.05 ℃，相差3.34 ℃，如图10.5-5所示。相关性分析结果表明，年平均水温对蓝藻水华也具有显著影响（$R=0.59$，$p<0.05$），如图10.5-6所示。但最高月平均水温与蓝藻水华直接相关性不明显（$R=0.45$，$p>0.05$），如图10.5-5所示。李亚春等的研究结果也表明，大面积蓝藻水华主要出现在日平均温度≥20 ℃的情况下，其中25.1～30 ℃为高发区间，蓝藻对高温的耐受能力强于其他藻类，微囊藻生长的适宜水温为28～32 ℃且35 ℃的水温并不会导致其生长速率明显降低。因此，在蓝藻水华高发期的夏季，蓝藻水华强度也会处于较高水平。1971年以来，环太湖地区气温整体呈增暖趋势，且1992年以后，太湖的年平均水温每10年上升更明显[6]，在全球变暖大背景下，太湖水温仍有可能进一步上升，这将更有利于蓝藻水华的发生。

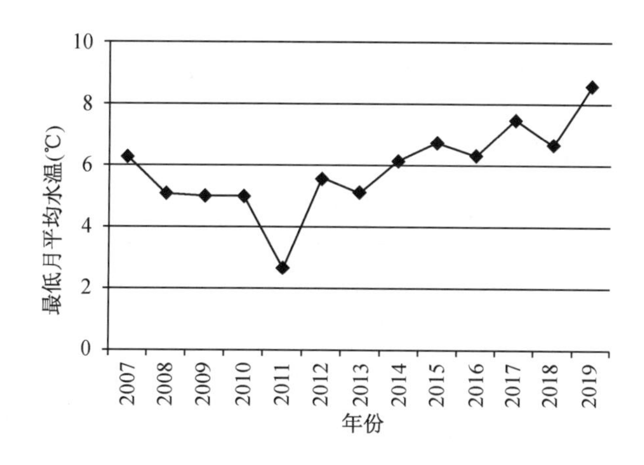

图 10.5-3　2007年以来太湖最低月平均水温变化

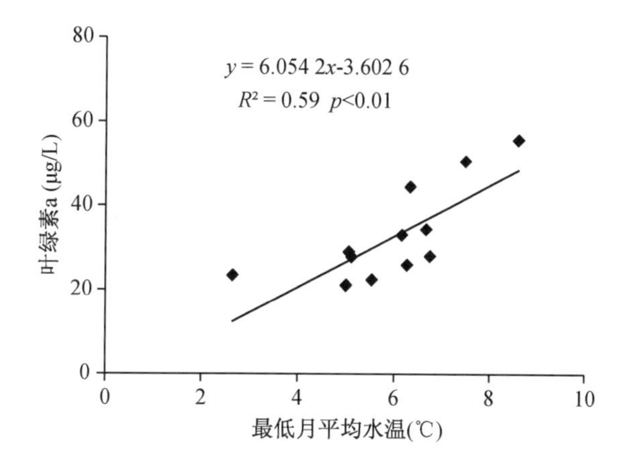

图 10.5-4　太湖最低月平均水温及与蓝藻水华关系

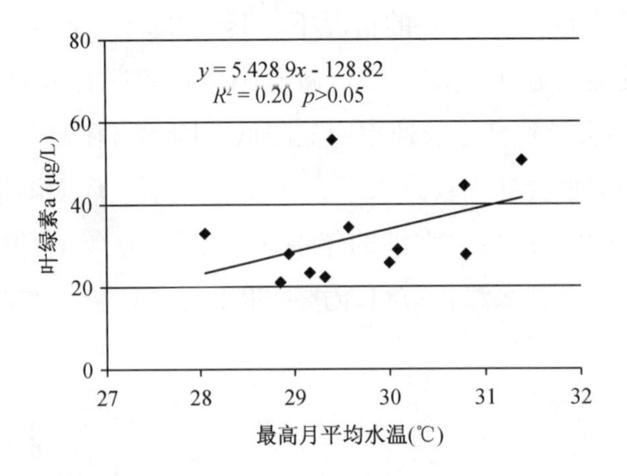

图 10.5-5　太湖最高月平均水温及与蓝藻水华关系

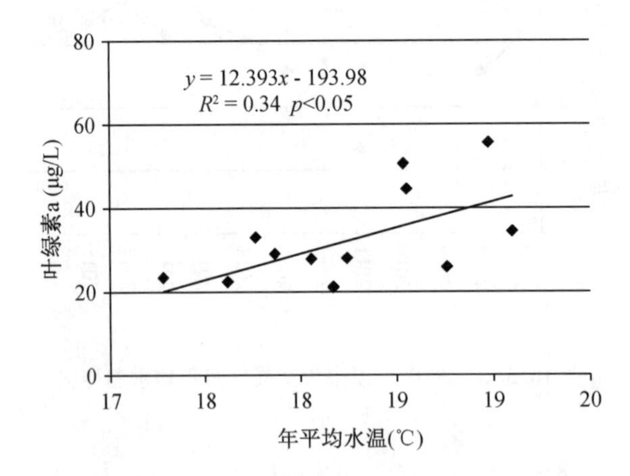

图 10.5-6　太湖年平均水温及与蓝藻水华关系

10.5.1.3　风速

2007年以来，太湖风速呈现稳定下降趋势，如图10.5-7所示。相关性分析结果表明，年均风速与蓝藻水华之间呈极显著负相关（$R=-0.77$，$p<0.01$），如图10.5-8所示。蓝藻具有伪空胞，可以随着环境条件的变化，在水柱中主动上浮和下沉。随着风速的下降，风浪的扰动能力减弱，更有利于蓝藻主动上浮至水面形成水华，在与其他浮游植物竞争中占据优势。

同时，低风速持续时间延长，湖底间歇性缺氧/厌氧的概率增加，更有利于浅水湖泊中底泥溶解性营养盐的释放，从而加重水体富营养化，有利于蓝藻水华的发生[7]。

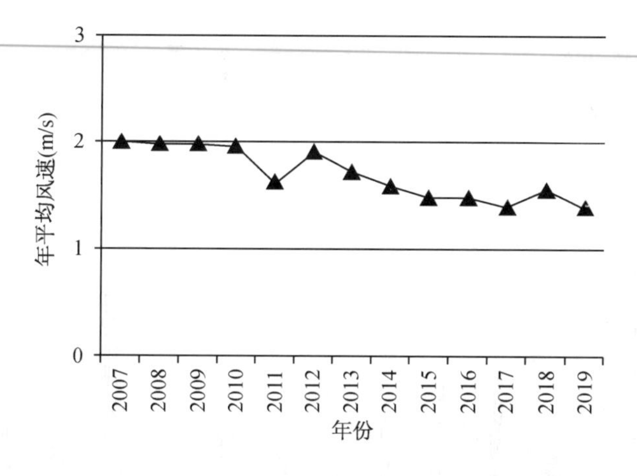

图 10.5-7　2007 年以来太湖年平均风速变化

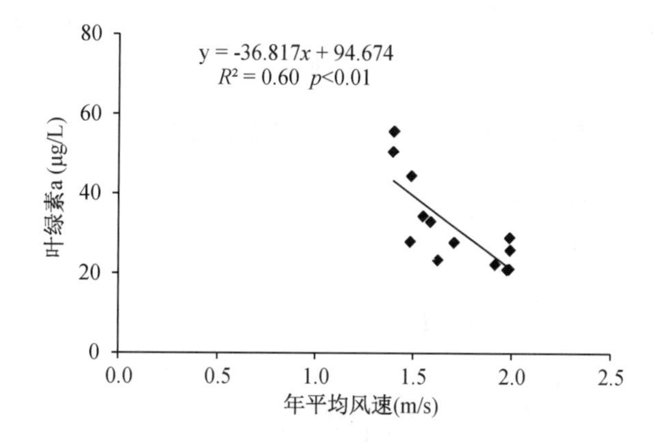

图 10.5-8　2007 年以来太湖年平均风速与蓝藻水华的关系

10.5.1.4　降雨及水位

1. 降雨

2007—2019 年，湖西区降雨量总体呈上升趋势且年际降雨量变化较为剧烈，最小值出现在 2008 年，为 749.7 mm；最大值出现在 2016 年，达到 2 025.5 mm，是 2008 年的 2.7 倍。湖西区年内降雨过程变化更为剧烈，最小月降雨量出现在 2010 年 11 月，仅为 2.8 mm；最大月降雨量出现在 2015 年 6 月，高达 556 mm；从年内降雨变化过程来看，5—9 月是湖西区降雨的主要时段，占当年降雨总量的 57%～91%，如图 10.5-9 所示。

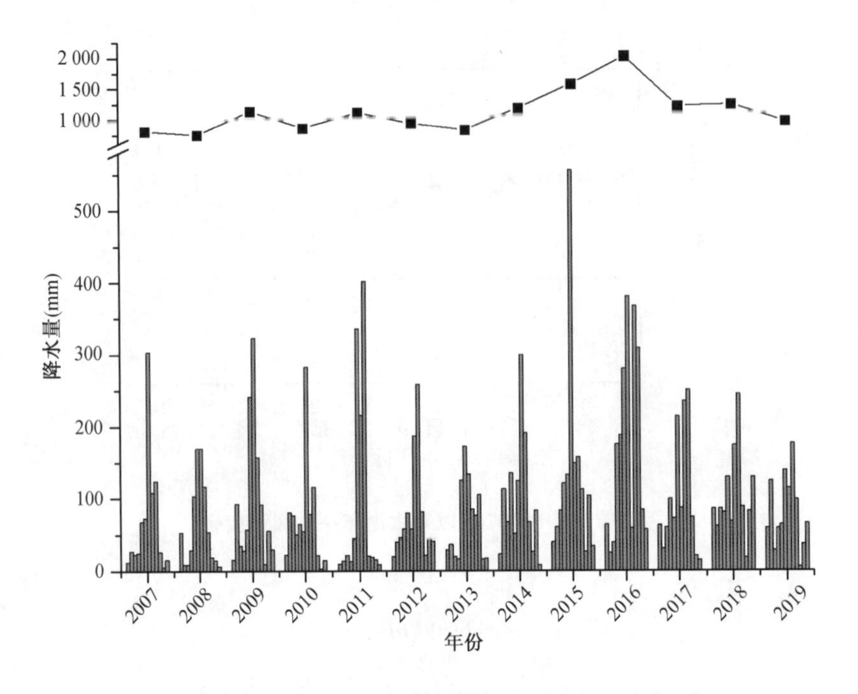

图 10.5-9　近年来湖西区降雨量逐月变化过程

分析湖西区年降雨与当年太湖蓝藻水华之间的关系，结果显示二者之间的相关性不明显（$R=0.35$，$p>0.05$）；而与下年度蓝藻水华之间呈极显著正相关（$R=0.72$，$p<0.01$），如图 10.5-10 所示。

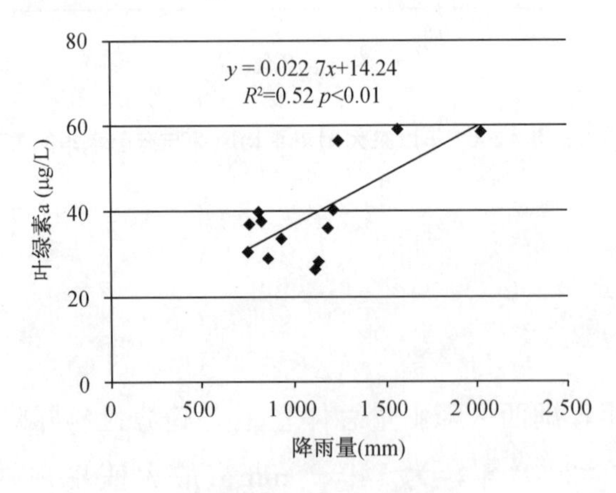

图 10.5-10　近年来湖西区年降雨量与下年度蓝藻水华关系

已有研究表明，极端降雨会促进当年湖泊蓝藻水华的暴发。而本研究发现，湖西区当年 P_{5day} 与下年度蓝藻水华发生强度关系显著（$R=0.60$，$p<0.05$）。2007—2019 年，湖西区 P_{5day} 最大值出现在 2016 年，达到 293.7 mm。

降雨极端事件可以显著改变湖泊的营养盐输入过程[8]，大雨强下土壤溶解性总磷的流失速率可达到小雨强下的 25 倍[9]。由于极端降雨，大量的污染物会在短期内大量进入太湖并导致年入湖污染负荷的上升。朱伟等的研究结果表明，2016 年 6—7 月和 10 月的两次洪峰分别带入 580.5 t 和 268.2 t 磷进入太湖，占全年总量的 50%[10]。一般而言，磷是湖泊富营养化的限制因子，不同于氮元素的迁移转化路径，降雨带入的磷进入太湖后，很难经由出湖河道排出，60%～70%滞留在湖体中，2016 年流域发生的大洪水这一比例更是高达 88%[10]。在水体厌氧或缺氧、pH 变化、温度上升[11]等条件下，沉积物中的磷会再次释放进入湖体，从而为下年度蓝藻水华创造有利条件。

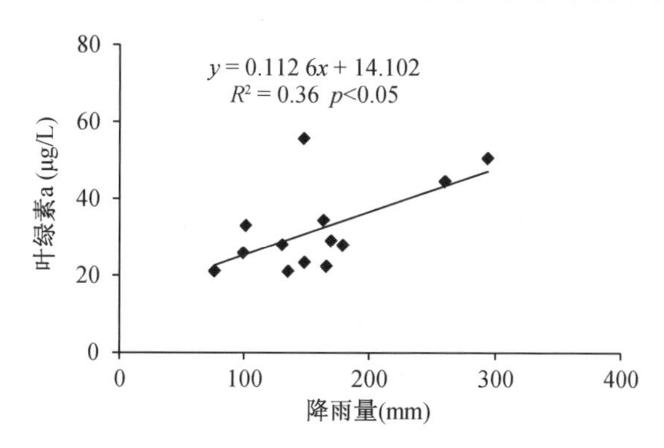

图 10.5-11　近年来湖西区 P_{5day} 与下年度蓝藻水华关系

入湖污染物通量由入湖水质和入湖水量共同决定，而入湖水量与区域降雨又有密切关系。季海平等的研究结果表明，2007—2018 年环太湖年均入湖水量较 1986—2006 年同期增加 29.9 亿 m^3，其中湖西区贡献 29.0 亿 m^3，降雨增多是主要影响因素之一[12]。湖西区北部运河平原区地面高程一般为 6～7 m，洮滆、南河等腹部地区和东部沿湖地区地面高程一般为 4～5 m，地势呈西北高、东南低，逐渐向太湖倾斜。由于太湖环湖大堤的建设按照“东控西敞”的原则，湖西区的口门基本敞开。湖西区的地势条件及口门控制方式均有利于降雨产流直接进入太湖。同时，近年来，江苏省湖西地区加强了沿长江口门的引水力度，调水试验表明湖西区高达 70%的沿长江口门引水量会进入太湖[13]。沿长江口门引水量的增加导致湖西区河湖水位抬升，在降雨的作用下区域水资源更容易进入太湖，进一步提高了降雨与湖西区入湖水量之间的相关性。另外，随着流域经济社会的快速发展，城镇建设用地工矿仓储用地以及交通用地等不透水面积增加明显，耕地（主要是水田）、林地以及湖泊湿地明显减少[14]，导致相同的降雨条件下更容易产流。多种因素共同作用下导致湖西区降雨量与湖西区入湖水量之间呈极显著相关性。

2. 水位

太湖年均水位与当年蓝藻水华之间相关性不明显（$R=0.54$，$p>0.05$），而与下年度蓝藻水华之间存在显著性相关（$R=0.67$，$p<0.05$），如图 10.5-12 所示。太湖水位与当年降雨关系密切，太湖水位越高，说明降雨越多，一定程度上可以反映当年的阴雨天气越多，有效光照偏少，不利于蓝藻的生长和暴发。由于上年度降雨导致入湖污染物通量增加，尤其是磷在湖体沉积，为下年度蓝藻水华创造了有利营养条件。

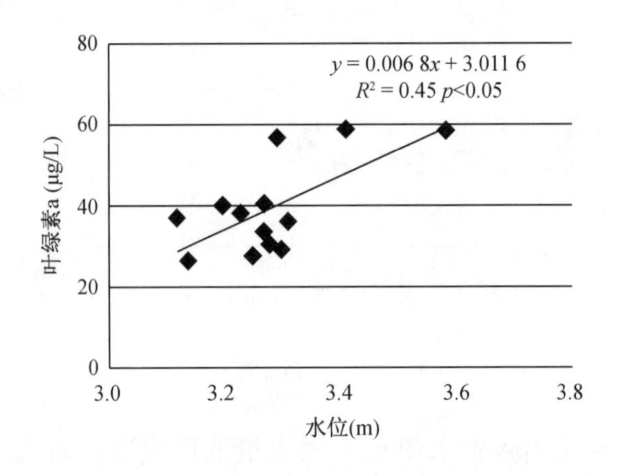

图 10.5-12　太湖年均水位与下年度蓝藻水华之间关系

10.5.1.5　水生植物

遥感监测结果显示，2012—2014 年太湖沉水植物分布面积基本稳定在 250 km^2左右，2015 年骤降至约 30 km^2，2016 年上升至约 50 km^2，之后逐渐缓慢恢复，如图 10.5-13 所示。沉水植物分布面积较大的 2014 年，草型湖区叶绿素 a 浓度为 10.7 μg/L；而沉水植物面积骤降后，草型湖区叶绿素 a 浓度迅速上升，2015 年和 2016 年草型湖区的叶绿素 a 浓度分别达到 12.9 和 17.9 μg/L。

统计结果表明，草型湖区沉水植物分布面积与蓝藻水华强度极显著负相关（$R=-0.84$，$p<0.05$），如图 10.5-14 所示，可见沉水植物面积的减少促进了草型湖区蓝藻水华的发生。沉水植物在抑制底泥再悬浮、吸收水体氮

磷等方面具有重要作用，同时，其也可以与藻类竞争营养物质并分泌化感物质抑制藻类的生长，面积骤减后其对蓝藻水华的抑制作用明显减弱，导致草型湖区蓝藻水华强度上升。

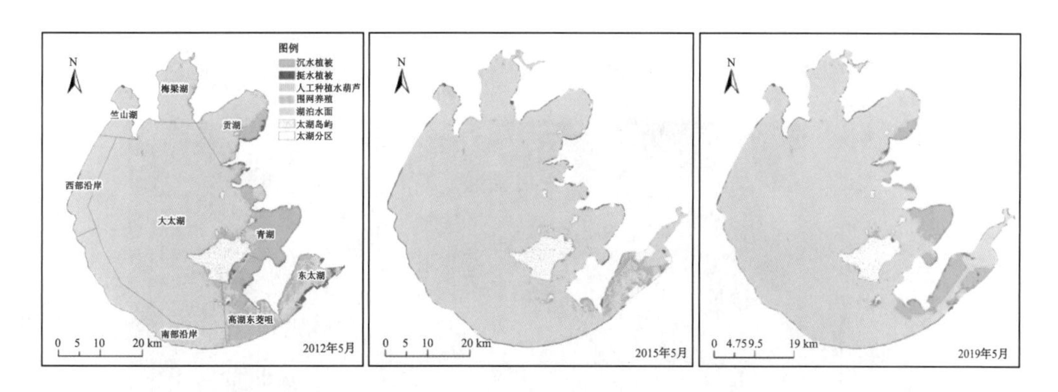

图 10.5-13　近年来太湖草型湖区水生植物分布面积变化

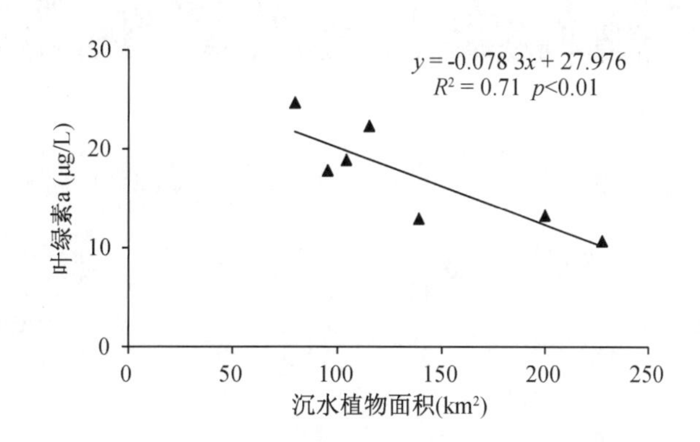

图 10.5-14　近年来太湖草型湖区沉水植物分布面积与蓝藻水华关系

另外，太湖沉水植物分布面积的骤减也为蓝藻空间扩张创造了有利条件。2014 年以前，太湖的水生植物优势种主要为马来眼子菜、狐尾藻等“冠层型”沉水植物，植物叶片可以长至水面。这些“冠层型”沉水植物与荇菜等浮叶植物混生，可形成“天然屏障”，阻碍敞水区的蓝藻向东太湖等草型湖区漂移。水生植物减少后，“天然屏障”消失（图 10.5-15），大量蓝藻直接漂移进入草型湖区，这可能是草型湖区，尤其是东太湖近年来蓝藻水华强度上升的主要原因之一。统计结果表明，2014 年以前，藻型湖区蓝藻水华强度与草型湖区相关性极小（$R=0.01$，$p>0.01$），而 2014 年以后，相关性显著上升（$R=0.41$，$p<0.01$），也证明了上述观点。

图 10.5-15　太湖部分水域水生植物与蓝藻混生及对蓝藻漂移的阻隔

10.5.1.6 其他

本研究重点分析了营养盐、温度、风速、降雨以及水生植物等因素对太湖蓝藻水华的影响。除了上述影响因子外，许多研究均表明气压变化、辐射强度、鱼类群落、水动力条件、二氧化碳浓度等均与蓝藻水华存在密切联系。由于未掌握相关资料或资料不齐全，本研究未分析上述因子对太湖蓝藻水华的影响。

10.5.2 与国内其他大型浅水湖泊对比

10.5.2.1 鄱阳湖

鄱阳湖是中国最大的淡水湖，是集过水性、吞吐性、季节性等水文特点的长江中下游的主要支流之一。当水位为 22.59 m 时，湖泊面积为 4 070 km^2。湖体南北长为 173 km，东西平均宽为 16.9 km，最宽为 74 km，最窄为 3 km，湖盆自东南向西北倾斜，比降 12～1 m，湖岸线长约 1 200 km。

鄱阳湖的蓝藻密度总体处于较低水平，水华强度明显低于太湖。2014—2015 年的监测结果表明，丰水期鄱阳湖藻类密度为 173 万～11 820 万个/L，不同湖区藻类密度存在明显差异；从藻类组成上来看，蓝藻在数量上占绝对优势地位，其次为绿藻和硅藻[15]。研究表明，近年来水华蓝藻在鄱阳湖中的分布面积及生物量逐年增加[16]，如图 10.5-16 所示。

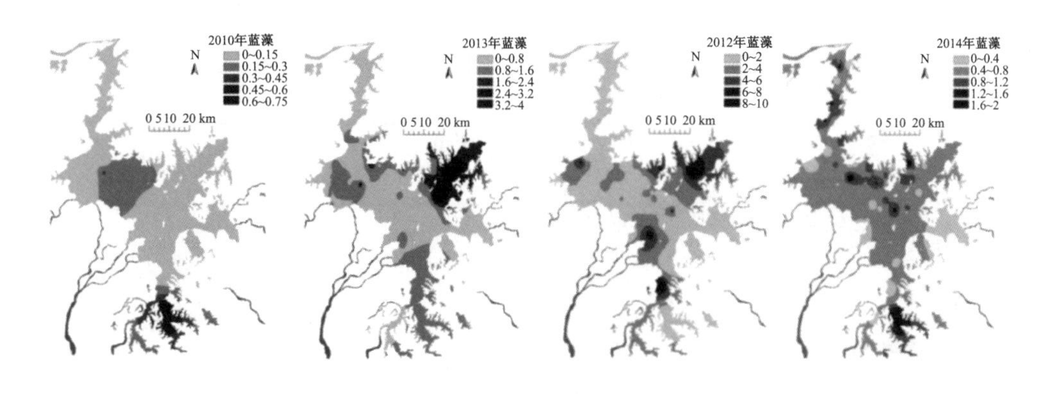

图 10.5-16 2010—2014 年鄱阳湖蓝藻水华分布[16]（mg/L）

Li 等的研究结果表明，1980 年以来，鄱阳湖主要水质指标浓度均明显上升（图 10.5-17），这是导致鄱阳湖蓝藻水华强度上升的主要原因[17]。

1980 年以来，鄱阳湖地区气温呈明显上升趋势（$p< 0.01$），年平均温度、年最高温度、年最低温度的上升速率分别为 0.44℃/10 年、0.42℃/10 年和 0.51℃/10 年；年均风速及年最大风速呈显著下降趋势（$p< 0.01$），每 10 年分别下降 0.31 m/s 和 0.65 m/s。温度和风速条件的变化有利于鄱阳湖蓝藻水华的发生[17]。

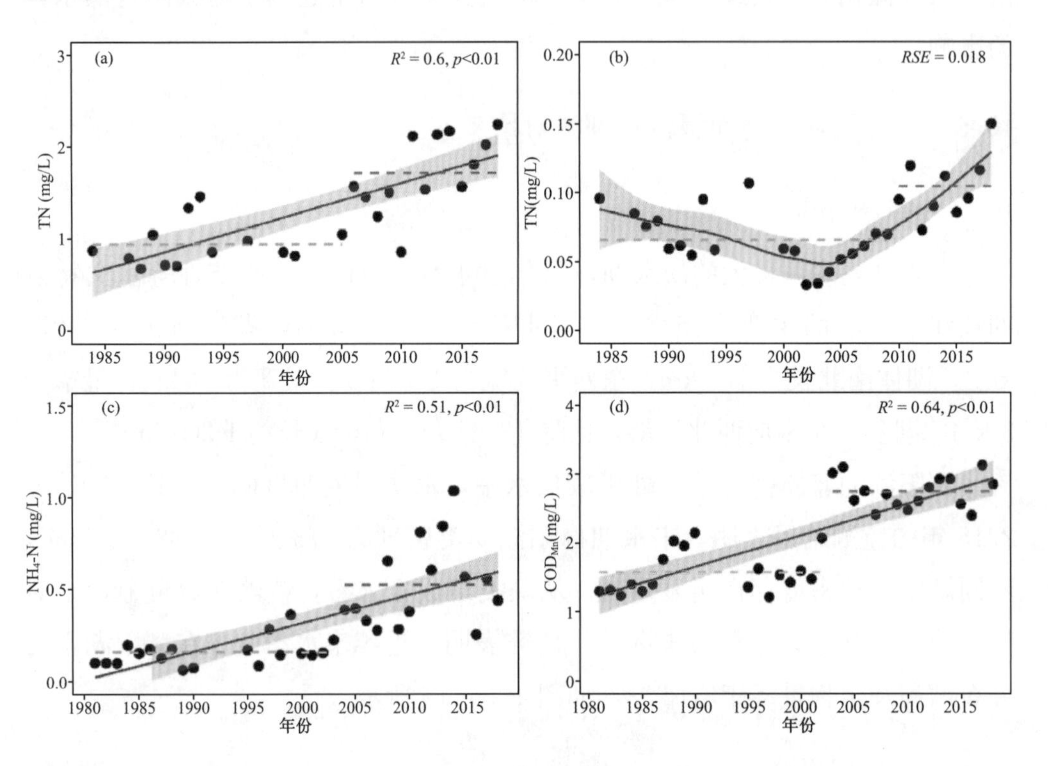

图 10.5-17　1980 年以来鄱阳湖主要水质指标浓度变化

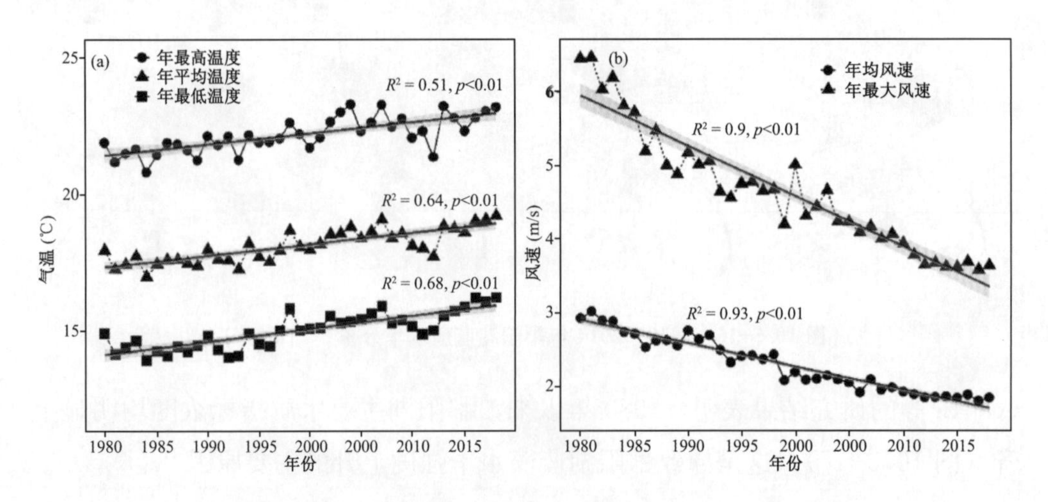

图 10.5-18　1980 年以来鄱阳湖地区气温和风速变化[14]

鄱阳湖是典型的过水性湖泊，换水周期短，仅为 18 d[18]。多年监测结果表明，鄱阳湖中心湖区年均水流速度为 0.18 m/s，北部湖区出湖水流速度达到 0.37 m/s；另外，鄱阳湖不同湖区水流速度年内变化较大，3—9 月水流速度明显偏高，北部湖区最高达到 1.03 m/s[19]。由于换水周期短，因此，湖泊中心湖区等水流速度较大的水域蓝藻水华强度明显弱于其他湖湾[20]。同时，由于湖泊的换水周期短，湖泊的自净能力较弱。王子为的多年监测结果表明，鄱阳湖上游来水总磷浓度为 0.090 mg/L 左右，出湖总磷浓度为 0.060 mg/L 左右[21]，入湖与出湖的总磷比为 1.5∶1。

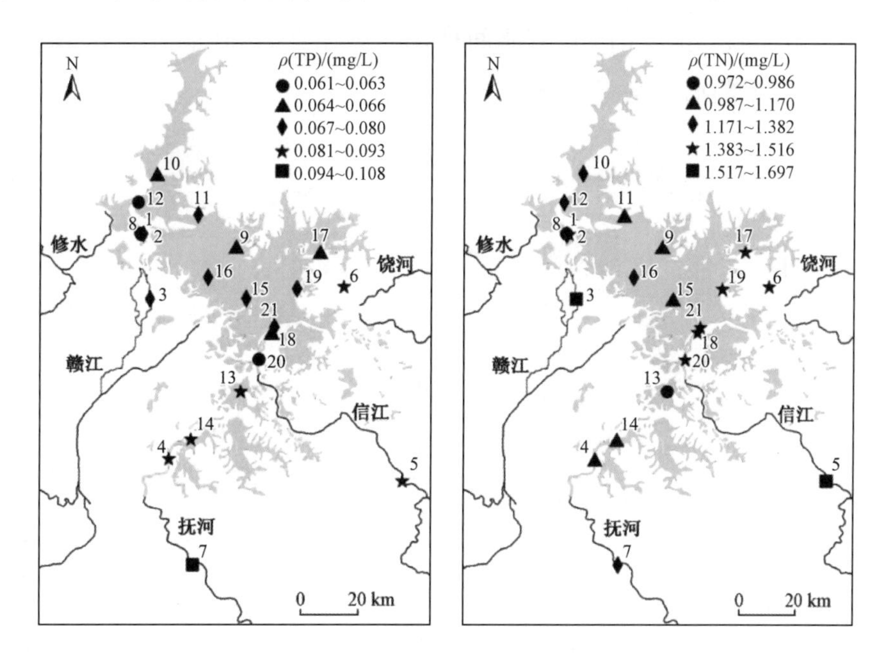

图 10.5-19　2014—2018 年鄱阳湖及入湖河流总氮和总磷平均浓度[21]

10.5.2.2　淀山湖

淀山湖作为上海市境内最大的天然淡水湖泊，也是上海市重要的水源地和生态保护区。自 20 世纪 80 年代以来，淀山湖富营养化进程总体呈现逐渐加快的趋势，每年夏秋季节（6—9 月），只要光照、水温等自然条件合适，暴发蓝藻水华的可能性很大。

根据太湖局每月一次对淀山湖监测数据的分析，近年来淀山湖的水质逐年变好，但 2020 年总磷和总氮浓度仍处于较高水平，分别为 0.097 mg/L 和 2.15 mg/L（见图 10.5-20），营养盐浓度仍处于适宜蓝藻生长的区间。

2020年，淀山湖平均蓝藻数量为 3 349 万个/L，较 2019 年有所上升（2019 年平均蓝藻数量为 2 187 万个/L）；较 2009—2019 年平均值有所升高（2009—2019 年平均蓝藻数量为 913 万个/L）。

2009—2020 年，淀山湖年均蓝藻数量呈明显上升趋势，总体可分两个阶段。其中，第一阶段（2009—2015 年）的蓝藻平均数量为 389 万个/L；第二阶段（2016—2020 年），蓝藻数量增长较快，2016—2020 年平均数量为 2 134 万个/L，2020 年蓝藻数量达到最大值，如图 10.5-21 所示。

由多年水温变化曲线可知，水温在第一阶段明显呈波动变化，在第二阶段总体呈上升的趋势，2019 年有所回落，在 2020 年达到最大值 20.1 ℃。在第二阶段，水温与蓝藻数量变化趋势总体相符。

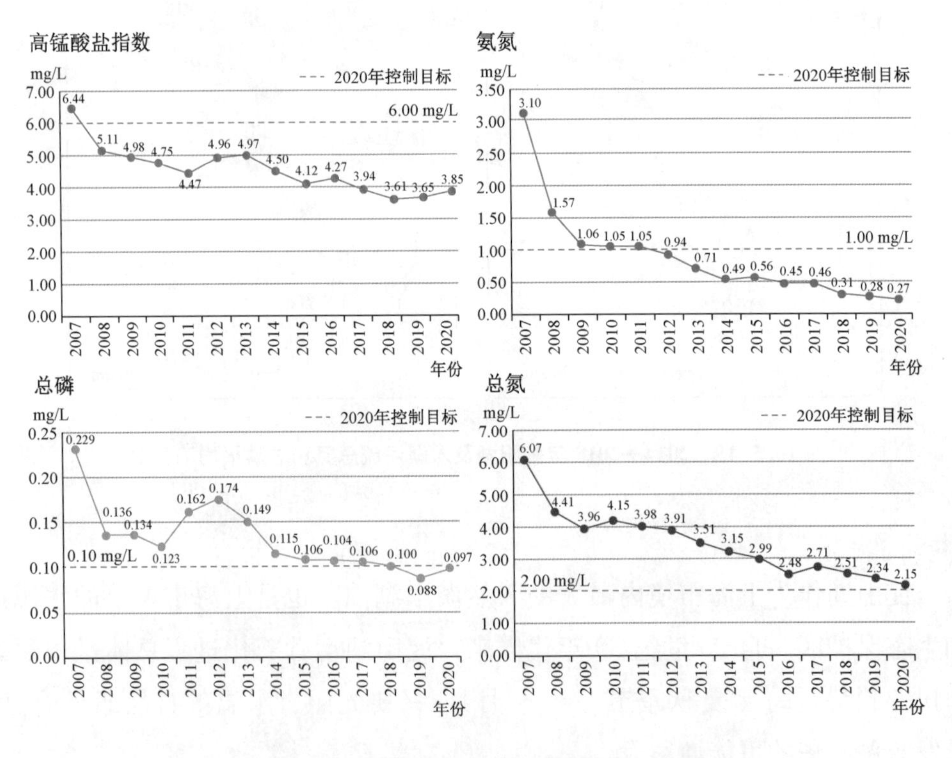

图 10.5-20　近年来淀山湖主要水质指标年均浓度变化

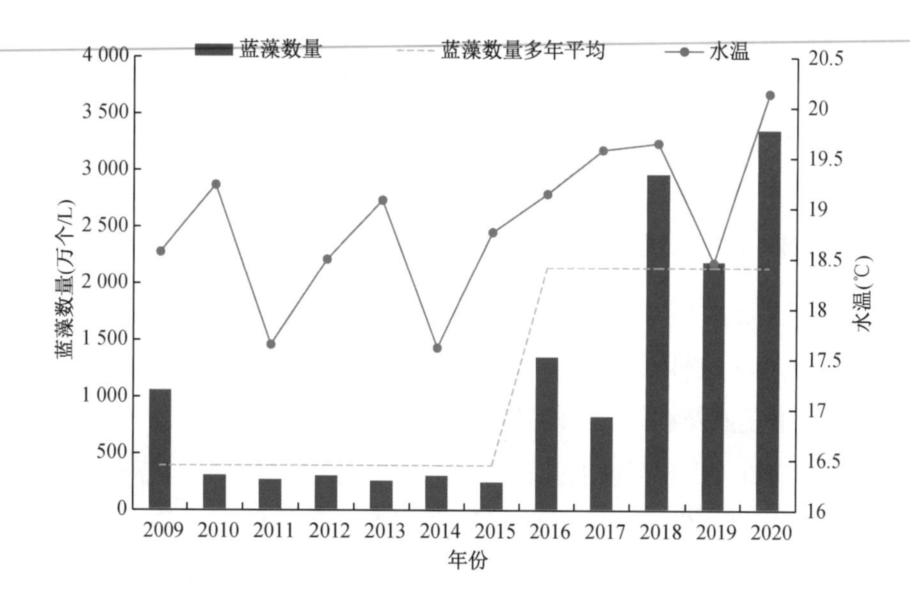

图 10.5-21　近年来淀山湖年均蓝藻数量和水温变化

2019 年，太湖流域水文水资源监测中心开展淀山湖专项水文调查，在 5 月 21—30 日的总计8 d16 个潮期内进行连续同步流量实测。结果表明，淀山湖出湖河流 8 d 净出湖水量为 12 168 万 m^3。结合区域降水量和蒸发量，推算出 2019 年淀山湖出湖水量约为 52 亿 m^3，对应淀山湖 1.33 亿 m^3容积，年换水周期约为 10 d。湖泊换水周期较短，湖体的扰动能力较强，不利于蓝藻的生长，这可能是淀山湖氮磷浓度明显高于太湖但蓝藻水华强度明显低于太湖的一个主要原因。

环淀山湖周边河流较多，其中最重要的入湖河流有急水港、朱厍港和千灯浦，其中急水港来水量约占总入湖水量的 50%。2019 年的监测结果显示，急水港来水总磷浓度为 0.132 mg/L，主要出湖河道拦路港的总磷浓度为 0.087 mg/L，入湖/出湖的总磷比为 1.5：1。与鄱阳湖相似，由于湖泊的换水周期相当，湖体自净能力也处于较弱水平。

10.5.2.3　巢湖

巢湖位于长江下游，属浅层富营养化型湖泊。水域面积为 765 km^2，平均水深为 2.35 m，岸线长为 182 km。当多年平均水位为 8.37 m 时，相应库容则为 20.7 亿 m^3。2018 年，巢湖入湖总水量为 48.0 亿 m^3，出湖水量为 47.4 亿 m^3。从空间位置上划分为东、西巢湖，面积分别为 517 km^2、248 km^2。西部湖区为来水区域，蓝藻水华较为严重；东部湖区为排水区域，由巢湖大坝控制。

当前巢湖蓝藻水华程度仍处于较为严重阶段，2016 年，蓝藻水华最大面积达到 237.6 km^2，2017 年为 338 km^2，2018 年为 440 km^2，分别占巢湖面积的比例为 31%、44.5%、57.9%。

总体来看，巢湖水质、蓝藻水华空间分布特征与太湖较为相似，东部湖区水质及蓝藻水华强度优于西部湖区。

10.5.2.4 不同湖泊蓝藻水华影响因子对比

对比分析太湖、鄱阳湖、淀山湖和巢湖的蓝藻水华影响因子，可以看出，较高的营养盐浓度是蓝藻水华发生的基础条件。同时，受全球气候变化影响，太湖流域及鄱阳湖流域均出现温度上升、风速下降的特点，均有利于蓝藻水华的发生。

通过进一步对比发现，太湖的总氮和总磷浓度均低于鄱阳湖，总磷浓度仅为鄱阳湖的 58%，但叶绿素 a 浓度是鄱阳湖的 7 倍。过去 40 年，太湖地区的气温显著上升，平均、最高、最低气温增温率分别为 0.511 ℃/10 年、0.535 ℃/10 年、0.508 ℃/10 年；且年平均风速呈现持续下降趋势，平均风速、最大风速的线性下降斜率分别为每 10 年 0.27 m/s 和 0.41 m/s。鄱阳湖地区年平均温度、年最高温度、年最低温度的上升速率分别为 0.44 ℃/10 年、0.42 ℃/10 年和 0.51 ℃/10 年；年均风速及年最大风速呈显著下降趋势，每 10 年分别下降 0.31 m/s 和 0.65 m/s。可以看出，太湖周边地区的气温上升速率较鄱阳湖更快，更有利于蓝藻的生长。

相对于硅藻、绿藻，蓝藻生长更倾向于扰动性较小的水体。鄱阳湖的换水周期为太湖和巢湖的 1/9，水体受到的扰动更强，泥沙含量高，会抑制蓝藻的生长，因此，鄱阳湖的蓝藻水华强度低于太湖和巢湖[18]，但较短的换水周期会不利于湖泊自净功能的发挥且会增加底泥中磷的沉积。

表 10.5-2　太湖、鄱阳湖和淀山湖蓝藻水华影响因子对比

湖泊	叶绿素 a (μg/L)	总氮浓度 (mg/L)	总磷浓度 (mg/L)	换水周期 (d)
太湖	49.1	1.49	0.087	160
鄱阳湖	7.0	2.00	0.150	18
淀山湖	18.2	2.34	0.088	10
巢湖	37.1	2.17	0.125	160

注：太湖、淀山湖为 2019 年监测数据，鄱阳湖[17]、巢湖[22]为 2018 年监测数据。

10.5.3 2020年蓝藻水华变化原因初步分析

每年5—9月是太湖一年中表征蓝藻水华形势最关键的时段，该时段蓝藻数量的多少决定着年度蓝藻平均数量的高低。2016年，太湖流域发生大洪水，对太湖藻类生长产生了较大影响，因此，选取2016年和2019年作为对照，对比分析2016年、2019年和2020年5—9月的太湖藻类数量变化。

2016年5—9月，太湖蓝藻数量呈现单峰性变化，5—7月稳步上升并于7月份达到最高，7—9月稳步下降。2019年5—9月，太湖蓝藻数量呈现“低—高—低—高”变化特征，6月和9月的蓝藻数量较高，其中9月蓝藻数量高达33 941万个/L。不同于2016年和2019年，2020年5—9月太湖蓝藻数量波动较小，基本保持稳定。

与2016年相比，2020年5月太湖蓝藻数量明显偏高，上升132.5%；7月明显偏低，下降58.7%；6月、8月和9月基本相当。与2019年相比，2020年5—9月太湖蓝藻数量整体偏低，其中，6月、7月和9月偏低更为明显，分别下降41.8%、45.2%和74.3%；8月明显上升，上升50.8%；5月蓝藻数量基本相当，如图10.5-22所示。

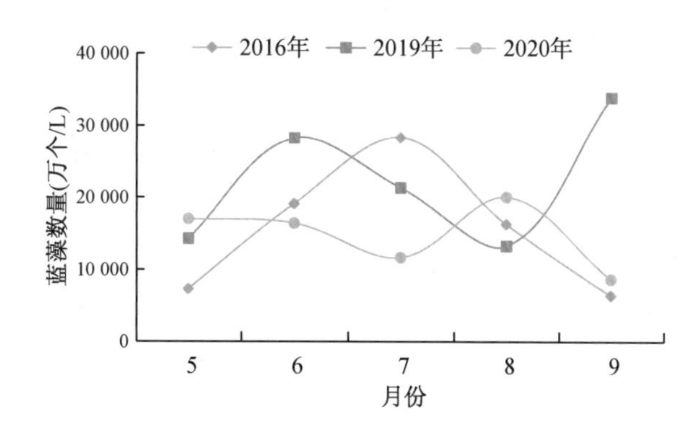

图10.5-22 2016年、2019年和2020年5—9月太湖蓝藻数量对比

根据5.1节分析研究成果，太湖主要营养盐浓度已超出蓝藻暴发的阈值，尤其是5—9月太湖的总磷浓度基本为全年最高值。因此，重点分析温度、风速、降雨等因素对2016年、2019年和2020年5—9月太湖蓝藻水华的影响。

10.5.3.1 温度影响

温度升高促进蓝藻生长，蓝藻的光合作用速率和生长速率在25℃以上显著增加，最适生长温度在 27～37 ℃。2020 年全年太湖叶绿素 a 月均浓度总体表现为先上升后下降的趋势，其与全年水温变化总体基本一致，但 6 月和 7 月太湖叶绿素 a 浓度随温度上升呈下降趋势，如图 10.5-23 所示。

从年际变化上看，相较于 2016 年，2020 年 5—9 月平均水温上升 6.8%，其中 5 月上升 18.4%，6 月降低 2.2%，7 月上升 9.8%；相较于 2019 年，2020 年 5—9 月平均水温上升 6.2%，其中 5 月上升 19.6%，6 月上升 15.6%，7 月上升 5.8%，如图 10.5-24 所示。根据已有研究结论，温度升高可促进蓝藻生长，2020 年 5—9 月水温相较于 2016 年和 2019 年总体明显上升，而同期蓝藻数量却明显偏低，这说明 2020 年蓝藻数量低于 2016 年、2019 年同期并不是由温度引起的。

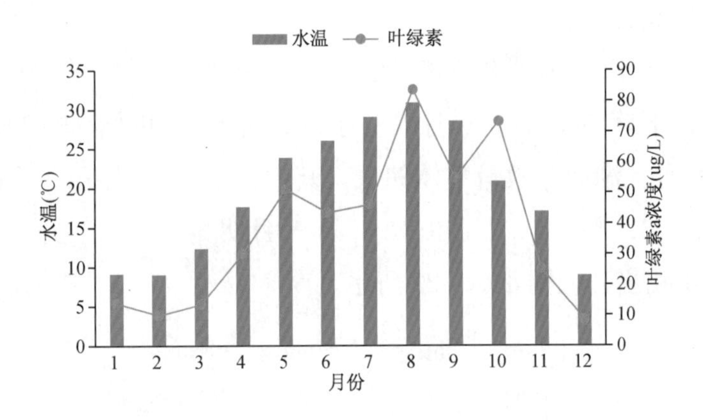

图 10.5-23　2020 年太湖叶绿素 a 浓度与水温逐月变化情况

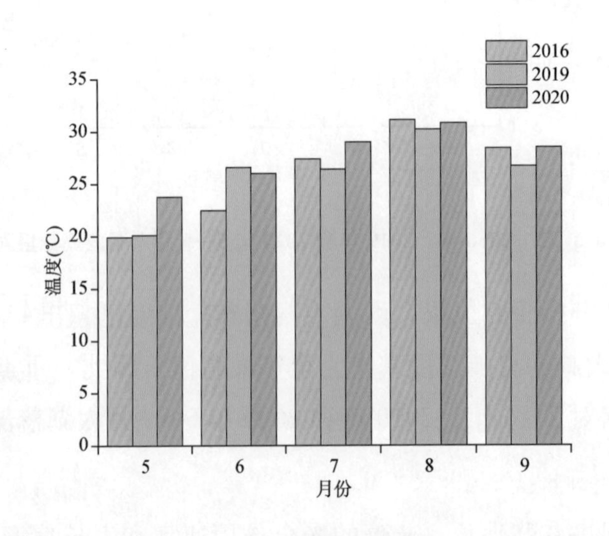

图 10.5-24　2016、2019 和 2020 年太湖月均水温对比情况

风速主要影响太湖叶绿素 a 浓度的垂直分布，当太湖风速大到一定程度时，叶绿素 a 在垂直方向上混合均匀，蓝藻不在水面形成水华；低风速时，叶绿素 a 会出现垂直分层，表层叶绿素 a 浓度较高，易形成蓝藻水华。因此，风速对蓝藻的影响主要体现在蓝藻水华面积上，而对水体中叶绿素 a 浓度的影响更多的是体现在空间分布上。

根据 2020 年 5—9 月期间贡湖自动站叶绿素 a 浓度和风速的逐日对应数据（图 10.5-25），叶绿素 a 的浓度与风速未表现出显著相关性（$p>0.05$），但是随着风速增大，叶绿素 a 浓度呈现下降趋势，根据以往的研究成果，这种差异主要由于蓝藻受风速影响，在垂直方向上出现分层引起。

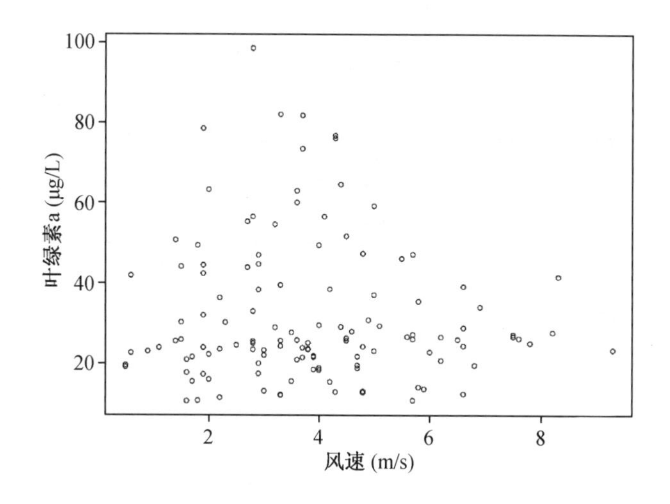

图 10.5-25　2020 年 5—9 月叶绿素 a 浓度与风速相关关系①

虽然叶绿素 a 浓度并未与风速呈现显著相关关系，但是蓝藻水华面积与风速呈显著负相关（$p<0.01$），如图 10.5-26 所示。说明随着风速的增大，太湖水面越不易形成蓝藻水华。同时，大面积暴发蓝藻水华时，前一天往往伴随较大的风浪，见表 10.5-4。

① 叶绿素 a 浓度与风速数据均来源于贡湖自动站。

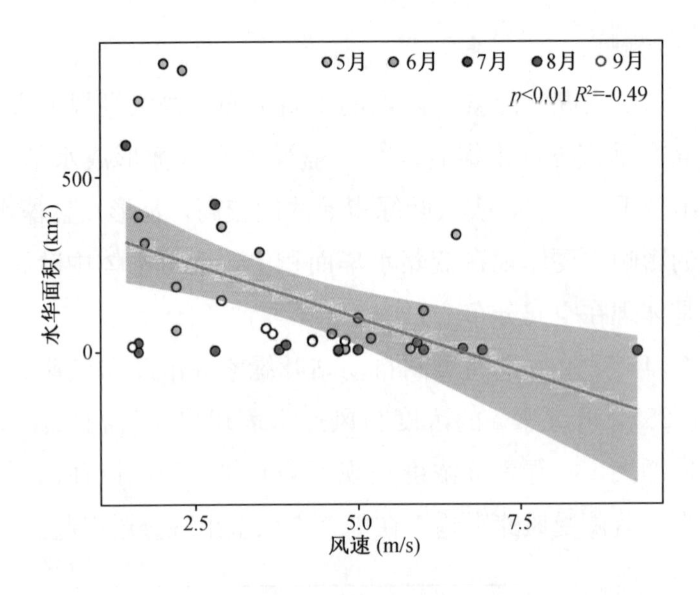

图 10.5-26　2020 年 5—9 月蓝藻水华面积与风速相关关系

表 10.5-4　2020 年蓝藻水华面积大于 300 km² 时的当日与前日风速

序号	时间	水华面积（km²）	当日风速（m/s）	前日风速（m/s）
1	5 月 3 日	357.76	2.9	3.5
2	5 月 11 日	822.58	2	4.4
3	5 月 24 日	717	1.6	6
4	5 月 31 日	386.64	1.6	5.7
5	6 月 30 日	803.53	2.3	4.4
6	7 月 25 日	590.58	1.4	5.6

太湖藻类的逐月监测时间基本为每月的 6 日至 11 日，因此，对比分析每月 6 日至 11 日之间的 5 d 太湖平均风速。从年际变化上看，相较于 2016 年，2020 年 5—9 月每月前 5 日[①]平均风速下降 14.8%，其中 5 月下降 41.0%，6 月下降 6.7%，7 月下降 49.0%；相较于 2019 年，2020 年 5—9 月每月前 5 日平均风速下降 28.5%，其中 5 月下降 0.3%，6 月下降 22.6%，7 月下降 44.6%，如图 10.5-27 所示。风速增大会促进叶绿素 a 在垂直方向上分层，表层叶绿素 a 浓度随着风速增大，应有一定程度的下降。2020 年 5—9 月每月

① 由于太湖蓝藻监测时间多为每月月初，为客观反映蓝藻变化情况，选用每月前 5 日的风速数据进行分析。

前 5 日平均风速相较于 2016 年和 2019 年均有不同程度下降，有利于蓝藻数量的上升，而同期蓝藻数量却呈下降趋势，这说明 2020 年蓝藻数量低于 2016 年、2019 年同期并不是由风速引起的。

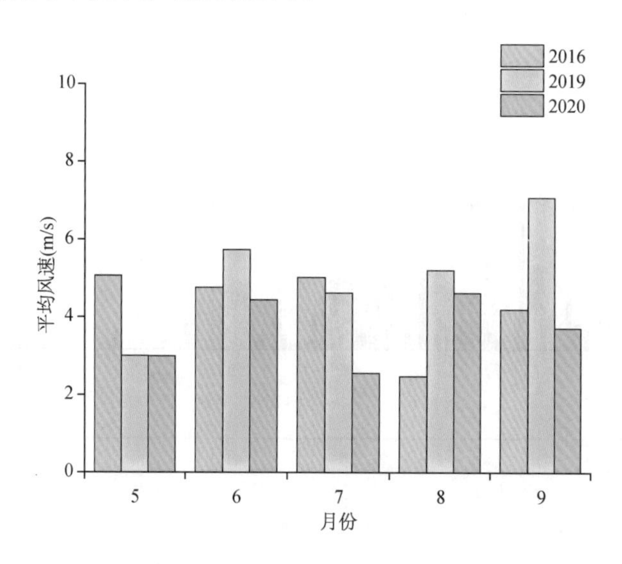

图 10.5-27　2016、2019 和 2020 年太湖每月前 5 日平均风速对比情况

10.5.3.3　降雨影响

2020 年 5—9 月累计降雨量为 1 002.1 mm，2016 年为 1 130.7 mm，2019 年为 743.9 mm。从降雨量看，2020 年降雨量低于 2016 年同期降雨量，远高于 2019 年，如图 10.5-28 所示。从降雨特征来看，2020 年降雨多为持续性降

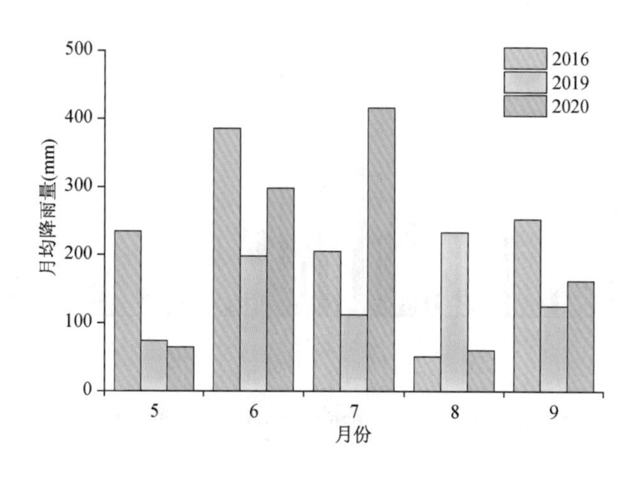

图 10.5-28　2016、2019 和 2020 年 5—9 月月均降雨量情况

雨，其中 6、7 月份累计降雨天数达 42 d；2016 年降雨多为间断性降雨，6、7 月份累计降雨大数为 33 d，较 2020 年同期降雨天数偏少 21%，如图 10.5-29 所示。

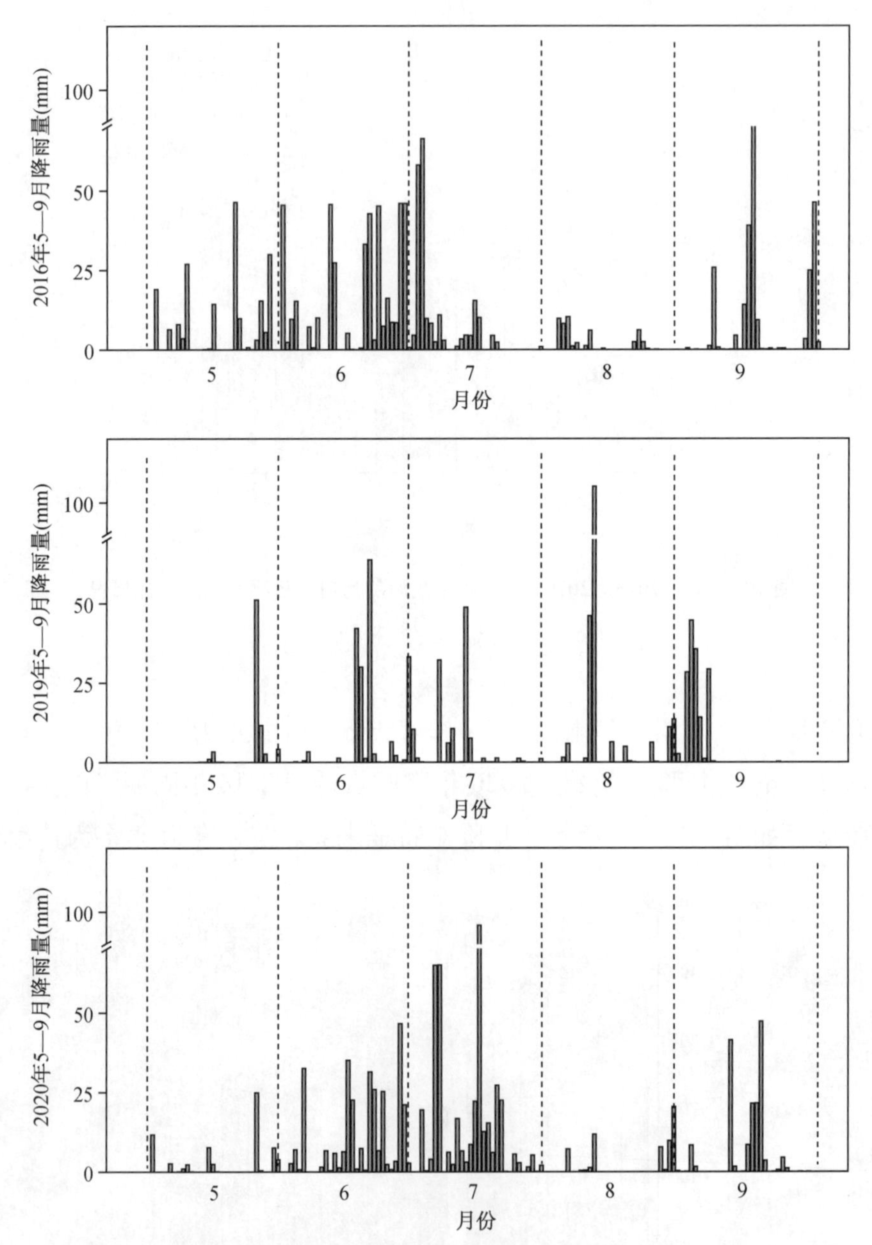

图 10.5-29　2016、2019 和 2020 年 5—9 月太湖区逐日降水量情况

2010 年以来的监测结果表明，蓝藻数量多于 6、7 月达到一年的最大值。而 2020 年的 6、7 月份发生连续性降雨（见表 10.5-5），降雨过于频繁，导致光照强度减弱、温度变化幅度较大，进而导致蓝藻光合作用减弱，生长受影响。因此，2020 年 6、7 月蓝藻数量低于 2016 年同期，更明显低于 2019 年同期。

表 10.5-5　2016—2020 年 6 月和 7 月降雨天数　　单位：d

月份	2016	2017	2018	2019	2020
6 月	19	13	7	11	20
7 月	14	7	11	10	22

10.5.3.4　入湖污染物通量影响

降雨会影响太湖周边区域入湖水量的变化，入湖水量变化会显著影响入湖污染物通量的变化。受连续降雨影响，2020 年 5—7 月太湖水位持续升高，该时间段降雨主要集中在浙西区和太湖区，浙西区入湖河道水质相对较好；而 2016 年 5—7 月降雨多集中在湖西区，湖西区入湖水质相对较差；至 8 月，2016 年和 2020 年降雨量均显著减少，如图 10.5-30 所示。

据统计结果显示，相较于 2016 年 5—8 月，2020 年同期降雨量（湖西区、浙西区和太湖区总降雨量）减少 3.0%。同时，2020 年 5—8 月环太湖河流高锰酸盐指数、氨氮、总磷和总氮 4 项指标对应的入湖污染物通量均低于 2016 年同期，分别减少 24.5%、52.4%、30.3%和 32.6%（图 10.5-31），可被藻类直接利用的氨氮和磷酸盐量明显减少，对藻类生长的支撑作用明显减弱。

综上，2020 年 5—9 月太湖温度及风速条件均有利于蓝藻生长和暴发，但太湖蓝藻数量较 2016 年和 2019 年偏低，原因主要来源于两方面：一是 2020 年 5 月下旬至 7 月下旬降雨偏多，天数多达 42 d，且多为连续性降雨，高频次的降雨会减弱光照强度、增加温度波动，不利于藻类的生长；二是 2020 年 5—7 月降雨集中在太湖区和浙西区，入湖水质相对较好，入湖污染物通量较 2016 年同期明显偏低，藻类生长可直接利用的氨氮和磷酸盐含量降低，对藻类生长的支撑作用偏弱。

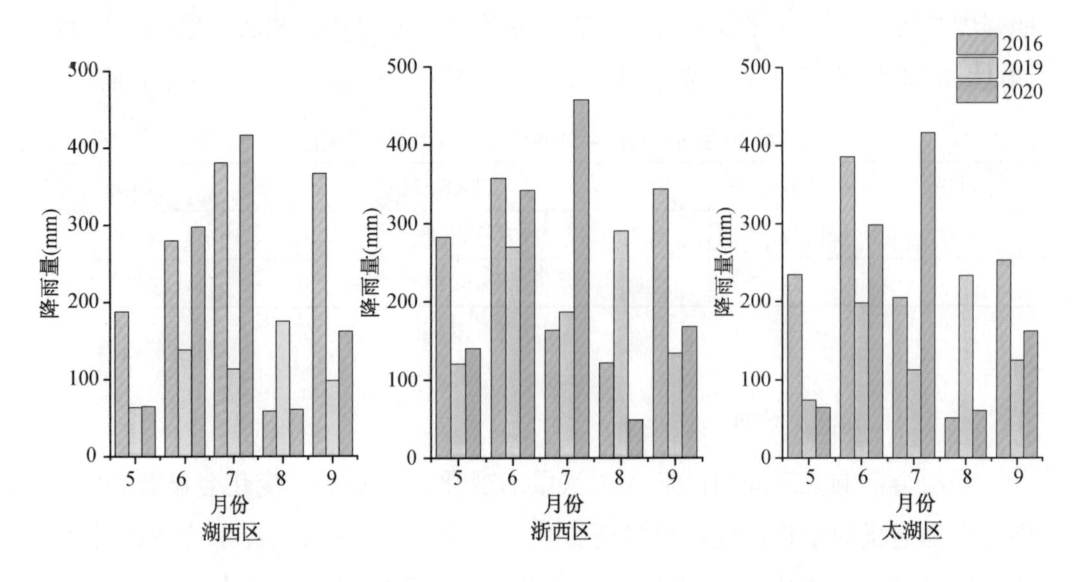

图 10.5-30　2016、2019 和 2020 年不同水利分区降雨量对比

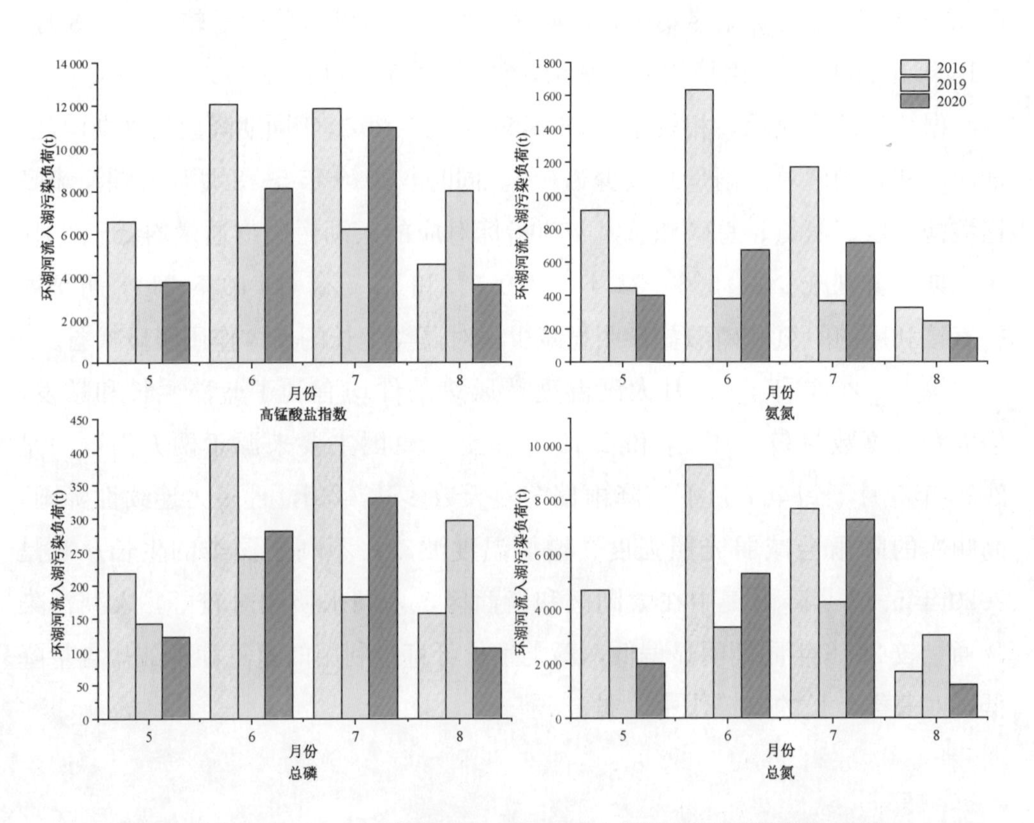

图 10.5-31　2016、2019 和 2020 年 5—8 月环太湖河流入湖污染物通量变化

> 10.6 太湖蓝藻水华发生情势预测

10.6.1 太湖流域水文气象条件变化

受全球气候变暖和太湖流域快速城市化引起的热岛效应等影响，过去40年太湖地区的气温和水温显著上升，最高、最低和平均气温增温率分别为0.535℃/10年、0.508℃/10年和0.511℃/10年（图10.6-1），最高气温的增温率略高于最低和平均气温。太湖水下50 cm处平均水温增温率与平均气温接近，为0.514℃/10年，40年内平均水温增温2.0℃，增加了11.6%。但气温和水温增温均表现为明显的季节差异，在藻类萌发和蓝藻水华易发的春季（3—5月）增温更为明显，平均气温和平均水温的增温率分别高达0.699℃/10年和0.702℃/10年，40年内提高了2.8℃[7]。

与此同时，受全球大气停滞和太湖周边城市高大楼群建设影响，太湖地区年平均风速呈现持续下降趋势。相比较而言，最大风速的下降速度要明显大于平均风速，各自的线性下降斜率分别为每10年0.41 m/s和每10年0.27 m/s（图10.6-1），过去40年太湖地区年平均风速下降了1.06 m/s，降低了29.6%。相比于平均水温40年内增加11.6%，平均风速的下降更为明显[7]。

针对太湖的分析研究结果表明，水温的上升及风速的下降均有利于蓝藻水华的暴发。

10.6.2 太湖蓝藻水华发生形势预测

M-K检验结果表明，太湖藻型湖区蓝藻水华变化可分为两个阶段，2016年为水华强度变化的拐点。采用独立样本t检验对两个阶段的叶绿素a浓度进行统计分析，结果显示第一阶段（2007—2015年）藻型湖区的叶绿素a平均浓度为25.7 μg/L，显著低于第二阶段的46.3 μg/L（$t=-4.26$，$p<0.01$），如图10.6-2所示。

藻型湖区的总磷浓度变化也可以分为两个阶段，拐点年份出现在 2015 年。2007—2014 年，藻型湖区总磷平均浓度为 0.077 mg/L；2015—2019 年则为 0.091 mg/L，极显著大于 2007—2014 年（$t=3.75$，$p<0.01$），如图 10.6-2 所示。

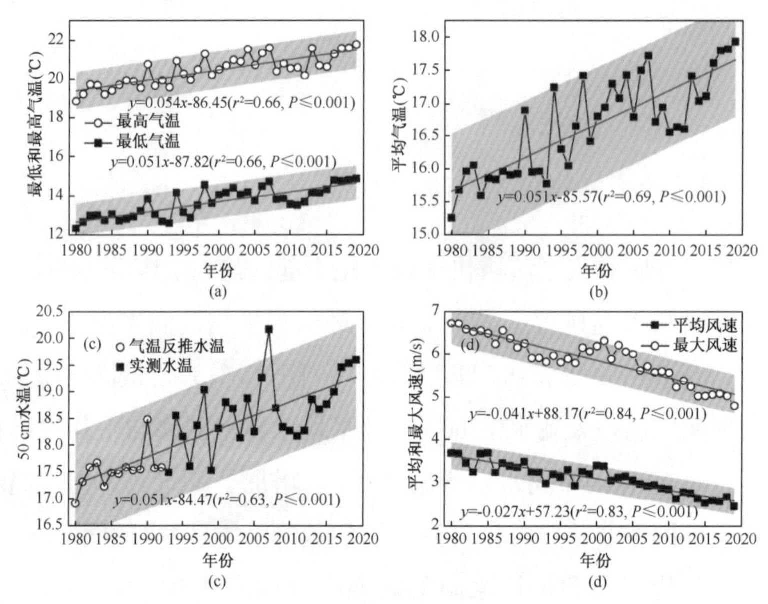

图 10.6-1　1980 年以来太湖年最高和最低气温（a）、平均气温（b）、水温（c）和风速（d）的长期变化趋势[7]

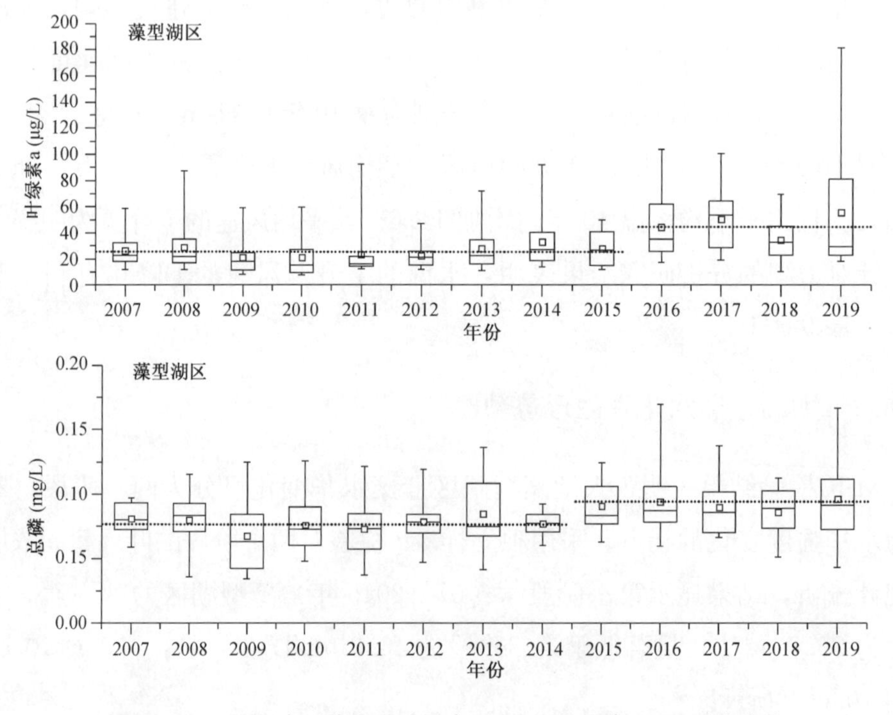

图 10.6-2　2007 年以来太湖叶绿素 a（上）和总磷（下）浓度变化

生态系统在转变为一个具有不同的结构和功能的稳态之前所能够承受的扰动大小称为生态系统恢复力（ecological resilience）。太湖作为大型浅水湖泊，具有较强的生态系统恢复力。生态系统内部复杂的动力学过程及负反馈（stabilizing feedback）机制使其能够承受一定的外部压力，维持当前的稳态而不发生明显变化（图 10.6-3），因此，在 2015 年流域大洪水及沉水植物面积骤减等因子共同影响下，太湖仅表现出水质有所恶化，而水华强度并未明显上升。但 2016 年又发生了创历史新高的流域特大洪水，降雨量较常年偏多 47%，由于大洪水引发的外界胁迫超出了其生态阈值（ecological threshold），导致藻型湖区和草型湖区的水华强度均明显加剧，并达到新的稳态。同时，由于生态系统存在一定的迟滞效应（hysteresis），达到新的稳态后能够保持其长期具有稳定性，这可能是 2017 年入湖污染负荷较 2016 年明显减少，但太湖蓝藻水华强度仍保持较高水平的一个重要原因。由于迟滞效应，湖泊生态系统达到新的平衡后很难在短时间内发生转变，且随着全球变暖，降雨极端事件发生的概率将会进一步增加，有利于大面积蓝藻水华的暴发[23]；同时，由于太湖本身就是一个巨大的"磷库"，太湖蓝藻水华强度在短期内仍可能处于较高水平。

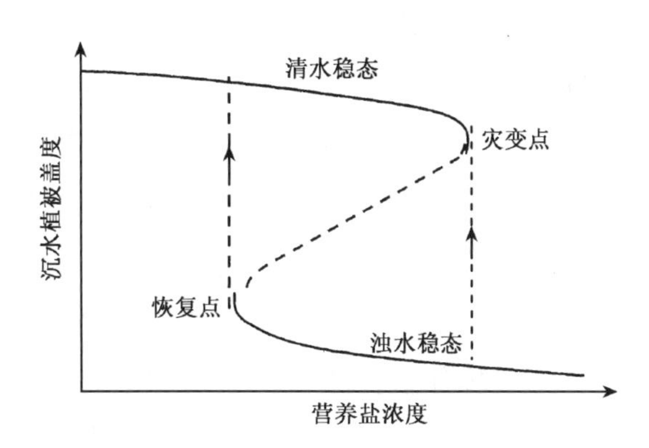

图 10.6-3　湖泊清水稳态与浊水稳态的转换关系

＞10.7
太湖蓝藻水华防控措施研究

10.7.1　长期措施

10.7.1.1　持续推动上游地区产业结构升级及控源截污

深入贯彻落实《〈长江三角洲区域一体化发展规划纲要〉江苏实施方案》《浙江省推进长江三角洲区域一体化发展行动方案》，优化产业结构布局，强化区域优势产业协作，推动传统产业升级改造，加快重污染企业搬迁改造或关闭退出，全面开展“散乱污”涉水企业综合整治，依法淘汰涉及污染的落后产能。制定实施区域总磷、总氮总量控制方案，执行更加严格的氮磷控制和污染物排放标准。提升生活污染治理水平，加大污水管网建设力度，推进海绵城市建设，完善农村生活污水、垃圾处理处置体系。统筹山水林田湖草系统治理和空间协同保护，强化农村农业面源治污染理，针对环太湖上游地区，因地制宜制定农作物病虫害绿色防控技术标准，推广高效、无毒农药，减少农药残留。推广实施节水灌溉、径流控制和测土配方施肥技术，减少化肥和农药使用量，提高农业施肥利用效率。适度控制畜禽养殖规模，推进畜禽粪便资源化利用、无害和降害分解处理。调整优化稻田、果园、菜地、茶园等土地利用类型，合理实施保护性耕作、免耕和生态隔离带等措施，加强生态沟渠、缓冲带、生态池塘和人工湿地建设，强化农业污染拦截。深入实施乡村振兴战略，补齐农村污水和垃圾处理基础设施短板，对农村垃圾源头进行分类，建立分类收运处置系统和收费机制，建立低成本、减量化和资源化的处理方式；完善农村污水排放与收集系统，加强农村污水处置。

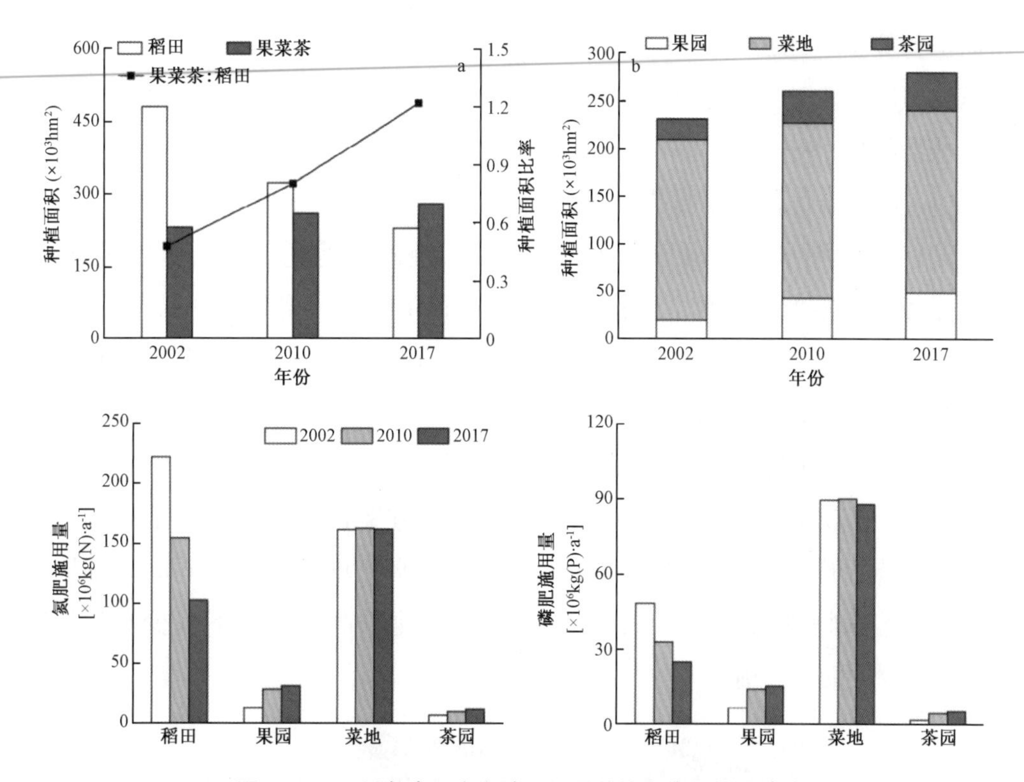

图 10.7-1　近年来环太湖地区不同种植业施肥使用统计

10.7.1.2　加快推进入湖河道及太湖生态修复

1. 加强入湖河道综合整治

合理划定入湖河道岸线功能定位，根据各分区拟定水域岸线生态空间管控范围和要求，明确入湖河道河滨岸生态系统保护和修复要点，逐步改善入湖河道水生植物覆盖状况和生物多样性，提升入湖河道和湖荡群生态功能，构建“控源截污—环境改善—生态修复”的河湖长效治理体系。结合清洁小流域建设，推进河入湖道及河道周边生态修复和湿地建设工作，因地制宜地利用自然条件，构建湿地网络，有效削减入河和入湖污染物总量。根据环湖圩区分布情况，实施退圩还湖并构建圩区湿地，推进入湖河道两岸雨水蓄积型湿地建设。实施农田湿地和沟渠强化湿地建设，削减河道两岸村庄生活污水影响，降低农业面源污染汇入，提高农业面源氮磷拦截能力。

2. 多措并举恢复太湖草型湖泊生态系统

沉水植物对于浅水湖泊功能的发挥具有极大影响，沉水植物分布面积减少后，太湖东部水域的蓝藻水华强度明显上升，虽然现阶段太湖沉水植物分布面积较 2015 年明显上升，但较 2014 年以前仍有很大差距，且东西山之间及东交咀附近水域的沉水植物恢复速度极为缓慢。同时，东太湖围网拆除区水生植物组成单一。

（1）进一步优化水草打捞方案

2015 年太湖水生植物分布面积骤降后，环湖各地优化了水草打捞方案，有力保障了近年来太湖水生植物分布面积的稳步恢复。据野外现场调查发现，随着太湖水草打捞管控力度的加强，贡湖南部、东部沿岸区和东太湖相关水域的水草打捞工作走向另一个极端，从而导致部分水域水草疯长或沿岸带大量水草堆积，且可能在高温等条件下发生腐烂，影响水质，如图 10.7-2 所示。因此，有必要进一步优化太湖水草的收割方案，在现有管控工作的基础上，对重点沿岸区的水草进行适度收割，防止水草堆积腐烂；同时，开展生长晚期水生植物收割工作，在保证来年水生植物种源的前提下减少水生植物茎干在湖体的腐烂分解。

图 10.7-2　太湖湖滨带水草腐烂

（2）探索重点水域水生植物生态修复

2015 年以来，太湖水生植物面积稳步恢复。但与 2014 年相比，现阶段东西山之间、东交咀附近水域沉水植物恢复极为缓慢，而这两个区域水生植物的恢复情况对东太湖蓝藻水华具有重要影响。针对长江中下游湖泊的研究结果表明，在水深约 1.5～3.5 m 的条件下，当湖水 TP 超过约 0.1 mg/L 时，湖泊生态系统只可能处于浮游藻类占优势的浊水稳态；当 TP 低于约 0.05 mg/L 时，湖泊处于以沉水植被占优势的清水稳态；当 TP 处于两者之间时，湖泊可为浊水稳态，也可为清水稳态[24]。目前，东西山之间及东交咀附近水域的总磷浓度介于 0.05～0.1 mg/L 之间，具备开展水生植物生态修复的必备条件。在上述两个区域水生植物难以自我恢复的条件下，需探索开展人工生态修复，加快相关水域水生植物的恢复。

（3）强化东太湖水生植物管控

东太湖围网拆除后，相关水域水生植物恢复迅速，但优势种主要为菱等浮叶植物，以及莲等挺水植物。菱、莲等水生植物遮光效应强、水体净化能力弱，严重影响沉水植物的生长。需对东太湖浮叶植物和挺水植物进行管控，制定合理的收割方案，降低浮叶植物和挺水植物的优势度，为沉水植物的生长创造条件，引导东太湖水生植物优势种由浮叶植物和挺水植物向沉水植物转变，形成与胥湖类似的以沉水植物为主导的草型湖泊生态系统。如图 10.7-3 所示。

图 10.7-3　东太湖（左）和胥湖（右）水生植物分布及水质状况对比

3. 有序推进太湖岸线生态保护区建设

太湖湖滨带挺水植物可有效改善湖体的水环境，吸附水体中的富营养物质，还能起到消浪挡风的作用，并且是各种飞禽赖以栖息和捕食的重要家园。1960 年太湖沿岸带芦苇分布较为广泛，环太湖湖滨带基本均有芦苇分布；至 1980 年，太湖沿岸带芦苇分布面积显著减少，西部沿岸区和南部沿岸区减少最为明显，如图 10.7-4 所示。

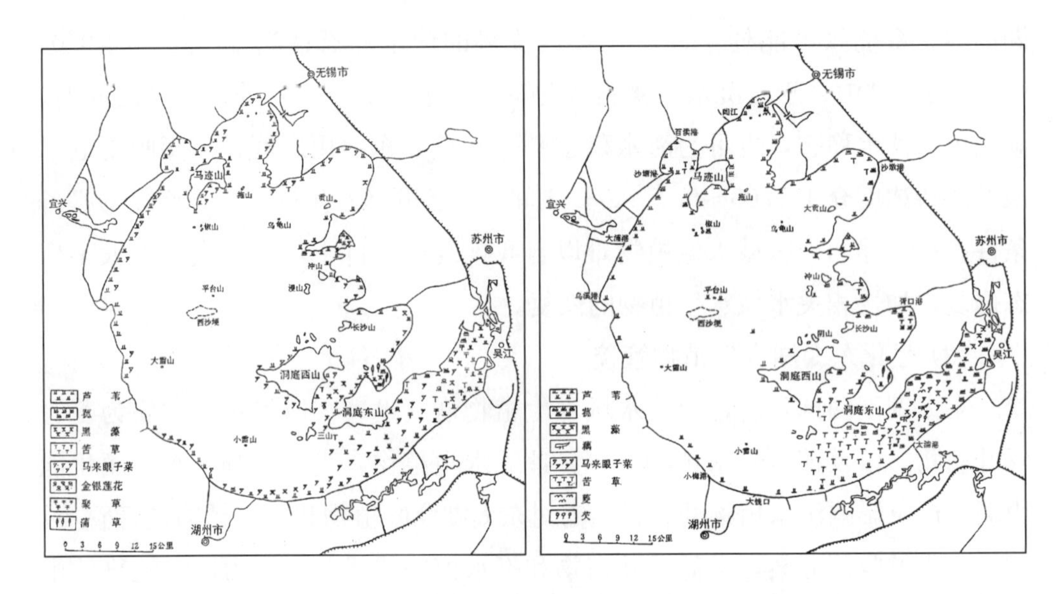

图 10.7-4　1960 年（左）和 1980 年（右）太湖水生植物分布状况

着力打造太湖生态保护圈，深化环太湖绿色生态廊道建设，构建环湖生态屏障，在 2.8 m 高程（镇江吴淞高程）范围内扩大湖滨湿地建设，构建具有水陆交错特性的基底环境，有序推进太湖沿岸带芦苇种植，尽快建成太湖生态缓冲带。同时，芦苇枯萎后在水中容易腐烂、分解，会导致水体二次污染，应加强太湖沿岸带芦苇的收割和回收（图 10.7-5），避免芦苇死亡带来的次生危害。

图 10.7-5　太湖沿岸带芦苇收割

10.7.1.3 优化流域水资源调度

1. 优化太湖洪水与水量调度方案

持续实施太湖冬春季水位调控，并进一步探索降低太湖水位的可行性，为水草萌发及生长创造有利条件，促进太湖沉水植物恢复。深入分析不同特征水位下水生植物、浮游植物、鱼类等主要水生生物指标生境条件变化及群落结构演变特征，从促进水生植物生长、鱼类产卵及繁殖等方面提出太湖适宜水位及年内变化过程。紧密结合流域经济社会发展对水资源的需求及湖泊水生生物生长与繁殖需要，统筹考虑防洪、供水和水生态需求，及时修订《太湖流域洪水与水量调度方案》，突出生态调度，充分发挥水位在维系湖泊生态系统良性循环中的关键作用，同时为其他流域水资源调度提供示范。

2. 加大望虞河引江济太规模

多年监测结果表明，望虞河入湖水质与浙西山区苕溪入湖水质相当，望虞河来水是现阶段太湖入湖优质水源。在不削弱河道行洪能力、不影响流域行洪安全的前提下，结合望虞河沿线支流水质状况，在望虞河西岸支河上的湖荡以及望虞河沿线漕湖等湖荡的非行洪区域开展湖荡湿地生态修复，提高望虞河沿线生态净化能力，进一步提高望虞河入湖水质，稳步提升引江济太规模，增加清水入湖量，并减少湖西区入湖水量，推动入太湖污染物通量的稳步降低。同时，积极探索非引江济太期间望虞河引水调度方案，促进望虞河两岸水体有序流动，增加区域水环境容量，改善区域水环境。

3. 加速太湖北湖湖湾水体流动

针对太湖北部湖湾水质差、蓝藻水华强度高的特点，建立新孟河、梅梁湖、望虞河、走马塘等流域骨干工程联合调度方案（如图 10.7-6 所示），结合太湖生态水位过程需求，加速太湖北部湖湾水体流动，增强区域水环境自净能力，充分发挥水动力对区域水环境的改善作用，降低北部湖湾蓝藻水华强度，避免蓝藻在湖岸带大量堆积。

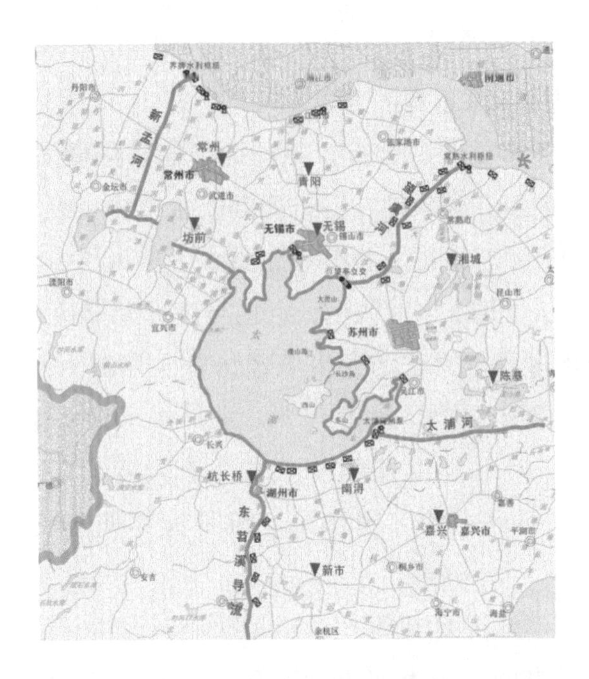

图 10.7-6　太湖流域骨干水资源调度工程示意图

10.7.1.4　进一步推动上游地区节水减污

1. 节水潜力分析

2019 年，来水区人均综合用水量和万元 GDP 用水量分别达到 505 m^{3}和 30 m^3，分别是太湖流域的 1.32 倍和 1.25 倍，见表 10.7-1。总体来看，来水区节约用水水平有较大提升空间。

表 10.7-1　来水区综合用水指标与全国及太湖流域对比

分区	人均综合用水量（m^3）	万元 GDP 用水量（m^3）	万元工业增加值用水量（m^3）	人均生活用水量（L/d）	农田灌溉亩均用水量（m^3）
全国	431	60.8	38.4	139	368
太湖流域	382	24	31	158	450
来水区	505	30	33	165	491

来水区高耗水工业主要包括火电、石化、钢铁、纺织、造纸、食品、化工等行业，其工业产值占工业总产值比例高，且这些高耗水行业仍存在工艺设备落后、节水器具改造不彻底、用水管理不严格、用水计量体系不完善、工业用水重复利用率低等问题。2019 年来，水区万元工业增加值用水量为 77 m^3，是太湖流域的 1.24 倍，是全国的 2.01 倍。

来水区耕地以水田为主，主要种植作物为水稻，主要采用漫灌方式，用水量大，耗水量也大，在水田漫灌消耗的用水中，大部分为水田蒸发、渠系损失，而水稻的实际耗用量较低。2019 年，太湖流域耕地实际灌溉亩均用水量高达 491 m^3，是太湖流域的 1.09 倍，是全国的 1.33 倍。

来水区自来水水价偏低，经济较为发达，居民平时并不注意节约用水，居民小区节水配套设施不完善，节水型器具推广不到位，供水管网“跑、冒、滴、漏”等问题依然存在。2019 年来水区城镇居民人均生活用水量为 165 L/d，是太湖流域的 1.04 倍，是全国的 1.19 倍。

2. 全面提升来水区节约用水水平

(1) 推进法制建设，理顺管理机制

法制建设是节水工作的长效保障，是强化节水工作的根本性措施。应建立健全节水法律法规体系，加快节约用水立法进程，加快制定和出台节约用水条例，整合现有地方法规和政府规章，使节水工作真正有法可依、有章可循。进一步完善节水管理机制，建立流域区域、跨行业多部门协作的节水协调机制，充分发挥发改、财政、水利、住建、环保、教育等行业主管部门在节水管理工作中的指导、推进作用，加强协作配合，形成节水合力。推动落实地方党委政府节水责任，逐级明确目标任务，层层压实节水责任。抓好节水法规制度的落实，严格用水总量控制、用水效率控制、计划用水和定额管理等制度的执行，把各项节水制度落实到位。

(2) 严格开展节水评价，源头限制用水浪费

开展规划和建设项目节水评价，是促进水资源节约与合理开发利用、发挥水资源承载力刚性约束的重要抓手。按照《水利部关于开展规划和建设项目节水评价工作的指导意见》《规划和建设项目节水评价技术要求》，对与取用水相关的水利规划、需开展水资源论证的相关规划、与取用水相关的水利工程项目、办理取水许可的非水利建设项目，应从严从实开展节水评价工作，从严叫停节水评价审查不通过的项目，从源头把好节水评价关。将节水评价完全融入现有规划和建设项目程序，按照规划审查审批、建设项目立项审查、取水许可的现有管理程序和分工，负责各自权限内的节水评价审查工作。结合本地实际及时修订规划和建设项目管理的有关法规、制度和规范，明确节水评价具体要求，夯实节水评价制度基础。强化节水评价管理，实行节水评

价登记制度，建立工作台账，及时全面掌握节水评价工作的进展情况。

(3) 完善定额指标体系，科学实施计划用水

取用水定额标准是衡量节约用水的标尺，要将定额标准放在基础工作之首，为节水管理打好基础。梳理建立涵盖国家、省市的节水标准和用水定额体系库。加快制定完善定额标准体系，深入分析流域区域用水结构和特点，摸清不同行业的用水规模和特点，按照严于国家定额的原则，补充完善用水规模较大和单位水耗较高的农作物、工业产品和服务行业的用水定额，从严制订定洗浴、洗车、高尔夫球场、洗涤、宾馆等行业用水定额。强化用水定额应用，把用水定额作为落实节水优先、强化节水监管的重要标尺和手段，在取水许可、计划用水管理、水价改革、节水评价等方面严格使用用水定额，通过定额倒逼用水户节约用水，切实发挥定额的导向和约束作用。加强计划用水的指导、协调和监督检查，规范用水计划的建议、核定、下达、调整，建立用水统计台账，实施用水在线监控和动态管理。

(4) 创新节水管理方式，示范引领社会节水

合同节水管理是落实两手发力的重要方式，是运用市场机制实施节水改造的重要手段。在公共机构、公共建筑、高耗水工业、高耗水服务业、公共水环境治理、经济作物高效节水灌溉等重点领域积极推行合同节水管理，在推广节水效益分享型、节水效果保证型、用水费用托管型等合同节水管理典型模式基础上，鼓励节水服务企业与用水户创新发展合同节水管理商业模式。同时结合各个行业用水特点，挖掘重点关键行业节水潜力。教育行业充分运用合同节水管理方式，积极引入社会资本，集成专业节水技术和服务，创建节水型高校学校，既实现提高水资源利用效率的目标，又达到“教育学生、引领家庭、文明社会”的目的。水利行业全面开展节水机关建设，打造“节水意识强、节水制度完备、节水器具普及、监控管理严格”的标杆单位，提供可复制推广的节水工作模式和建设模式。在各行业推广合同节水管理、节水机关建设等成效经验，示范带动行业节水，引领全社会节水。

10.7.1.5 建立协同高效的太湖蓝藻水华防控体系

1. 蓝藻水华影响供水安全的风险依然存在

近年来，太湖营养状况虽有所改善，但太湖氮磷营养盐长期累积，湖体

藻型生境已经形成，目前尚未得到有效改变。只要气温、光照、风力等外部条件具备，部分湖区仍有蓝藻水华大面积暴发的可能。太湖岸线/水域面积比值大，较为曲折的岸线有利于蓝藻聚集。受东南季风影响，蓝藻易在环湖岸线湖湾内聚集，尤其是竺山湖、梅梁湖等北部湖湾，为蓝藻水华及聚集提供了有利的先天条件。

5—10 月高温时段，太湖蓝藻水华强度一般处于较高水平，因此，该时段位于贡湖北岸的锡东水厂和南泉水厂受蓝藻水华的影响较大，尤其是 5 月和 7 月的蓝藻水华强度会更高。监测结果显示，2019 年和 2020 年 5—7 月，锡东水厂取水口的蓝藻密度分别为 11 880、16 429、23 931 万个/L 和 12 839、10 165、23 227 万个/L,处于较高水平，如图 10.7-7 所示。大量的蓝藻在沿岸带堆积，加之沿岸带较为丰富的底泥，在有利的气象条件下有可能诱发湖泛[25]。

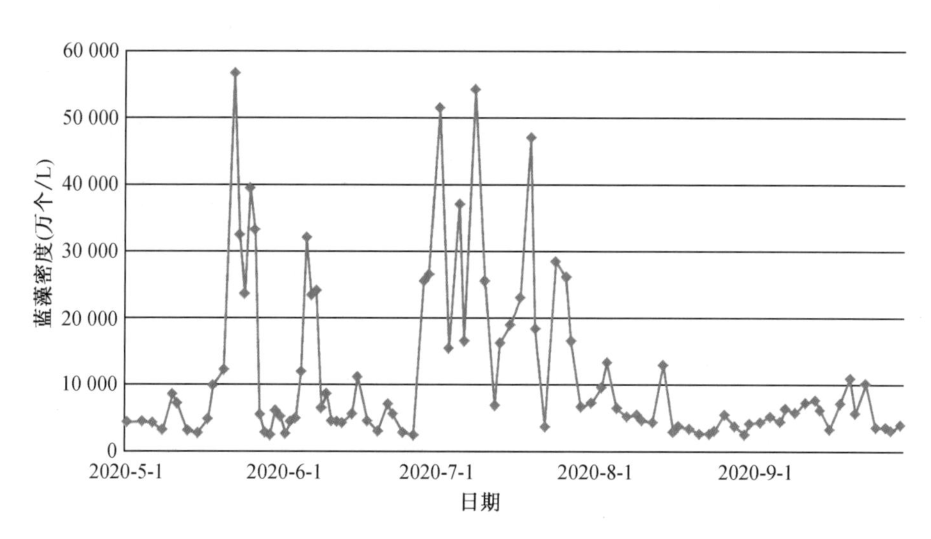

图 10.7-7　2020 年 5—9 月锡东水厂取水口蓝藻密度变化过程

气温连续 5 d 高于 25 ℃、气压低于 101.0 kPa，有利于诱发湖泛[26]。2007 年南泉水厂附近水域的大面积湖泛及 2020 年贡湖北部水域的水体异常（如图 10.7-8 所示）的发生均印证了上述观点。一般情况下，入梅前夕的 5 月下旬，水温较高、气压较低，且蓝藻水华强度高，有利于湖泛的发生，应高度重视该时段的蓝藻防控工作。

2. 完善太湖蓝藻水华联合防控协作机制

联合生态环境、水利、气象、住建等部门建立定期会商制度，科学指导

图 10.7-8　2020 年贡湖北部水域异常水体

太湖蓝藻防控，加强跨部门跨行业信息共享力度，及时发布蓝藻水华即时监测与短期预警信息，做到早监测、早研判、早预警，强化蓝藻湖泛防控科技保障。持续开展中长期蓝藻水华预测预警，直观展示太湖藻类水华时空演变趋势，为减轻蓝藻水华危害、保障供水安全提供支撑。创新管理模式和预警技术，结合无人机 AI 影像识别技术、遥感等先进技术，整合多方资源探索更加先进高效的蓝藻防控技术和手段，有效提升蓝藻水华预测预报和预警的科学性、智能化水平。

3. 全面提升蓝藻水华预测预警水平

加强蓝藻水华监控能力建设，完善蓝藻水华及湖泛监测预警平台，实时掌握太湖蓝藻水华动态变化情况，为开展蓝藻预测预警和应急处置提供有力支撑。整合多方资源充分利用无人机 AI 影像识别技术、蓝藻水华视频监控、卫星遥感解译等先进技术及人工调查巡查成果，提高蓝藻水华的实时感知性和准确性，动态掌握蓝藻水华程度及分布规律。结合水文气象数据成果，分析研判蓝藻水华变化趋势与发展形势，及时预警、防范并跟踪可能威胁供水安全的湖泛事件的发生。

4. 强化太湖蓝藻常态化打捞

辛华荣的研究结果表明，控制蓝藻水华强度是降低湖泛风险的根本途径[27]。2008 年以来，江苏省水利厅指导沿湖地区建立打捞组织体系、建设蓝藻打捞网络和藻水分离设施、推进蓝藻无害化处置资源化利用和打捞处置市场化。太湖蓝藻打捞处置实现了“专业化组织、机械化打捞、工厂化处理、资源化利用、无害化处置”的格局，截至2019年底，环太湖各市建设蓝藻固定打捞点83个，设定重点动态打捞区域76个；配置吸藻船、机械打捞船（长臂型等）、人工打捞船等各类蓝藻打捞船只646艘，最大日打捞量已达6万余t；设置固定点打捞泵360台，形成了固定打捞与机动打捞相结合、固定式藻水分离与移动分离车（船）相结合、无害化处置与资源化利用相结合的蓝藻打捞处置模式。2008年以来，江苏省在太湖已累计打捞蓝藻1 700万t，有效防止了蓝藻在沿岸带堆积腐烂发臭，同时也在防止太湖发生大面积湖泛方面发挥了重要作用。

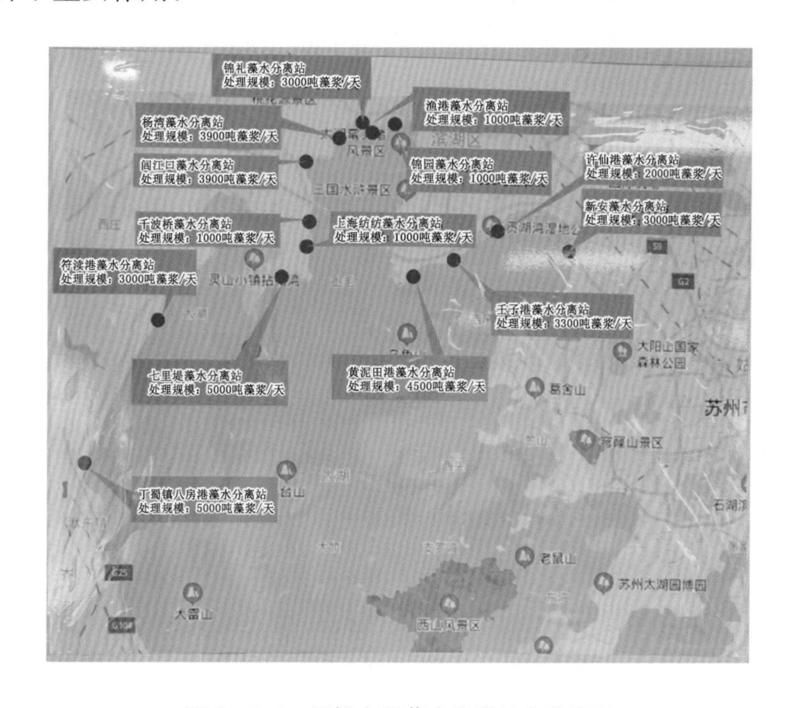

图 10.7-9　无锡太湖藻水分离站布设情况

推动落实属地管理原则，完善打捞组织体系与蓝藻打捞网络，优化各地区蓝藻水华应急防控预案及配套的监督考核办法。建立健全管理制度，落实监管职责，探索政府购买社会服务的长效机制，强化蓝藻打捞监督考核，充分发挥市场机制作用，整合社会资源高效运转，切实提高蓝藻打捞效率。

根据各湖湾蓝藻水华程度的时空差异性和发展情势，进一步优化沿线蓝藻打捞点位布局与资源配置，改造提升蓝藻打捞设备，提高重点区域和重点水域蓝藻打捞保障水平及蓝藻打捞机械化和自动化水平，提升蓝藻打捞的机动灵活性和应急处置能力。按照藻水分离“日产日清”原则，提高现有藻水分离站处理能力并改造升级处理工艺，同时适当新建藻水分离站。充分利用现有的蓝藻无害化处置设施，进一步改造提升，研发藻水分离—深度脱水一体化等新技术，降低蓝藻脱水干化成本，提升处置能力及水平，实现处理处置全覆盖。

10.7.2 应急措施

太湖蓝藻水华强度短期内并不会明显减弱，威胁流域供水安全和水生态安全。为保证流域供水安全，需建立适用于水华高发期（5—10月）和危害风险期（5月底—6月初）的太湖蓝藻水华监测及应对措施。

1. 水华高发期

（1）太湖蓝藻水华强度在一天内的变化较为剧烈，建立跨部门信息共享机制，实现不同部门之间关于太湖蓝藻调查信息的实时共享，建立全面的太湖蓝藻水华及湖泛信息动态实时库。

（2）在贡湖、梅梁湖、湖西区等重点区域建设应急控藻及离岸围隔设施，适时启动曝气装置，提升局部水域蓝藻拦截能力。

（3）设置应急机动打捞船、应急控藻船、移动分离船等离岸打捞处理装备，建立蓝藻湖泛应急物资分级储备机制，进一步健全完善蓝藻治理应急防控体系，注重藻水分离能力和应急处置能力建设，加强蓝藻打捞队伍建设和藻泥处置利用能力建设等，提高蓝藻快速打捞清除能力。

（4）进一步加强太湖蓝藻及饮用水水源的巡查监测，实时掌握蓝藻水华和水源水质状况，及时发现威胁供水安全的不利因素。充分利用人工巡测、自动监测、卫星遥感等手段，对蓝藻发生、变化情况进行全面监控，结合水文气象条件变化，着重分析研判蓝藻水华和湖泛发生形势，做到早监测、早研判、早预警。

（5）按照属地管理原则，根据蓝藻水华情势进一步优化蓝藻打捞点位配置，集中力量开展重点水域蓝藻打捞。根据蓝藻生长变化，合理调配专业打捞队伍和设备，推动蓝藻打捞处置技术改进及购买服务等市场化机制创新，强化蓝藻打捞监督考核，提高蓝藻打捞效率。

（6）强化太湖沿岸带的生态清淤工作，避免大量污染底泥在湖泛易发区附近水域富集，切断湖泛发生的生化反应链，同时，积极探索淤泥无害化处置和资源化利用新技术。

（7）严格执行《江苏省太湖蓝藻暴发应急预案》和《江苏省太湖湖泛应急预案》。及时启动应急响应，积极处置蓝藻水华和湖泛，切实保障供水安全和水生态安全。

（8）开启望虞河江边枢纽，调引长江水入望虞河，加强望虞河水质监测，在确保流域防洪安全前提下，做好引江济太入湖准备。

2. 危害风险期

（1）在环太湖城市蓝藻水华协同监测机制框架下，建立危害风险期贡湖蓝藻水华防控方案。

（2）贡湖北岸离岸 200 m 水域出现溶解氧浓度≤5.0 mg/L 时，提高贡湖北岸蓝藻调查监测频次，全面掌握南泉水厂—锡东水厂水域蓝藻水华发生情况，并提高贡湖北岸相关水域的蓝藻打捞强度，避免出现蓝藻长时间大量在沿岸带聚集、腐烂的现象。

（3）离岸 200 m 水域出现溶解氧浓度降至 2.0 mg/L 左右时，进一步加密应急监测频次，同时加大蓝藻打捞力度，并立即采取移动曝气措施，推动溶解氧浓度稳步恢复至正常水平。

（4）大片水域出现溶解氧浓度连续 3 d 降至 2.0 mg/L 左右时，且蓝藻水华强度居高不下情况下，有湖泛发生的可能，根据天气情况实施人工降雨等应急措施。

（5）加强沿岸带污染底泥调查，启动应急清淤，避免大量污染底泥在湖泛易发区附近水域富集，切断湖泛发生的生化反应链，防止重点湖湾蓝藻发生堆积腐烂发臭现象，降低重点水域大面积湖泛概率及对供水安全带来的风险。

（6）在确保流域防洪安全的前提下，适时开启引江济太应急调度，加速贡湖水体流动，避免贡湖北部水域及水源地取水口蓝藻大量堆积。

（7）当发现沿岸带水域出现水体异常时，立即采取紧急围挡隔离措施，避免异常水体面积继续扩大，同时对围隔内水体实施曝气增氧等措施，提高异常水体溶解氧浓度。

参考文献

[1] Wang S, Gao Y, Li Q, et al. Long-term and inter-monthly dynamics of aquatic vegetation and its relation with environmental factors in Taihu Lake, China [J]. Science of The Total Environment, 2019, 651: 367-380.

[2] Zhao D, Jiang H, Cai Y, et al. Artificial regulation of water level and its effect on aquatic macrophyte distribution in Taihu Lake [J]. PLos One, 2012, 7 (9): e44836.

[3] 赵凯，周彦锋，蒋兆林，等. 1960 年以来太湖水生植被演变 [J]. 湖泊科学，2017，29 (2)：351-362.

[4] 朱广伟，秦伯强，张运林，等. 2005—2017 年北部太湖水体叶绿素 a 和营养盐变化及影响因素 [J]. 湖泊科学，2018，30 (2)：279-295.

[5] 孔繁翔，马荣华，高俊峰，等. 太湖蓝藻水华的预防、预测和预警的理论与实践 [J]. 湖泊科学，2009，21 (3)：314-328.

[6] Zhang Y, Qin B, Zhu G, et al. Profound Changes in the Physical Environment of Lake Taihu From 25 Years of Long - Term Observations: Implications for Algal Bloom Outbreaks and Aquatic Macrophyte Loss [J]. Water Resources Research, 2018, 54 (7): 4319-4331.

[7] 张运林，秦伯强，朱广伟. 过去 40 年太湖剧烈的湖泊物理环境变化及其潜在生态环境意义 [J]. 湖泊科学，2020，32 (5)：1348-1359.

[8] Sinha E, Michalak A M, Balaji V. Eutrophication will increase during the 21st century as a result of precipitation changes [J]. Science (American Association for the Advancement of Science), 2017, 357 (6349): 405-408.

[9] 朱乾德. 平原水网农村生活区非点源污染流失规律与防控措施研究 [D]. 北京：中国水利水电科学研究院，2016.

[10] 朱伟，胡思远，冯甘雨，等. 特大洪水对浅水湖泊磷的影响：以 2016 年太湖为例 [J]. 湖泊科学，2020，32 (2)：325-336.

[11] Liu X, Lu X, Chen Y. The effects of temperature and nutrient ratios on Microcystis blooms in Lake Taihu, China: An 11-year investigation [J]. Harmful Algae, 2011, 10 (3): 337-343.

[12] 季海萍，吴浩云，吴娟. 1986—2017 年太湖出、入湖水量变化分析 [J]. 湖泊科学，2019，31 (6)：1525-1533.

[13] 费国松，胡尊乐. 太湖流域湖西区水量调度与水环境改善试验研究 [J]. 江苏水利，2015 (7)：40-42+44.

[14] 吴菲，吴俊锋，凌虹，等. 太湖流域土地利用变化研究 [J]. 中国人口·资源与环境，2018，28 (7)：143-145.

[15] 彭宁彦，戴国飞，张伟，等. 鄱阳湖不同湖区营养盐状态及藻类种群对比 [J]. 湖泊科学，2018，30 (5)：1295-1308.

[16] 钱奎梅，刘霞，段明，等. 鄱阳湖蓝藻分布及其影响因素分析 [J]. 中国环境科学，2016，36 (1)：261-267.

[17] Li B, Yang G, Wan R. Multidecadal water quality deterioration in the largest freshwater lake in China (Poyang Lake): Implications on eutrophication management [J]. Environmental Pollution, 2020, 260: 114033.

[18] Liu X, Qian K, Chen Y, et al. A comparison of factors influencing the summer phytoplankton biomass in China's three largest freshwater lakes: Poyang, Dongting, and Taihu [J]. Hydrobiologia, 2017, 792 (1): 283-302.

[19] Liu X, Qian K, Chen Y, et al. Spatial and seasonal variation in N2-fixing cyanobacteria in Poyang Lake from 2012 to 2016: roles of nutrient ratios and hydrology [J]. Aquatic Sciences, 2019, 81 (3).

[20] Wu Z, He H, Cai Y, et al. Spatial distribution of chlorophyll a and its relationship with the environment during summer in Lake Poyang: a Yangtze-connected lake [J]. Hydrobiologia, 2014, 732 (1): 61-70.

[21] 王子为，林佳宁，张远，等. 鄱阳湖入湖河流氮磷水质控制限值研究 [J]. 环境科学研究，2020，33 (5)：1163-1169.

[22] 张民，史小丽，阳振，等. 2012—2018 年巢湖水质变化趋势分析和蓝藻防控建议 [J]. 湖泊科学，2020，32 (1)：11-20.

[23] Yang Z, Zhang M, Shi X, et al. Nutrient reduction magnifies the impact of extreme weather on cyanobacterial bloom formation in large shallow Lake

Taihu (China) [J]. Water Research, 2016, 103: 302-310.
[24] Wang H, Wang H, Liang X, et al. Total phosphorus thresholds for regime shifts are nearly equal in subtropical and temperate shallow lakes with moderate depths and areas [J]. Freshwater Biology, 2014, 59 (8): 1659-1671.
[25] 沈爱春，徐兆安，吴东浩. 蓝藻大量堆积、死亡与黑水团形成的关系 [J]. 水生态学杂志，2012，33 (3): 68-72.
[26] 刘俊杰，陆隽，朱广伟，等. 2009—2017 年太湖湖泛发生特征及其影响因素 [J]. 湖泊科学，2018，30 (5): 1196-1205.
[27] 辛华荣，朱广伟，王雪松，等. 2009—2018 年太湖湖泛强度变化及其影响因素 [J]. 环境科学，2020，41 (11): 4914-4923.